Motor Fan Special No.01

Motor Fan
Illustrated
Power Engine Main parts

가솔린
파워유닛

**엔진
주요부**

GoldenBell
www.gbbook.co.kr

Motor Fan illustrated
Special No.1

CONTENTS

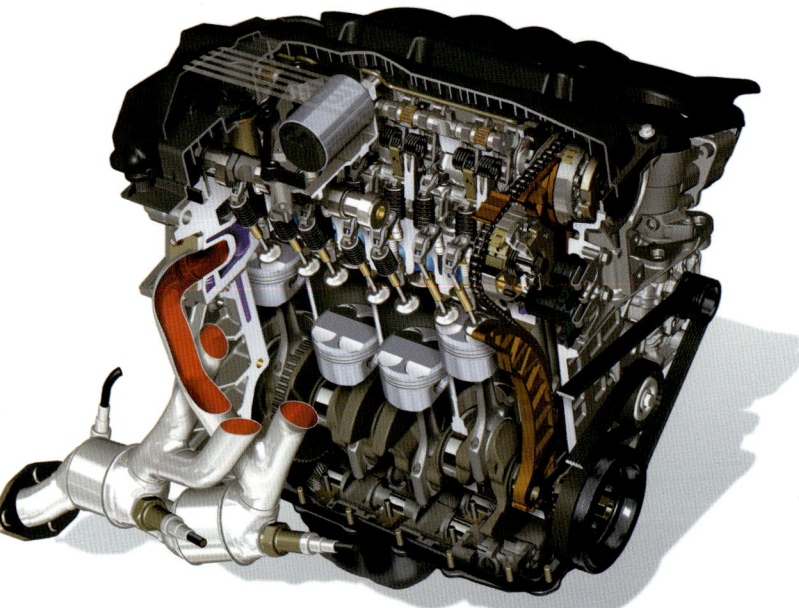

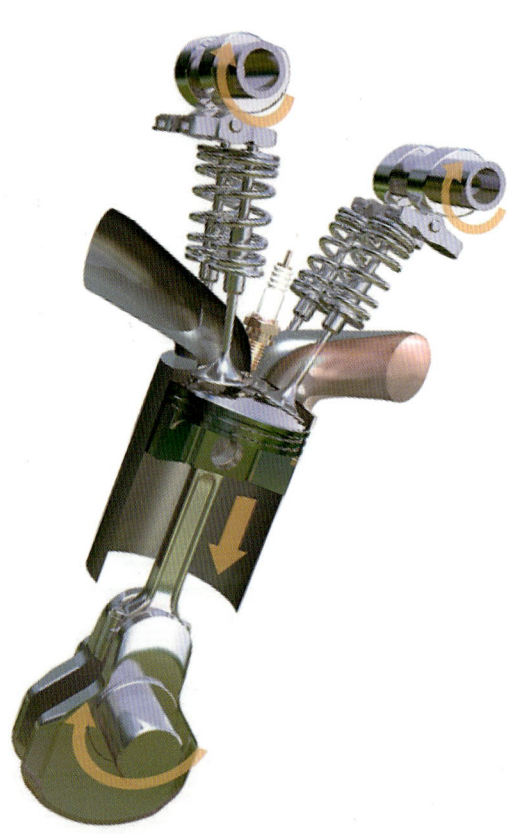

I
엔진의 작동원리

기계적 사이클 엔진

① 4행정 사이클 엔진의 작동 원리

4행정 사이클 엔진이란 왕복 피스톤 엔진(Reciprocating Engine)을 분류하는 방법 중 하나로 피스톤이 흡기 – 압축 – 폭발 – 배기의 4행정을 함으로써 1사이클을 완료하는 엔진으로 크랭크축이 2회전하여 완료한다.

4행정 사이클 엔진에서는 포핏 밸브(poppet valve)에 의한 흡·배기 포트의 개방과 밀폐가 매우 중요하다. 그 개폐의 작동에 따라 가스의 흐름이 컨트롤 되어 엔진의 특성이 크게 변화한다.

그러므로 4행정 사이클 엔진은 예전부터 여러 가지의 방법에 의하여 밸브 기구의 효율 향상을 추구해왔다. 그리고 지금도 「가변 밸브 기구」에 의해 성능의 향상이 계속되고 있다.

4 | stroke cycle engine

▶ 흡기행정 intake stroke

흡기행정은 4행정 사이클의 맨 처음 행정으로 흡기밸브는 열리고 배기밸브는 닫혀 있으며, 크랭크축의 회전에 의해 피스톤이 상사점에서 하사점으로 내려간다. 흡기밸브는 상사점 전에서 열리고, 하사점 후에 닫힌다.

실린더 내의 부압(부분진공)에 의하여 가솔린 엔진은 혼합가스를, 디젤 엔진은 공기가 피스톤이 내려감에 따라 유입되며, 이때 크랭크축은 180° 회전한다.

● 흡기행정에서는 부압이 발생한다.

실린더 내에는 부압이 발생하여 공기(혼합기)가 유입된다. 이 부압은 피스톤의 속도에 의해 이루어지는 것이지만 과급기에서 강제적으로 공기(혼합기)를 밀어 넣는 경우나 공명에 의한 관성 흡기 시에는 대기압보다도 높은 경우가 있다.

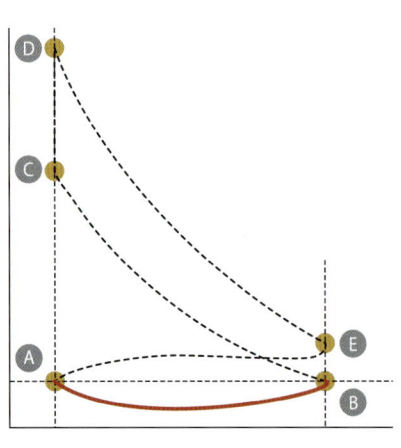

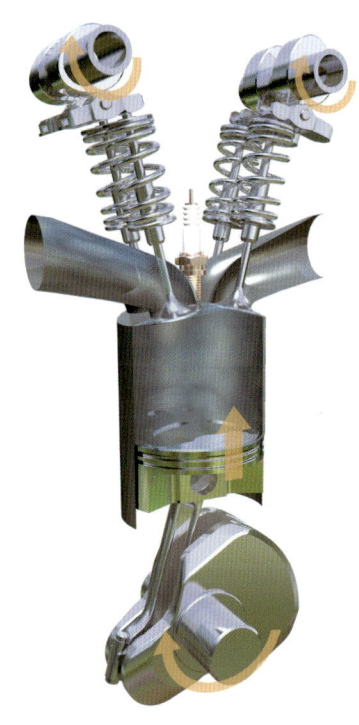

▶ 압축행정 compression stroke

압축행정은 피스톤이 하사점에서 상사점으로 올라가며, 이때 흡기밸브와 배기밸브는 모두 닫혀 있다. 이에 따라 가솔린 엔진은 혼합가스를 디젤 엔진은 공기를 압축하며, 크랭크축은 360° 회전한다.

압축비는 가솔린 엔진이 8~11 : 1, 디젤 엔진은 15~20 : 1, 압축 압력은 가솔린 엔진이 8~10 kg/cm², 디젤 엔진이 30~45kg/cm², 압축 온도는 가솔린 엔진이 120~140℃, 디젤 엔진은 500~550℃ 정도이다.

압축을 하는 목적은 혼합가스나 공기의 온도를 상승시켜 연소를 쉽게 하고 폭발압력을 높이기 위함이며, 디젤 엔진의 경우 압축비가 높은 이유는 압축 착화(또는 자기착화) 방식이기 때문이다. 엔진의 회전속도가 빨라질수록 압축 압력은 상승한다.

● 연소에 의해 압력이 상승한다.

흡·배기 밸브가 닫힌 상태에서 피스톤이 상사점으로 이동하면 압축되어 실린더 내의 체적은 좁아지고 그 압력은 압축할 수 있는 상한까지 도달한다. 이때의 상한 「C」와 「B」의 비가 압축비이다. 이때 더욱 압력이 높아지는 것은 연소에 의해 팽창하는 힘으로 최고점이 된다. 이 압력에 의하여 피스톤을 하사점으로 밀어내리는 힘이 발생한다.

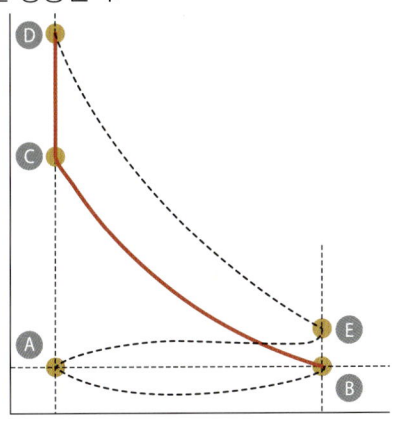

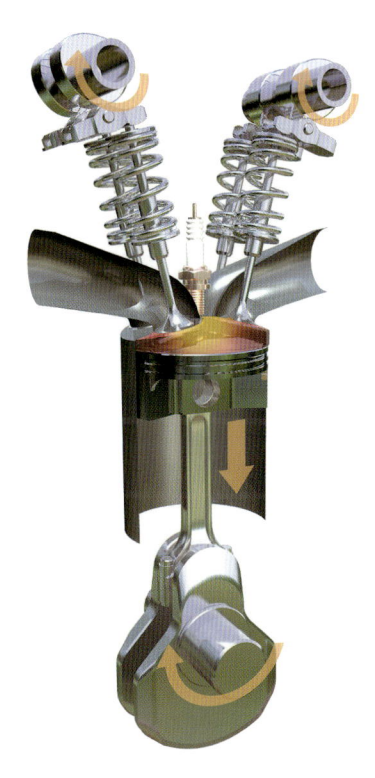

▶ 폭발(동력)행정 power stroke

가솔린 엔진은 압축된 혼합가스에 점화 플러그에서 전기 불꽃의 방전으로 점화하고, 디젤 엔진은 압축된 공기에 인젝터에서 연료(경유)를 분사시켜 자기 착화하여, 피스톤을 하사점으로 밀어내리는 힘을 가해 커넥팅 로드를 거쳐 크랭크축을 회전시키므로 동력을 얻는다. 피스톤은 상사점에서 하사점으로 내려가고, 흡기밸브와 배기밸브는 모두 닫혀 있으며, 크랭크축은 540° 회전한다. 그리고 배기행정 초기에 배기밸브가 열려 연소가스 자체압력으로 배출되는 현상을 블로다운(blow down)이라 한다.

● 뜨거워진 가스는 그 자체로 힘을 갖는다.

팽창에 의한 힘을 받아서 피스톤이 하사점으로 움직이면 체적이 증가되는 것에 의하여 실린더 내의 압력도 낮아지기 시작한다. 열에너지를 갖고 있기 때문에 대기압과 같을 때까지 낮아질 수는 없다. 다시 말하면 「C」와 「D」의 차와 「B」와 「E」의 차에는 차이가 있으며, 이것이 압축비와 팽창비가 같은 경우의 열에너지의 손실에 해당된다.

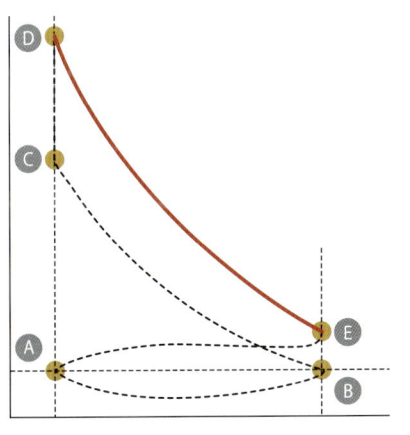

▶ 배기행정 exhaust stroke

배기행정은 배기밸브가 열리면서 폭발행정에서 일을 한 연소가스를 실린더 밖으로 배출시키는 행정이다. 이때 피스톤은 하사점에서 상사점으로 올라가며, 크랭크축은 720°회전하여 1 사이클을 완성한다. 배기밸브는 하사점 전에서 열리기 시작하여 상사점 후에 닫힌다.

● 신선한 공기를 받아들이기 위하여

배기는 피스톤의 힘으로 실행되기 때문에 열에너지를 갖는 배기가스를 완전히 배출할 때까지는 실린더 내의 압력이 대기압보다 높다. 이들은 모두 밸브 타이밍이나 점화시기에 진각이나 지각이 없는 상태이며, 알기 쉽도록 이론상(정적 사이클)을 기초로 하였다. 실제로는 밸브 타이밍이나 점화시기에 의해 항상 변화된다.

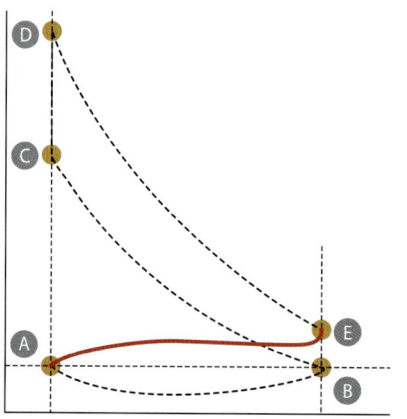

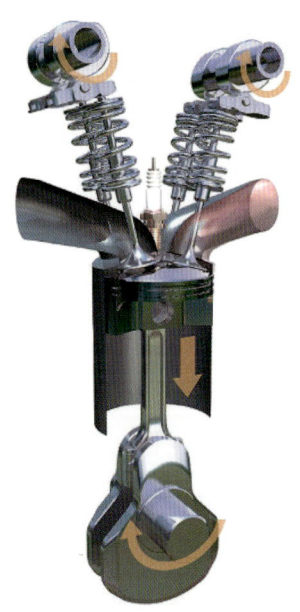

▶ 흡기행정 intake stroke

▶ 압축행정 compression stroke

▶ 폭발(동력)행정 power stroke

▶ 배기행정 exhaust stroke

▶ PV 선도 Pressure volume diagram

PV 선도는 압력과 체적을 나타낸 선도이다. 가로축에 체적(V), 세로축에 연소실 압력(P)을 다룬 그래프로 엔진의 압력 변화와 이에 대응하는 체적의 변화를 선도로 표시한 것으로 작동상태나 허용한계를 알 수 있다.

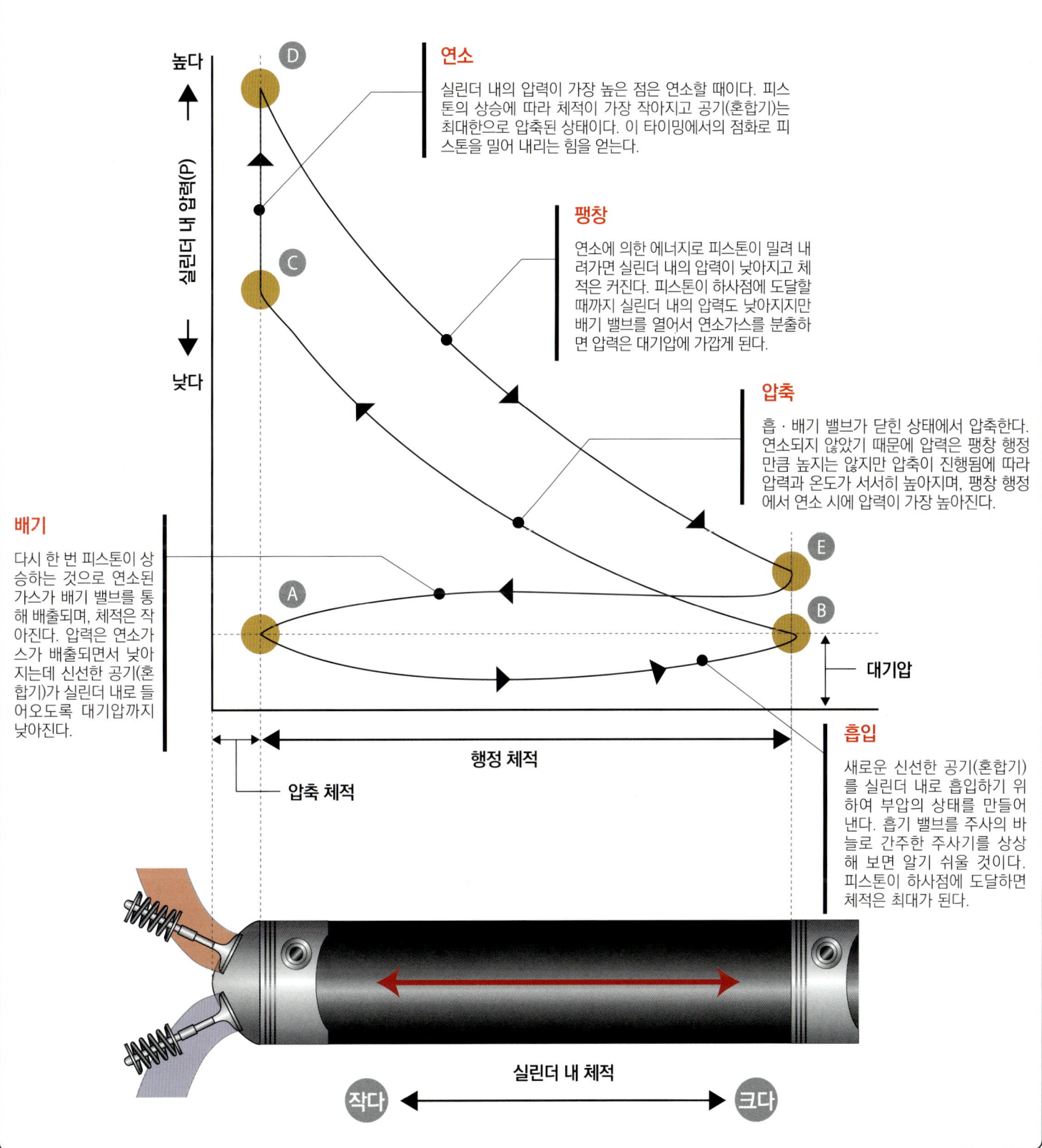

연소

실린더 내의 압력이 가장 높은 점은 연소할 때이다. 피스톤의 상승에 따라 체적이 가장 작아지고 공기(혼합기)는 최대한으로 압축된 상태이다. 이 타이밍에서의 점화로 피스톤을 밀어 내리는 힘을 얻는다.

팽창

연소에 의한 에너지로 피스톤이 밀려 내려가면 실린더 내의 압력이 낮아지고 체적은 커진다. 피스톤이 하사점에 도달할 때까지 실린더 내의 압력도 낮아지지만 배기 밸브를 열어서 연소가스를 분출하면 압력은 대기압에 가깝게 된다.

압축

흡·배기 밸브가 닫힌 상태에서 압축한다. 연소되지 않았기 때문에 압력은 팽창 행정만큼 높지는 않지만 압축이 진행됨에 따라 압력과 온도가 서서히 높아지며, 팽창 행정에서 연소 시에 압력이 가장 높아진다.

배기

다시 한 번 피스톤이 상승하는 것으로 연소된 가스가 배기 밸브를 통해 배출되며, 체적은 작아진다. 압력은 연소가스가 배출되면서 낮아지는데 신선한 공기(혼합기)가 실린더 내로 들어오도록 대기압까지 낮아진다.

대기압

행정 체적

압축 체적

흡입

새로운 신선한 공기(혼합기)를 실린더 내로 흡입하기 위하여 부압의 상태를 만들어 낸다. 흡기 밸브를 주사의 바늘로 간주한 주사기를 상상해 보면 알기 쉬울 것이다. 피스톤이 하사점에 도달하면 체적은 최대가 된다.

실린더 내 체적

작다 ◀──▶ 크다

4행정 엔진

자동차용 내연기관의 주류

크랭크축이 720˚ 회전하는 동안에 1사이클 분의 행정을 소화.
2왕복하는 피스톤의 행정을 최대한으로 살려 높은 열효율을 이끌어낸다.

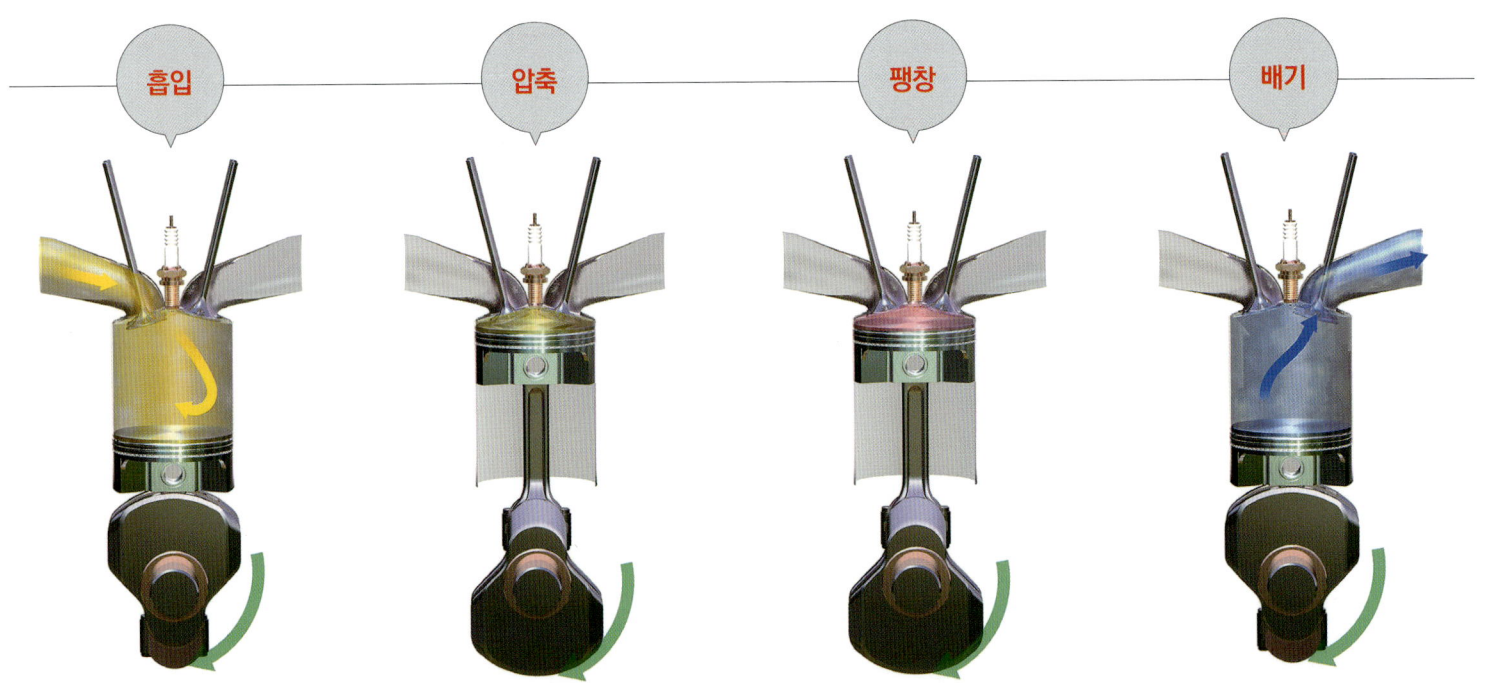

흡입 | **압축** | **팽창** | **배기**

하사점을 향해 이동하는 피스톤의 움직임에 맞춰 흡기 밸브가 열리고, 흡기 포트에서 공기 혹은 혼합기(이하 외기(外氣))를 흡입한다. 하강하는 피스톤에 의해 실린더 내에 발생하는 부압이 대기압 상태(경우에 따라서는 과급압 상태)의 외기를 흡입한다.

흡배기 밸브가 모두 닫힌 상태에서 피스톤이 하사점에서 상사점으로 이동함으로서 실린더 내에 유입된 외기를 압축한다. 단열 압축에 의해 실린더 안의 온도는 상승하는데, 디젤 엔진에서는 이때의 압축열을 이용하여 연료를 착화시킨다.

혼합기가 폭발적 연소로 급격하게 체적을 늘려나감으로서 피스톤이 아래로 밀리는 형태로 하사점으로 내려간다. 이 행정으로 연소에 의한 열에너지가 운동 에너지로 바뀐다.

피스톤이 하사점에 도달하면 팽창행정은 종료되며, 연소가 끝나고 남겨진 혼합기는 배출 가스가 된다. 배기 밸브가 열리면서 피스톤이 상사점을 향하여 상승하면 이 연소가스를 실린더 안에서 밖으로 밀어낸다(배기한다).

현재, 자동차용 엔진으로서 주류를 이루고 있는 4행정 사이클 엔진은 각 행정마다 부여된 개별 행정과 포핏 밸브라고 하는 버섯 모양의 밸브가 특징이다. 행정을 동작별로 나눔으로서 외부의 공기와 배기가스가 기본적으로 서로 섞이는 경우가 없고, 각 행정에서 피스톤의 행정을 최대한으로 살린 확실한 동작이 가능하다.

밸브를 캠축으로 구동하기 때문에 동작의 지연을 의식할 필요가 있어서 예전에는 모든 상태에서 여유 있는 설계가 필요하다고 생각해 이상적인 타이밍을 설정하기가 어려웠다. 하지만 최근에는 가변 밸브 타이밍 기구 등의 등장으로 더 정확하고 이상적인 밸브 타이밍의 설정이 가능한 상태이다.

덧붙여서 말하면, 압축행정에서도 의식적으로 흡기 밸브를 열려 있는 상태로 두고 압축 쪽의 유효 행정을 줄이는 방식의 애트킨슨 사이클(밀러 사이클)도 이러한 방식이다. 그밖에도 흡기 밸브의 열림을 연속적으로 변화시켜 스로틀로서의 역할을 부여함으로서 스로틀 밸브를 생략한 스로틀리스

(Throttleless) 기구나 가솔린 직접분사 기술의 도입 등 현재 주류를 차지하고 있는 엔진 형식이기 때문에 주변 기술의 개발도 눈부시게 등장하고 있다. 그야말로 이제는 다른 방식의 대체를 생각할 여지가 없어지고 있다.

지금은 열효율이 최대 30%대 후반에 이르러 40%대까지도 시야에 들어온 4행정 엔진이지만, 근 수 십 년에 걸쳐 기본적인 구조에 큰 변화가 없다는 점도 어떤 의미로 흥미로운 점이다.

② 2행정 엔진

예전에는 대세를 이루었던 배기량이 적은 엔진

소기 펌프로 이용되는 크랭크실의 존재가 핵심.
항상 복수의 행정이 겹쳐서 수행하며, 피스톤이 1왕복(2행정)으로 1사이클을 완성한다.

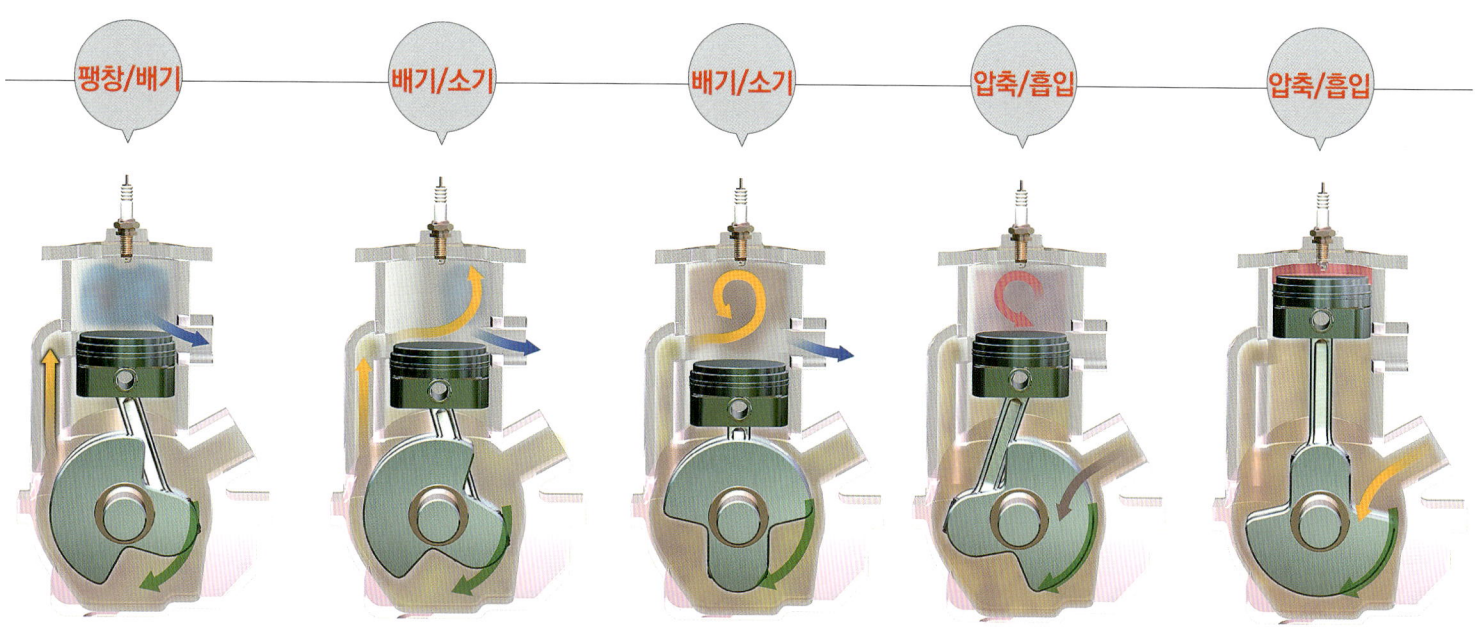

팽창/배기	배기/소기	배기/소기	압축/흡입	압축/흡입

피스톤이 상사점에서 하강하여 헤드 면이 배기 포트 상현(上弦)에 다다르면 배기행정을 시작한다. 동시에 피스톤의 하강과 더불어 크랭크실 쪽에는 압력이 걸리고(1차 압축), 혼합기는 소기 포트가 열리는 것을 기다리는 상태가 된다.

피스톤이 더 하강하여 헤드 면이 소기 포트 상현에 다다르면 예압된 혼합기가 세차게 실린더 안으로 유입된다. 1차 압축이 중요한 것은 이 기세가 필요하기 때문이다. 배기 포트는 열린 상태로서 혼합기와 연소가스가 뒤섞인다.

하사점. 피스톤 및 크랭크축에 의한 1차 압축은 여기서 종료된다. 실린더 내에서는 혼합기가 유입되는 기세로 연소가스를 밀어내고 일부 혼합기는 같이 배기 포트로 빠져나가지만 배엔진 내의 배출 압력파에 의해 다시 실린더 내로 밀려들어 온다.

하사점을 지나 피스톤이 상승을 시작하면 크랭크실은 부압이 되고, 역류 방지 밸브를 통해 기화기에서 필요한 만큼 혼합기를 흡입한다. 실린더 내에서는 피스톤이 소기 및 배기 포트를 지나 양 포트가 닫힌 시점부터 압축이 시작된다.

상사점에서 압축된 혼합기는 최대 압력이 되며, 점화 후에 팽창행정으로 진행한다. 크랭크실 내부의 압력도 상사점에서부터 부압에서 정압으로 바뀌는데, 역류 방지 밸브의 작동으로 혼합기는 역류하지 않고 피스톤이 하강 후에는 크랭크실 내부에서 1차 압축이 시작된다.

크랭크축이 360° 회전하는 동안 즉, 피스톤이 1회 왕복하는 것만으로 1사이클이 완성되는 2행정 동작은 약간 복잡하다. 이해를 하는데 있어서의 핵심은 소기(Scavenging) 펌프로 이용되는 크랭크실의 존재와 실린더 측면에 장착되어 있어서 피스톤이 밸브로서 작동하는 슬리브 밸브라 불리는 밸브 형식이다.

2행정 엔진에서는 이 요소들이 잘 조합되어 항상 복수의 행정이 겹친 상태에서 운전되기 때문에 크랭크축이 1회전하는 동안 모든 행정이 완료된다는 특징을 갖고 있다. 그 중에서도 대표적인 것을 하나 꼽으라면 소기(청소)이다.

소기(Scavenging)는 2행정 엔진 특유의 행정이라고도 할 수 있는 것으로서 굳이 표현하면 흡입과 배기를 동시에 하는 것이다. 크랭크실에서 사전에 예압된 외기가 크랭크 케이스/실린더 벽에 설치된 소기 전용의 포트를 통해 실린더 안으로 들어가 연소가 끝난 연소가스를 밀어내면서 실린더 내에 충전되는 과정이다.

이 외기가 연소가스를 밀어낼 때 배기 포트를 통해 많은 양이 빠져나가는 것이 2행정 엔진의 배기에 HC(즉 미연소 가스)가 많은 원인이다. 이 동작은 1회전할 때마다 폭발하는 2행정 엔진의 구조에 있어서 가장 중요한 요소 가운데 하나인 만큼 비켜서 지나갈 수는 없다. 게다가 2행정 엔진에서는 체임버라고 불리는 특수한 배엔진을 이용한다. 말하자면 2행정 엔진의 숙명이라고도 할 만한 결점이다.

③ 5행정 엔진

 5행정 째란 무엇인가, 왜 홀수 행정의 엔진인가?

전 세계에는 현재 상태에 만족하지 않고 더 좋은 것을 모색하는 사람들이 끊임없이 등장한다.
오랜 역사와 경험을 가진 4행정 오토 엔진의 개량이 아니라 그 자체에 의심을 품은 독특한 엔진을 살펴보자.

4행정 가솔린 엔진은 연소 에너지의 태반(太半)을 열손실로 낭비한다. 일반적인 재이용 수단으로 사용하는 것이 터보차저이지만, 중간에 장치를 이용하지 않고 직접 배기 에너지를 사용하겠다는 생각으로 개발한 것이 이 5행정 엔진이다.

개발자인 슈미트는 「출력을 위해서는 저압축으로, 효율을 위해서는 고팽창으로 하고 싶다. 그러나 기존의 오토 사이클에서는 압축=팽창일 수밖에 없지 않은가」하는 과제를 던졌다. 압축〈팽창으로는 최근의 밀러 사이클이 유효한 방법이지만 열손실의 회복 측면에서는 부족하다. 이런 요건들을 모두 만족시킬 만한 엔진으로 5행정 엔진을 고안한 것이다.

중간에 배치된 저압 쪽 실린더는 팽창과 배기행정만 하기 때문에 압축비가 낮기는 하지만 마찰은 당연히 증가한다. 또한 저압 쪽을 들여다보면 360° 크랭크축의 직렬2기통 구조여서 자동차에 탑재하려면 소음과 진동의 대책이 필요할 것이다.

한편으로 제원을 보면 최대 토크는 5000rpm, 최고 출력에 이르러서는 7000rpm이나 되는 높은 회전속도에서 얻어지기 때문에 어떤 설계를 하고 있을지 흥미롭기까지 하다.

현재는 2+1기통 구조인 시작(試作)형식으로 향후에는 흡기 포트를 2개로 만들고, 배기 밸브에 스위치 태핏을 이용함으로서 터보의 고효율 이용 그리고 직접분사 등을 앞으로의 과제로 들고 있다. 이런 것들을 감안해 BSFC를 215g/kW·h로 하고, 시작(試作)형식에서 더 나아가 20%의 경량화 그리고 리터 당 출력으로 150hp를 계획하고 있다.

📋 제원

Configuration : 협각V형 3기통
● 고압 쪽 실린더
내경×행정 : 78×73mm
배기량 : 350cc×2
압축비 : 25 : 1
● 저압 쪽 실린더
내경×행정 : 106.9×88mm
배기량 : 778cc
압축비 : 7 : 1
전체적인 팽창비 : 1 : 14
최대 토크 : 166Nm/5000rpm
최고 출력 : 96.94kW/7000rpm
BSFC : 226g/kWh

5행정 엔진

4행정 엔진에서는 그냥 버려졌던 배기가스의 에너지를 이용하는 5행정 엔진이다. 열효율의 대폭적인 향상, 고팽창비 사이클의 실현, 한층 더 다운사이징에 대한 가능성, 고효율에 소형 크기 때문에 20% 이상의 경량화 실현, 그리고 열효율이 뛰어난 덕분에 낮은 배기가스 온도를 이론적인 장점으로 들고 있다.

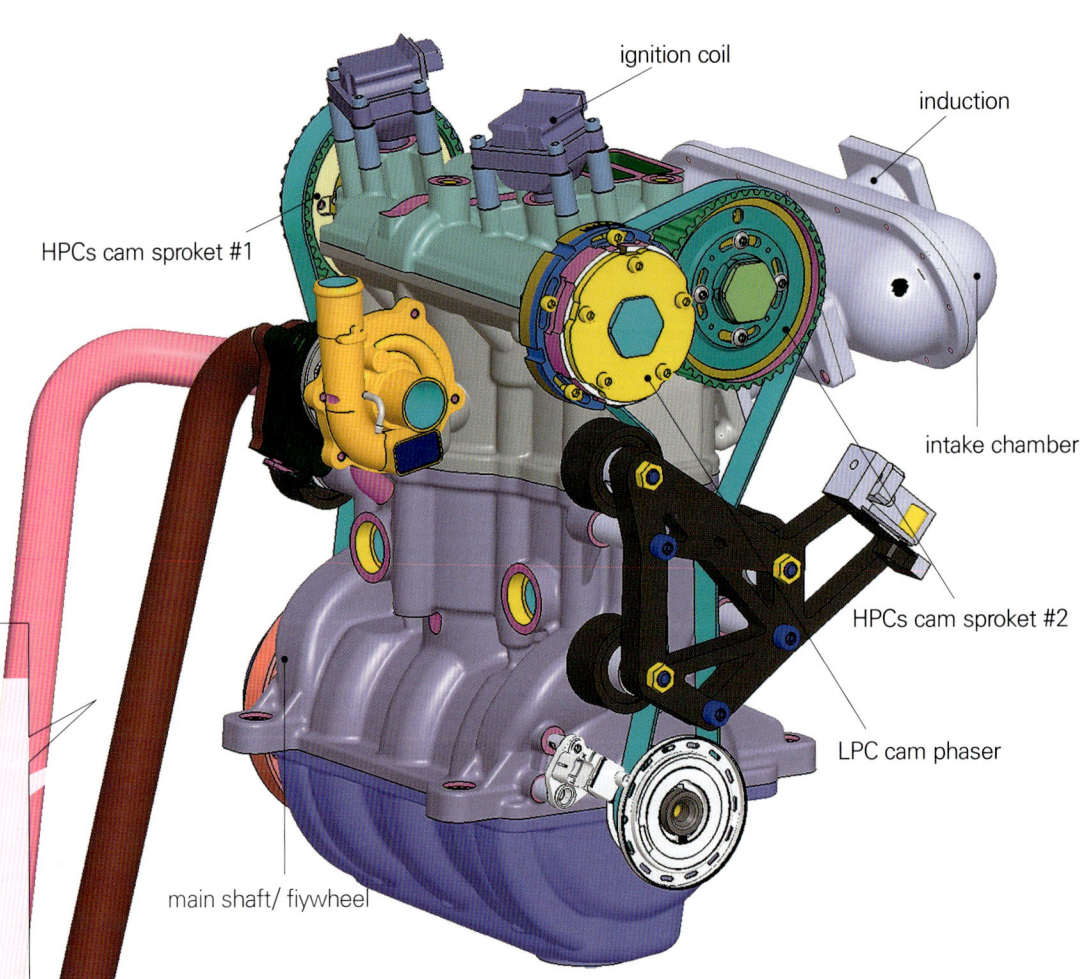

ignition coil

induction

HPCs cam sproket #1

intake chamber

HPCs cam sproket #2

LPC cam phaser

main shaft/ fiywheel

1st 행정
흡입

설명을 간단히 하기 위해 좌측의 고압쪽 실린더로만 구조를 이해하자. 흡기 밸브를 열고 피스톤의 하강~ 실린더 내의 부압에 의해 혼합기를 흡입한다. 유럽쪽 기술답게 과급 시스템도 시야에 들어와 있는 것 같다.

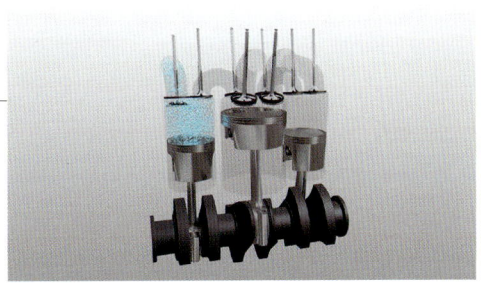

2nd 행정
압축

하사점을 지나 흡기 밸브를 닫고, 혼합기를 압축. 일반적인 4행정 엔진과 똑같은 행정이다. 흡기 밸브의 지름이 큰데, 저압쪽 밸브 지름과 고압쪽 배기 밸브 지름을 똑같이 하기 위해 결과적으로 흡기 밸브의 지름이 커졌을 것이다.

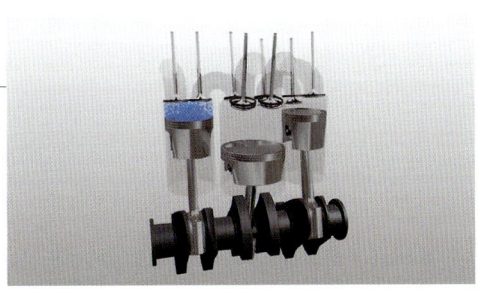

3rd 행정
폭발

고압쪽 실린더는 일반적인 불꽃점화 엔진이기 때문에 상사점 부근에서 착화되어 연소한 다음 팽창행정으로 실행한다. 열효율을 추구하는 엔진인 만큼, 고압쪽 실린더에서는 명칭처럼 노킹 한계까지 공격적인 설계를 하고 있는 것으로 여겨진다.

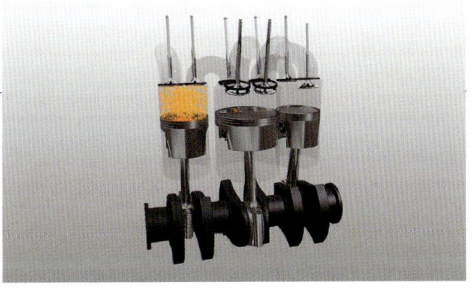

4th 행정
배기/확장된 팽창

이 엔진의 최대 특징은 4행정 째이다. 고압쪽 배기 밸브를 열어 배기가스를 밀어내는데 그 행선지는 이웃한 저압쪽 실린더이다. 배기가스 에너지를 이용해 저압축 피스톤을 밀어내림으로서 회전의 에너지를 얻는다.

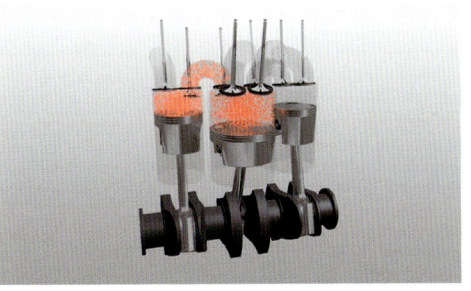

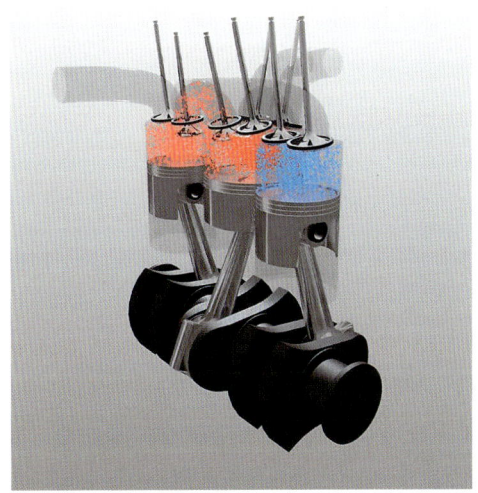

HPCs가 교대로 LPC를 이용한다.

크랭크 핀의 배치는 고압쪽끼리 360° 위상, 고압쪽/저압쪽은 180° 위상의 플랫 플레인 구조를 하고 있다. 좌우의 고압쪽 점화 간격은 360°이기 때문에 저압 쪽에는 교대로 배기가스가 유입되어 계속적으로 1사이클을 실행 한다.

5th 행정
배기

저압쪽 피스톤이 하사점을 지나면 저압쪽 배기 밸브를 열어 4행정 쪽에서 회전 에너지로 이용했던 배기가스를 실린더 밖으로 배출한다. 앞서 설명한 대로 행선지는 터빈 휠로서 1행정 째에 대한 보조로 이용한다.

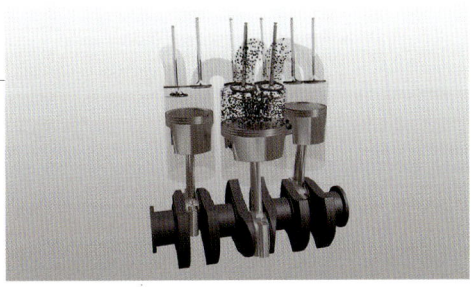

▶ 실린더 블록

사진에서 보듯이 직렬도 아니고, 굳이 말하자면 협각 V형 같은 기통 배열을 하고 있다. 좌우 양쪽이 고압 실린더이고, 가운데가 저압 실린더이다. 저압 실린더는 내경×행정 모두 고압 실린더보다 수치가 크다.

▶ 실린더 헤드

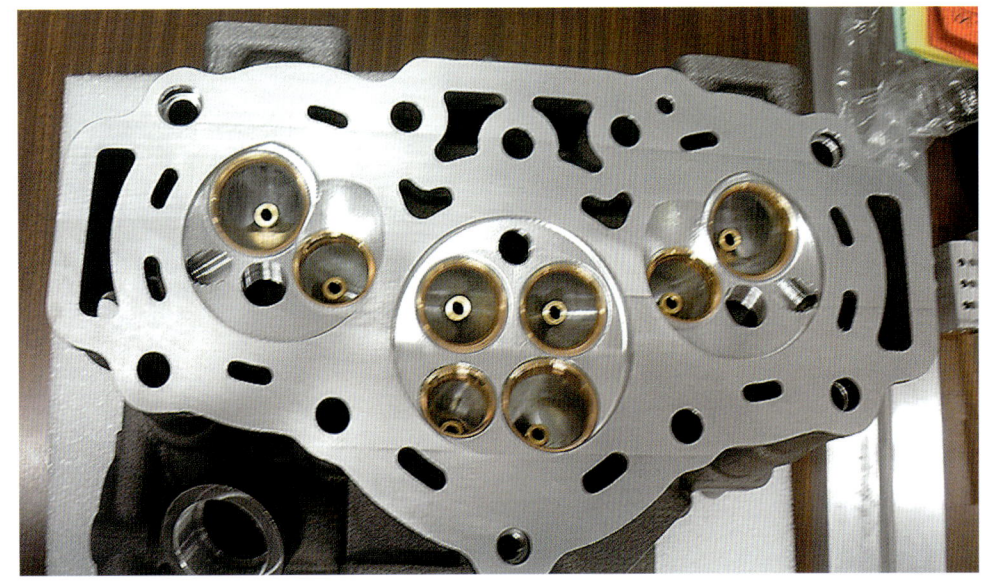

고압쪽은 흡기 1/배기 1인 2밸브 구조이다. 저압쪽에는 4개의 밸브가 있어서 배기의 유입에 2개, 배기에 2개가 배치되어 있다. 좌우 고압쪽 실린더로부터의 배기유입이 교대로 이루어지기 때문에 2개의 밸브가 동시에 움직이는 경우는 없다.

▶ 고압 쪽 연소실

앞쪽의 커다란 밸브 시트가 흡기 밸브이며, 안쪽의 작은 지름이 배기 밸브이다. 나사산이 나 있는 가운데 구멍 하나는 점화 플러그, 또 하나는 실린더 내의 압력을 감지하기 위한 센서용이다. 압축비는 당연히 고압 쪽이 높다.

④ 6행정 엔진

모색은 계속하고 있지만 활로가 있을지는 미지수

**4행정에 크랭크축 1회전 분의 2행정을 추가한 형식이다.
추가된 2행정으로 무엇을 할 것인가, 이것이 문제이다.**

4행정 엔진이 배기를 끝낸 다음에 크랭크축 1회전 분의 행정을 더 추가하는 6행정 방식은 주로 연비경기용 엔진 등에서 볼 수 있는 방식이다. 크랭크축 3회전에서 한번 뿐인 폭발, 더불어 크랭크축 2회전 분이 관성으로만 회전하기 때문에 추가된 2행정에서는 큰 기능은 하지 않겠다는 것이 기본적인 개념이다.

외기 도입에 따른 완전 소기와 냉각에 의한 고압축화 실현, 저부하 운전이 많은 외에 관성 주행 등으로 차가워지기 쉬운 엔진을 보온하기 위한 배기의 재흡입 등 방식은 몇 가지가 있지만 흡입하고 배출하기만 할 뿐 압축 등은 하지 않는다는 점은 공통적이다.

그러나 추가분의 행정에서 과급을 하는 방식이 등장하였다. 사이오

우 엔지니어링의 6행정 엔진이다. 지금이야 아무런 의문도 갖지 않을 만큼 당연시되고 있는 4행정 엔진의 존재에 태클을 거는 일이다.

의문이라는 것을 잊어버린 세상의 엔지니어에게 자극을 주고 싶다는 생각으로 사이오우 엔지니어링의 대표가 손으로 완성한 것으로서 추가분 2행정으로 외기의 도입과 과급용 체임버에 축적을 하는 방식이다.

크랭크축 3회전에 한번의 폭발이 일어나는데, 시동성이 나쁠 것 같은 이미지이지만 시동은 실로 싱겁다. 역시 물건과 일은 실제로 해보지 않으면 알 수 없다. 한 가지 확실한 것은 6행정이 엔진으로 성립한다는 사실이다.

흡입 소기

사이오우 엔지니어링에서 개발한 6행정 엔진

추가분인 2행정으로 외기의 도입과 냉각용 체임버로 축적을 한다. 메이커 엔지니어였던 회사 대표가 스즈키 F6형을 기반으로 손으로 만들어 완성한 것이다. 캠축은 큰 풀리 때문에 1/3로 감속된다.

전례가 많다고는 할 수 없는 6행정 엔진이지만 4행정에 추가한 2행정은 공기의 흡입과 배출에 의한 연소실 내의 소기와 냉각이다. 관성만의 회전력으로 무리 없이 회전하기 때문에 큰 기능을 시키지 않는다는 생각이 기본에 깔려 있다.

왼쪽 행정에서 들어온 외기를 배기 포트를 통해 배출한다. 잔류 가스가 완전히 없어지면서 동시에 연소실의 냉각이 이루어진다. 연비경쟁 경주에서는 이것과 반대로 엔진의 과냉각을 방지하기 위해 배기 포트에서 다시 배기를 역으로 흡입하는 예도 있다.

 ⑤ 로터리 엔진의 원리

로터리 엔진의 정식명칭은 방켈형 로터리 엔진이다.

전통적인 왕복 피스톤 엔진과는 작동 원리가 다르다.
알고 있는 사람에게는 복습의 의미도 포함하여 다시 그 원리를 설명하고자 한다.

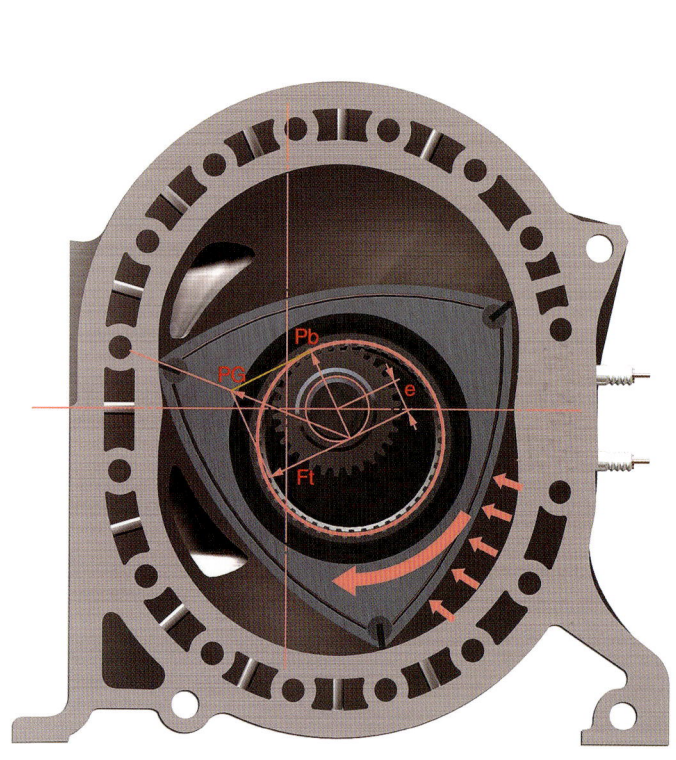

e=편심량
PG=팽창 가스의 종합적 압력점과 압력 방향
Pb=출력축 중심 방향의 힘
Ft=접선방향으로의 힘

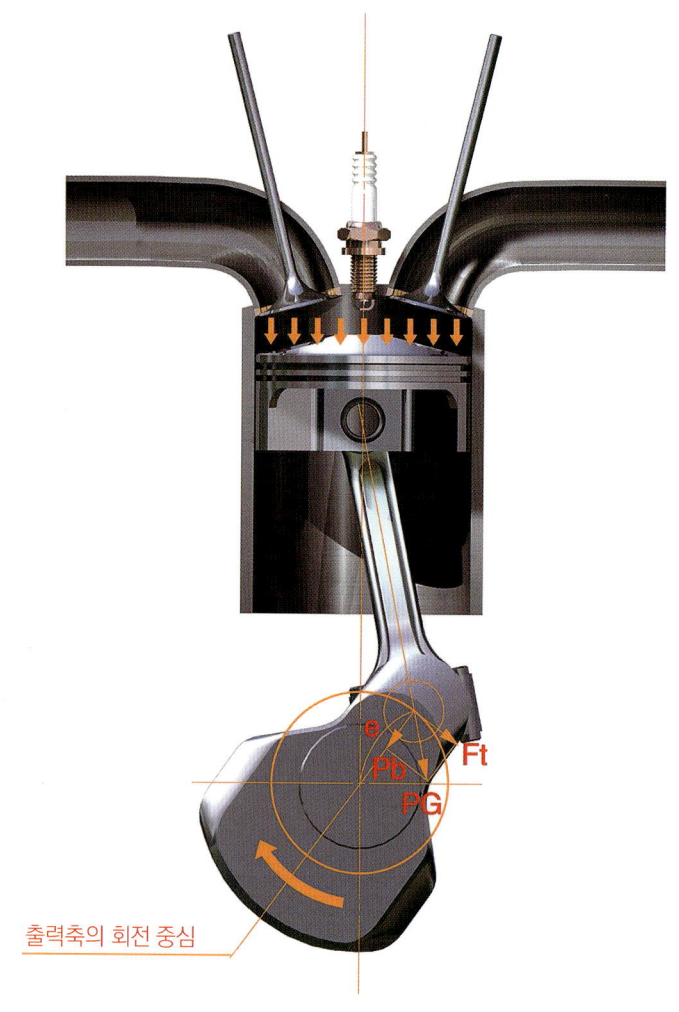

출력축의 회전 중심

▣ 회전력 발생의 원리

그림은 모두 기본적인 단기통 내연기관이다. 오른쪽이 일반적인 4행정 사이클의 왕복 피스톤 엔진으로 실린더 내를 피스톤이 왕복운동하며, 커넥팅 로드의 소단부를 피스톤에, 커넥팅 로드의 대단부를 크랭크 핀에 연결하여 폭발 연소로 생긴 팽창 에너지에 의해 피스톤이 눌려 내려가는 움직임을 회전 운동으로 변환하는 구조이다.

한편 왼쪽의 로터리 엔진은 연결형 로터의 안쪽 인터널 기어와 하우징 사이드의 한쪽에 고정된 기어를 3 : 2(RENESIS는 51 : 37T)의 위상에서 묶어 로터를 회전 운동시켜, 로터의 3개 모서리 부분이 누에고치 모양의 트리코이드 하우징 내부를 따라 움직이는 것으로 동력을 발생시킨다.

누에고치 모양의 로터 하우징 안에서 로터의 3개 모서리 부분 체적의 변화를 활용하여 흡입, 압축, 폭발 및 배기의 4행정을 각각 반복한다. 폭발 연소에 의한 외주 방향으로의 팽창 에너지(PG)는 로터의 회전력(Ft)을 발생하고, 편심축의 편심 작용으로 구동 토크가 형성된다.

로터리 엔진의 행정

① 흡기행정

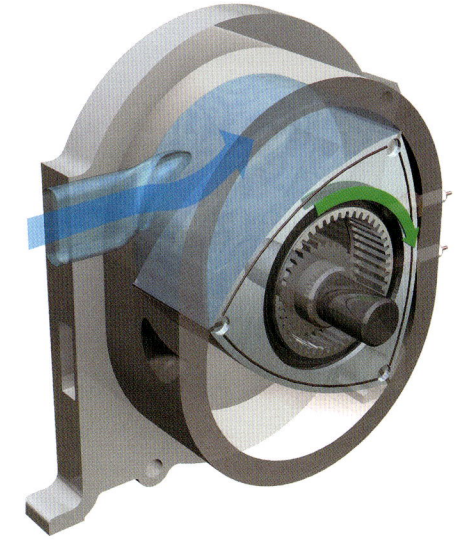

② 압축행정

③ 점화 · 폭발행정

④ 배기행정

로터의 회전이 만들어 내는 체적의 변화를 이용하여 4행정을 반복한다.

로터의 회전이 만들어 내는 체적의 변화를 이용하여 4행정을 반복한다.

이미 알고 있듯이, 내연기관의 원리란 가솔린의 연료를 기화시켜 실린더 안에서 ① 많은 공기와 함께 흡입(공급)하여 ② 압축시킨 상태에서 점화 플러그로 불을 붙여서 ③ 큰 폭발 에너지를 얻어 힘을 발생시키고자 하는 것이다. 이러한 일련의 행정을 연속적으로 반복할 수 있도록 연소 가스를 ④ 배출하고, 다시 새로운 공기를 받아들이는 ①의 흡기행정으로 연결된다.

이제 와서 새삼스러운 복습이지만 왕복 피스톤 엔진의 경우 크랭크축이 2회전하는 동안 4행정을 수행하는 4행정 사이클 엔진과 크랭크축의 1회전마다 흡기, 압축, 폭발, 배기 4개의 과정을 2행정으로 수행하는 2행정 사이클 엔진이 있으며, 현재의 자동차용 엔진을 4행정 사이클 엔진이 주류를 이루고 있다.

로터리 엔진의 경우, 로터의 3개 모서리가 로터 하우징 안에 밀착되면서 편심 회전한다. ①은 로터의 한쪽이 체적의 확대 행정을 할 때 로터 자체에 의해 닫혀있던 흡기 포트가 열려 흡기행정을 하게 된다. 이것은 왕복 피스톤 엔진에서 피스톤이 상사점에서 하사점으로 하강하는 것과 같은 것으로 하우징 안에 부압이 생겨 공기와 함께 새로운 혼합 가스가 흡입된다.

트레일링(trailing)측 정점(peak)에서 흡기 포트가 닫힌 후에는 하우징 내의 체적이 작아지므로 흡입된 혼합 가스는 ②의 압축행정이 된다. 덧붙여 13B "르네시스(RENESIS)"의 압축비는 10.0 : 1이다. 로터도 한 변의 원둘레 방향이 긴 것도 있어, 작은 실린더 헤드에서 점화하는 왕복 피스톤 엔진과 달라서 로터리 엔진은 점화한 후의 화염전파에 시간이 걸린다.

이에 대처하여 리딩(reading) 및 트레일링의 2개 점화 플러그가 장착된 것도 특징이다. 왕복 피스톤 엔진의 경우 큰 내경 또는 멀티 밸브가 알맞게 배치된 관계로 연소실의 공간에는 여유가 없다.

그런 점에서 로터리 엔진은 원둘레 방향으로 넓은 공간이 있어서 이중 또는 삼중 등 점화 플러그 설치의 자유도가 높다. 점화와 함께 ③의 폭발행정으로 이행하는데 결국은 같은 행정의 리딩 쪽에 있는 로터 사이드가 배기 포트를 통과하면(열리면) 하우징 안의 ④ 연소 가스가 배출되는 구조이다. 로터의 3변이 각각 차례로 4행정을 수행하여 1사이클을 완성한다.

▶ 행정주기와 폭발횟수

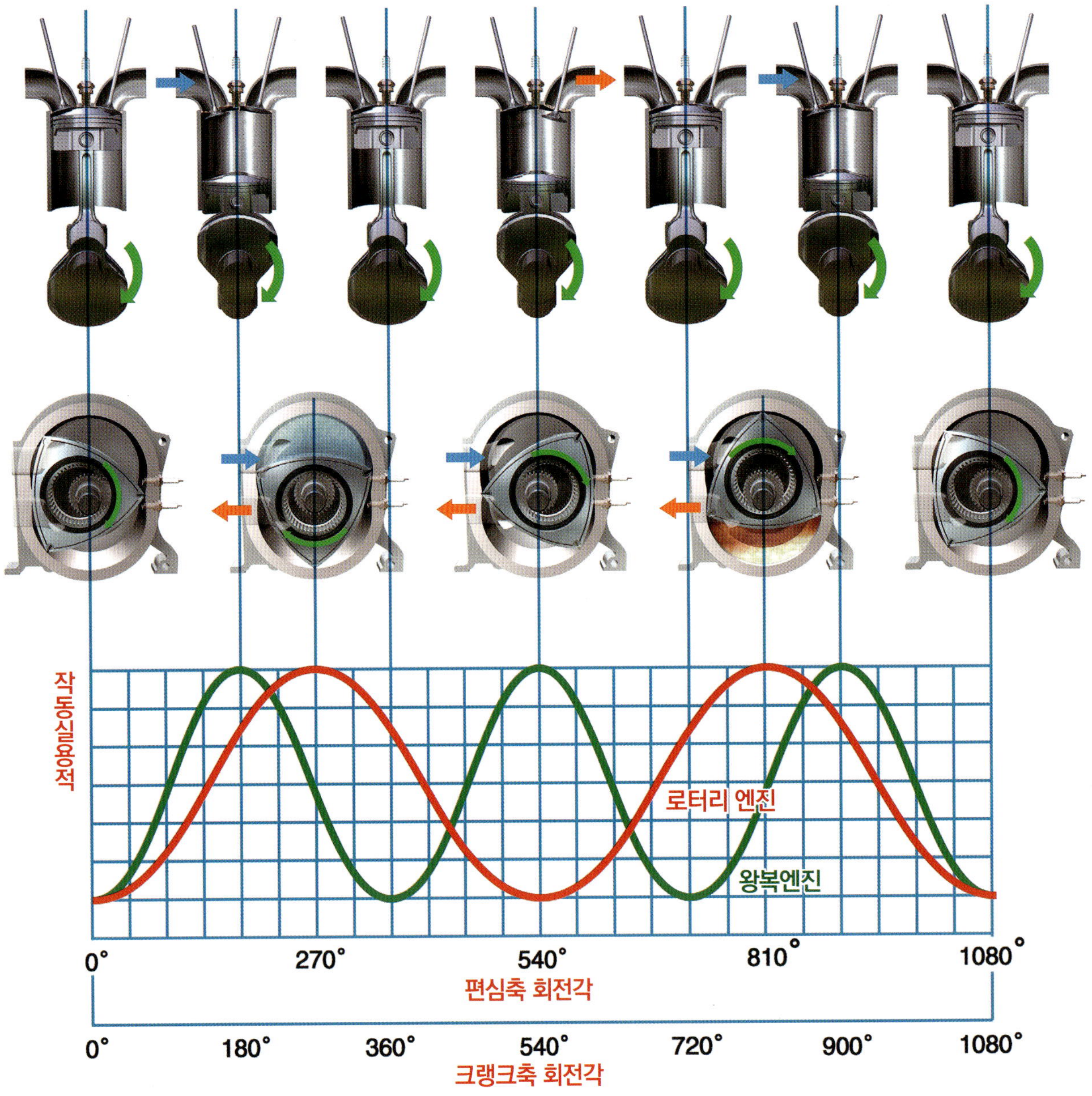

작동실용적

로터리 엔진

왕복엔진

| 0° | 270° | 540° | 810° | 1080° |

편심축 회전각

| 0° | 180° | 360° | 540° | 720° | 900° | 1080° |

크랭크축 회전각

▶ 토크 변동비교

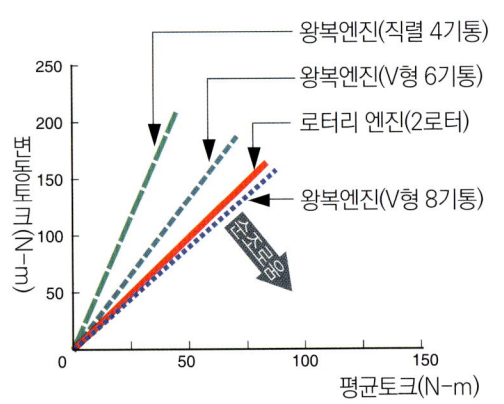

왕복엔진(직렬 4기통)

왕복엔진(V형 6기통)

로터리 엔진(2로터)

왕복엔진(V형 8기통)

변동토크(N-m)

250

200

150

50

평균토크(N-m)

50   100   150

로터의 3변 중 하나의 변만 생각해 보기로 한다. 왕복 피스톤 엔진의 경우 크랭크축 회전각이 720°마다 즉, 크랭크축 2회전에 1회의 폭발을 일으킨다. 그러나 로터리 엔진의 경우는 편심축의 회전각 1080°마다 즉, 3회전에 1번의 폭발을 일으킨다.

덧붙여 말하면, 2행정 사이클 엔진이 360°(1회전)마다 1회의 폭발을 일으키는 것에 비교하면 로터리 엔진도 2행정 사이클 엔진이라고 표현할 수 있으나 실제로는 그렇지 않다.

아무튼 로터리 엔진은 로터의 3변에서 같은 행정이 차례로 반복되고 있다. 즉, 4행정 사이클 엔진과의 비교에서 3분의 2×3배, 결과적으로 2행정 사이클 엔진과 같이 4행정 사이클 엔진의 비율로 2배의 폭발 횟수를 갖는다. 왕복 피스톤 엔진은 피스톤의 왕복 운동과 크랭크축의 회전 운동에 의한 진동의 발생이 크지만, 로터리 엔진은 편심량이 적은데다가 2개의 로터로 균형을 유지할 수 있기 때문에 진동면에서도 유리한 엔진이라고 말할 수 있다.

▶ 로터리 엔진의 행정 체적(배기량)

최소 / 상사점

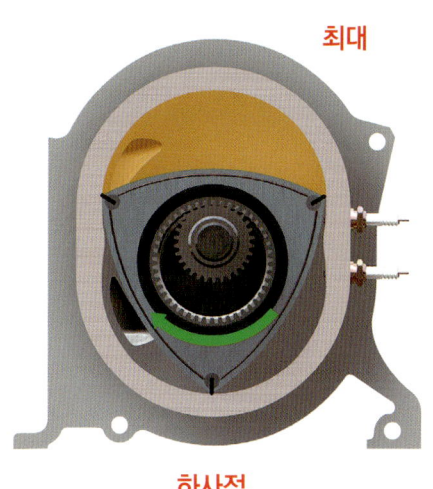

최대 / 하사점

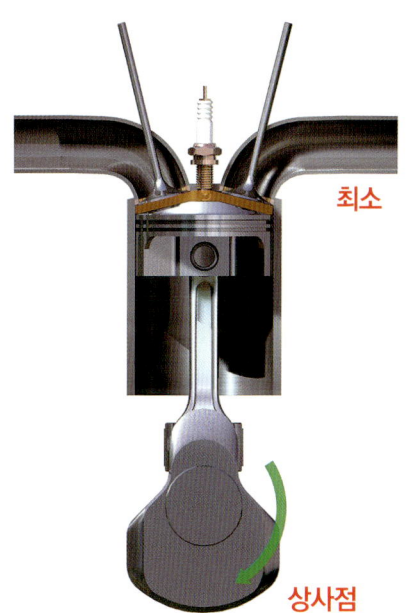

최소 / 상사점

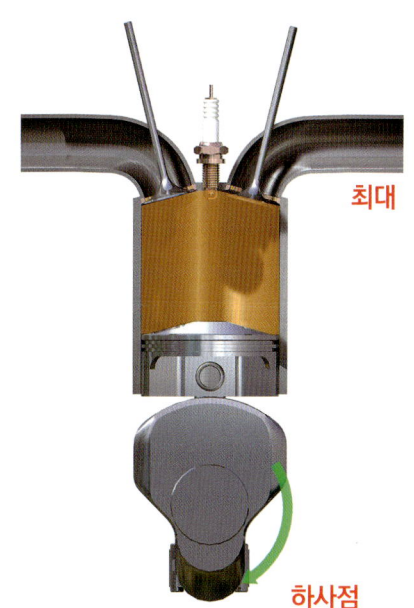

최대 / 하사점

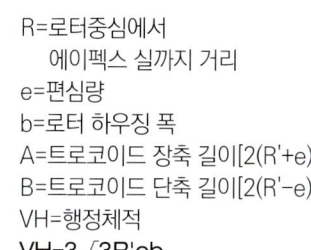

R=로터중심에서
    에이펙스 실까지 거리
e=편심량
b=로터 하우징 폭
A=트로코이드 장축 길이[2(R'+e)]
B=트로코이드 단축 길이[2(R'−e)]
VH=행정체적
VH=3√3R'eb

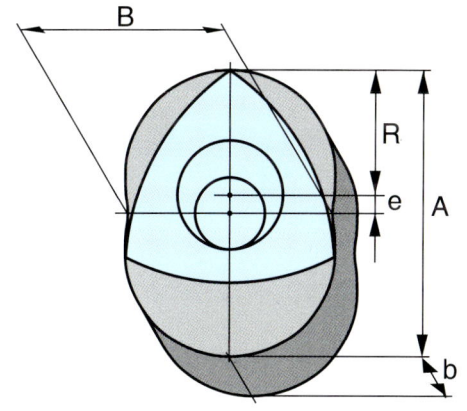

배기량의 산출은 로터 하우징 안 작동실의 최대 체적에서 최소 체적을 빼면 된다. 이 방법은 왕복 피스톤 엔진과 같다. 단, 실질적으로는 하우징의 내벽과 로터 한쪽 또는 로터 리세스(연소실)가 형성하는 공간 체적이 된다.

같은 포트를 사용하는 한계 로터의 폭 변경은 배기량에 비례한다.(엄밀하게는 로터의 폭은 왕복 피스톤 엔진의 내경에 해당한다.) 행정에 해당하는 것은 로터 하우징 안의 원주면 곡률(트로코이드 정수=k값)로, 대략적으로 말하면 로터리 엔진의 행정을 크게 하는 것은 엔진 자체의 대형화, 나아가서는 생산 설비의 일신을 의미하기 때문에 손대기가 어렵다.

이것이 「내경을 크게 하는 것 밖에 되지 않는다.」는 비판의 근원이다. 왕복 피스톤 엔진의 실린더는 단순한 원통이므로 내경의 반경을 R로 하여 $\pi R^2 \times$행정으로 체적을 계산할 수 있지만 로터리 엔진은 복잡한 공간을 형성하기 때문에 행정 체적(배기량)의 산출은 어렵다고 생각되는 경향이 많다.

그러나 원래 트로코이드 곡선은 정수에 따르는 것으로 계산식은 복잡하지만 위의 그림에서 표현한 식으로 행정 체적(VH)을 계산할 수 있다.

방켈 엔진(Wankel Engine)

독자적인 괴짜 엔진

**내연기관에는 피스톤의 상하 왕복운동을 회전운동으로 변환하는 왕복 피스톤 엔진과 회전운동으로만 작동하는 엔진이 있다.
회전엔진으로 대표적인 엔진은 가스터빈과 로터리 엔진이다.**

1960년대 후반 방켈 엔진에 실용화 전망이 보이자 동시에 전 세계 자동차 메이커가 누구나 할 것 없이 개발에 주력하기 시작했다. 기계적인 단순함, 적은 진동, 작고 가벼워 고출력을 내는 등 당시의 방켈 로터리 엔진은 그야말로 이상적이고 궁극적인 자동차용 엔진이었다. 하지만 제품화에 이르기까지의 뜻하지 않은 기술적 난관과 오일 쇼크의 발생으로 인해 동양의 약소 메이커 단 한 곳만 빼고는 모두 손을 빼게 된다.

로터리 엔진의 본질을 말하자면 책 한권을 써도 부족하다. 부품 수가 적고, 저진동·고출력 등등 다만 연비가 최악이다. 열효율을 연비와 똑같이 다룬다면 이것은 가장 나쁜 예 그 자체이다. 수많은 실(Seal)로 압축을 유지하는데 따른 피할 수 없는 마찰과 압축 누설, 이동하는 연소실의 큰 표면적에 의한 냉각손실 등은 구조적인 결함이라 근본적인 해결은 현 상태에서 불가능에 가깝다.

하지만 최근에 와서 혼미한 정도가 심화되는 내연기관 세계에서 연료의 질을 불문하고 수소까지 받아들이는 다양성과 질량대비 큰 출력 등의 이유로 레인지 익스텐더를 비롯한 신세대 엔진으로서 다시 각광을 받고 있다.

물론 리더십을 쥐고 있는 것은 마쯔다(Mazda Motor Corporation)이지만 한 회사만의 개발만으로는 기술적 진보가 순조롭지 않았던 역사를 감안하면 많은 메이커가 참가해야 새로운 지평이 열릴 것이다.

흡입
행정

압축
행정

로터리 엔진의 연소 사이클

로터리 엔진에는 편심축이 3회전 하는 동안에 3각 로터의 각 변에서 1회씩 연소한다. 4행정 엔진과 비교하면 크랭크각 1080°에 한번 연소하는 것이기 때문에 6행정 엔진이라고도 할 수 있지만 로터의 3변에서 동시에 행정이 진행되기 때문에 실제로는 크랭크각 1080°에서 3회 연소, 바꿔 말하면 2행정 엔진이라고 부르는 것도 가능하다. 여기서는 로터가 1회전하는 동안 어떤 일이 일어나는지 살펴보자.

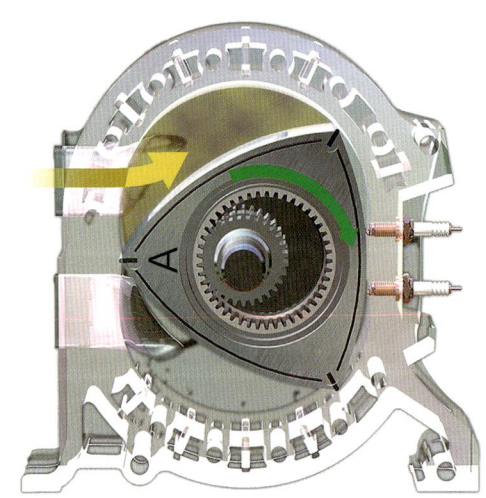

로터의 정점(頂点) A가 배기 포트를 통과하면 동시에 흡입행정이 시작된다. 종료는 로터 측면의 사이드 실이 흡기 포트를 완전하게 막은 시점이다. 4행정에서의 밸브 타이밍(흡기)은 포트의 원주방향 길이로 결정된다.

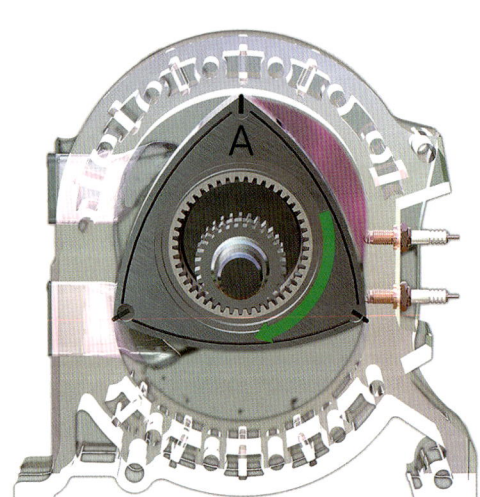

로터가 단순히 원운동만 하고, 하우징이 단순한 기다란 원이라면 흡입 체적과 압축 체적은 같다. 즉, 압축을 하지 않는다는 말이다. 이 대목이 로터의 편심운동과 트로코이드(Trochoid) 곡선으로 구성된 하우징이 만들어 내는 로터리 엔진의 핵심부분이다. 르네시스(RENESISRE)의 압축비는 10 : 1이다.

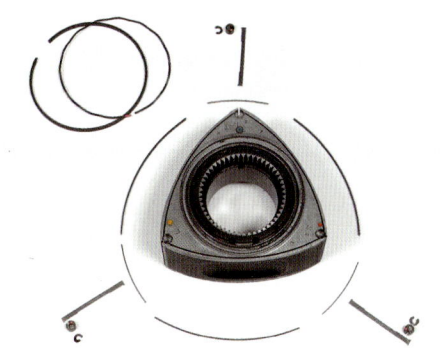

에이펙스, 코너, 사이드, 오일 같은 각종 실(Seal)은 로터리 엔진의 핵심이자 가장 중요한 부품이다. 그 조립 정밀도는 피스톤 링 등의 비율이 아니라 소정의 성능을 발휘하기 위해 전문적인 기술을 필요로 한다.

초기 방켈 엔진 개발단계에서 큰 장벽이었던 것이 에이펙스 실(Seal)이다. 하우징과의 마찰로 인해 생기는 「악마의 채터 마크(Chatter Mark)」를 극복할 수 있었던 것은 마쓰다뿐이었다. 시판제품은 알루미늄과 카본의 복합재이다.

카본 복합재가 접촉하는 원주면과 고무가 접촉하는 측면에서는 필요한 성능조건이 다르다. 사이드 포트 가장자리는 실(Seal)의 공격성을 완화하기 위해 미세한 라운드가 들어가 있다. 원주면은 알루미늄 강판으로 주조한 다음 경질 크롬도금 시공을 한다.

센터 쪽에 대해 편심(Eccentric)되어 있기 때문에 편심축이다. 초기 방켈엔진은 로터 쪽이 편심되어 있었기 때문에 형상이나 명칭도 다르다. 2로터까지는 일체 성형이지만, 3로터 이상에서는 조립구조를 하고 있다.

| 점화 팽창행정 | 배기 행정 | 다시 흡입 공정으로 |

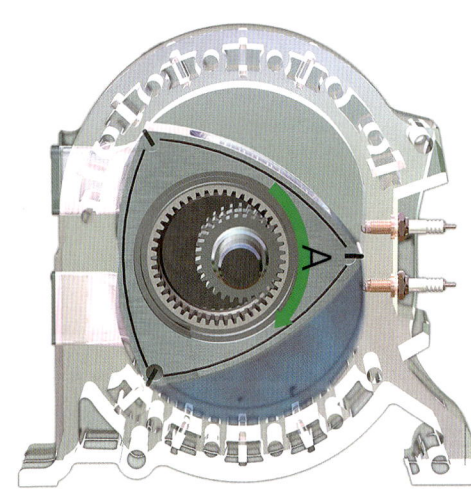

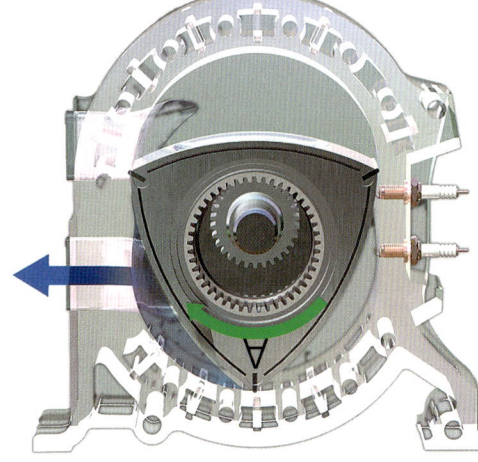

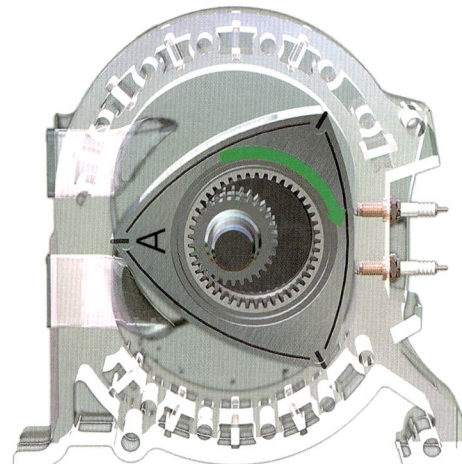

로터리 엔진 행정의 최대 특징은 연소실이 이동하면서 팽창하는 것이다. 그 때문에 S/V(행정/체적)비가 크고, 연비 = 열효율이 좋지 않다. 4행정 엔진에서와 같은 소형의 연소실이 없어 화염전파에 시간이 걸리기 때문에 점화 플러그가 2개 배치되어 있다.

로터 측면이 배기 포트를 통과하면 배기행정이 시작된다. 르네시스 이전은 하우징의 원주 쪽에 있는 페리퍼럴(Peripheral) 포트. 배기가 바로 빠져나가 열효율은 좋지만, 에이펙스 실(Apex Seal)로 개폐를 제어하기 때문에 오버랩이 불가피했다.

흡배기 출입을 포트와 로터의 회전만으로 제어하여 소위 말하는 동적 밸브 시스템이 없다는 점에서는 2행정 엔진과 똑같은 구조이다. 이 기계적인 간소함과 부품의 수가 적다는 것이 60~70년대에 자동차 메이커를 매료시켰던 점이기도 하다.

|02| 내연기관의 열역학적 사이클

오토 사이클(Otto cycle)

가장 일반적이고 기본적인 4행정 불꽃 점화 엔진. 압축비와 팽창비가 동일하기 때문에 열 효율을 향상시키기 위해 팽창비를 크게 하려면 압축비도 높여야 하는 어려움이 있다. 높은 압축비는 노킹으로 이어지는 동시에 펌프 손실의 증대도 초래하기 때문에 압축비 설정이 중요한 사안이다

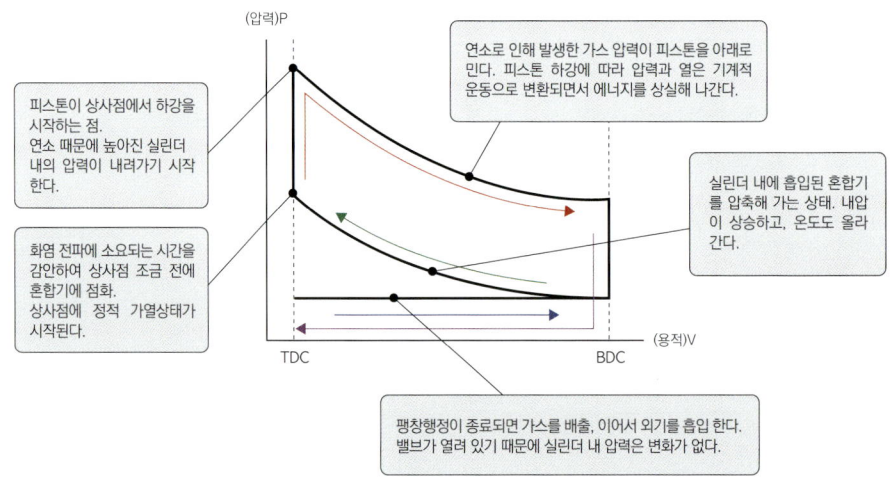

피스톤이 상사점에서 하강을 시작하는 점.
연소 때문에 높아진 실린더 내의 압력이 내려가기 시작한다.

화염 전파에 소요되는 시간을 감안하여 상사점 조금 전에 혼합기에 점화.
상사점에 정적 가열상태가 시작된다.

연소로 인해 발생한 가스 압력이 피스톤을 아래로 민다. 피스톤 하강에 따라 압력과 열은 기계적 운동으로 변환되면서 에너지를 상실해 나간다.

실린더 내에 흡입된 혼합기를 압축해 가는 상태. 내압이 상승하고, 온도도 올라간다.

팽창행정이 종료되면 가스를 배출, 이어서 외기를 흡입 한다. 밸브가 열려 있기 때문에 실린더 내 압력은 변화가 없다.

디젤 사이클(Diesel cycle)

미리 연료를 혼합한 혼합기 상태의 공기를 압축하는 가솔린 엔진에 비해 공기만 압축한 다음, 거기서 발생하는 열을 이용하여 실린더 내에 분사한 연료를 착화시키는 디젤 엔진이다. 압축 온도가 충분히 상승한 상사점 부근에서 연료를 분사하면 분사와 동시에 연소가 시작되고 실린더의 내압을 일정하게 유지하면서 피스톤이 하강한다.

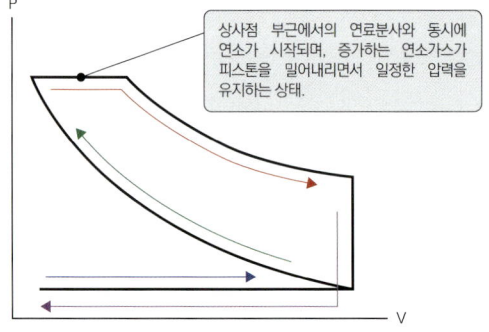

상사점 부근에서의 연료분사와 동시에 연소가 시작되며, 증가하는 연소가스가 피스톤을 밀어내리면서 일정한 압력을 유지하는 상태.

사바테 사이클(Sabathe cycle)

승용차 등에 이용하는 고속 디젤 엔진의 사이클이다. 아주 짧은 시간 내에 연료를 연소시키기 때문에 상사점 전부터 연료를 분사하여 점화시킴으로서 점화부터 상사점까지는 오토 사이클과 똑같은 정적(定積) 가열 상태가 된다. 상사점 이후는 일반적인 디젤 사이클과 똑같아서 정압(定壓) 가열 상태를 거친 다음에 단열 팽창으로 진행한다.

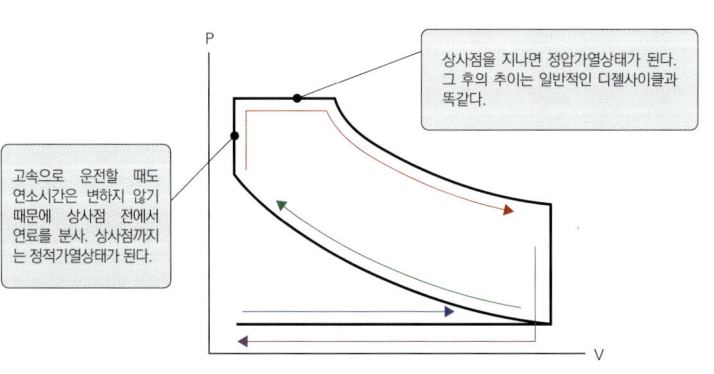

상사점을 지나면 정압가열상태가 된다. 그 후의 추이는 일반적인 디젤사이클과 똑같다.

고속으로 운전할 때도 연소시간은 변하지 않기 때문에 상사점 전에서 연료를 분사. 상사점까지는 정적가열상태가 된다.

4

애트킨슨 사이클(Atkinson cycle)

압축 쪽과 팽창 쪽 행정이 서로 다르다. 팽창 쪽의 긴 행정으로 인해 오토 사이클에서는 회수가 되지 않았던 영역까지 에너지를 계속 회수할 수 있기 때문에 오토 사이클과 비교하면 PV 선도의 "완만한 선"이 우측을 향해 가늘고 길게 뻗어있는 점이 특징이다. 팽창 행정 선의 높이가 대기압 근처까지 내려가 있는 점에 주목할 것.

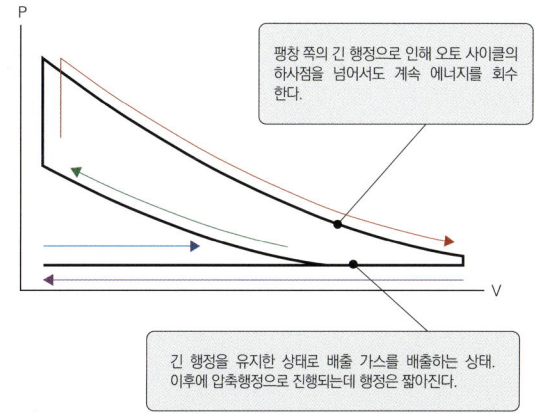

팽창 쪽의 긴 행정으로 인해 오토 사이클의 하사점을 넘어서도 계속 에너지를 회수한다.

긴 행정을 유지한 상태로 배출 가스를 배출하는 상태. 이후에 압축행정으로 진행되는데 행정은 짧아진다.

5

밀러 사이클(Miller cycle)

흡기 밸브를 닫는 시점에 따라 압축할 때의 유효행정을 단축하여 실제 압축비를 낮게 함으로서 고팽창비와의 균형을 유지하는 방법이다. 흡기 밸브를 빨리 닫는 방식과 늦게 닫는 방식이 있는데 그 효과는 거의 비슷하지만 PV 선도에서는 우측과 같은 차이로 나타난다. 자동차용에서는 이 방법이 애트킨슨 사이클로 사용되고 있다.

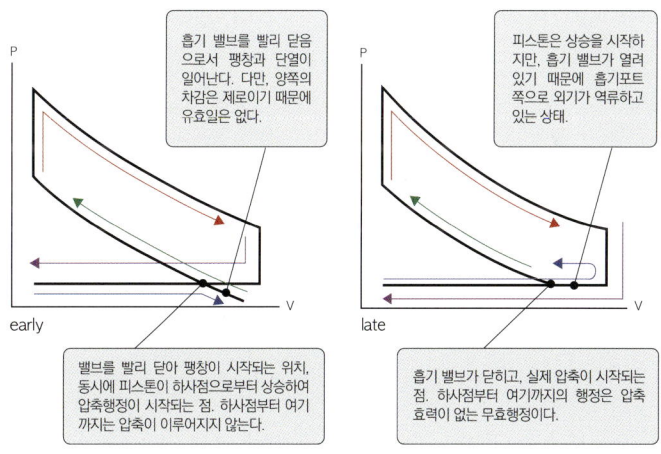

흡기 밸브를 빨리 닫음으로서 팽창과 단열이 일어난다. 다만, 양쪽의 차감은 제로이기 때문에 유효일은 없다.

피스톤은 상승을 시작하지만, 흡기 밸브가 열려 있기 때문에 흡기포트 쪽으로 외기가 역류하고 있는 상태.

early

밸브를 빨리 닫아 팽창이 시작되는 위치, 동시에 피스톤이 하사점으로부터 상승하여 압축행정이 시작되는 점. 하사점부터 여기까지는 압축이 이루어지지 않는다.

late

흡기 밸브가 닫히고, 실제 압축이 시작되는 점. 하사점부터 여기까지의 행정은 압축 효력이 없는 무효행정이다.

6

클라크 사이클(Clark cycle)

4행정 엔진의 흡기나 배기 같이 일에 직접 관여하지 않는 행정이 존재하지 않기 때문에 PV 선도는 매우 단순하다. 소기와 배기 포트는 실린더 벽면에 뚫려 있기 때문에 하사점 전후에서 대칭적으로 열린 상태가 된다. 슬리브 밸브가 갖는 특성이다.

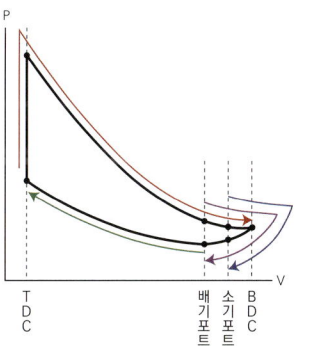

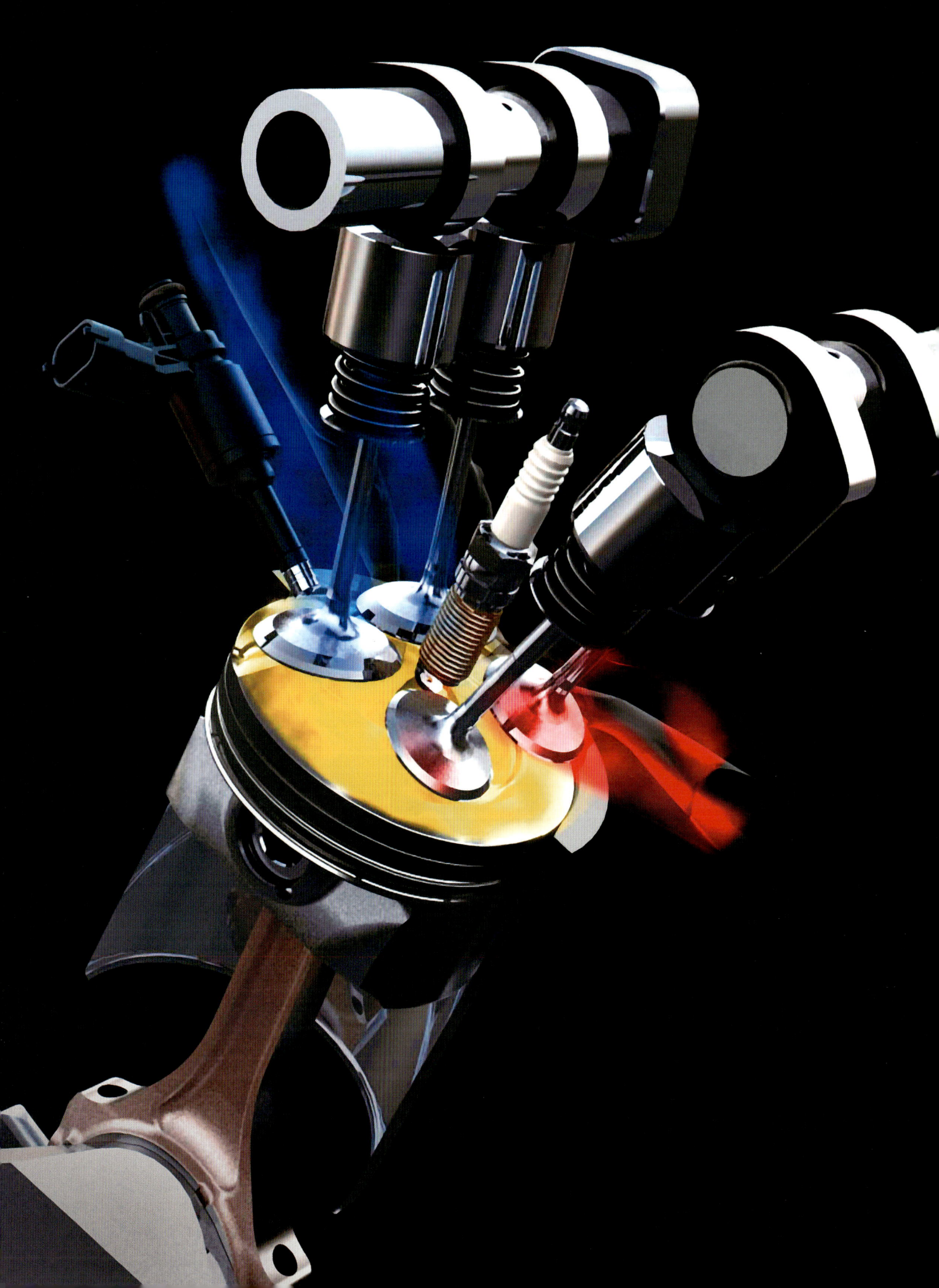

II

엔진 실린더 배열의 종류

|01|
엔진의 실린더 배열

실린더 배열의 기본과 의미

자동차 엔진을 구성하는 요소는 복잡하며, 요소마다 다양한 형식이 사용되고 있다. 실린더(=기통)의 배열은 어떻게 하는가? 캠 및 밸브 기구는 어떻게 구성되는가? V형 엔진의 크랭크축 위상각은 몇 도인가? 실린더 블록의 구조는 어떤 형식인가? 이와 같이 열거하자면 끝이 없는 사항들의 조합으로 하나의 엔진이 이루어진다.

여기에서는 그 중 하나인 실린더 배열에 대해 가장 대표적인 형식을 중심으로 기본 구조를 그림으로 표시한다. 실린더 배열이란 엔진이 감당할 수 있는 배기량의 범위, 엔진 자체와 탑재한 자동차의 종류에 따른 특성, 자동차 전체의 구성 등을 고려하여 결정하는 골격 부분이다.

여기서 소개하는 실린더 배열, 크랭크축 위상각 및 점화시기의 관계 등은 어디까지나 지금까지 알려져 있는 기본 사항에 지나지 않는다. 끊임없이 발전하는 자동차 기술에 있어서도 중요한 기초부터 최신의 기술에 대해 설명을 한다.

1기통 엔진 HONDA
MC41E

엔진에서 가장 단순한 실린더 배열이다. 엔진을 전체로 보면 크랭크 축이 2회전(720도) 할 때 점화가 1회 이루어지는 구조로 토크의 변동이 매우 큰 것이 특징이다. 또 왕복 운동 부분이 하나이기 때문에 크랭크축의 평형추에 의해서 왕복 운동이나 회전 운동 모두 상쇄되지 않아 진동의 억제가 어렵다.

다임러도 벤츠도 여명기의 자동차에는 단기통 엔진이 이용되었다. 2015년 현재는 이륜자동차 외에는 사용되지 않는다. 반면 이륜자동차에서는 지금도 주류의 실린더 배열에서 50cc의 스쿠터부터 650cc의 스포츠 오토바이까지 다양한 스타일의 차체에 탑재된다. 양산 차로는 4행정 사이클에서 최대 800cc이며, 2행정 사이클에서는 700cc이다. 탑재 방향은 거의 모두가 가로 배치(진행 방향에 대해 크랭크축이 직각)이지만, 수평 대향형 엔진의 한 쪽을 없앤 것과 같은 구조의 BMW 등 일부에서는 세로 배치의 차량도 존재한다. 1960년대까지 그랑프리 경주 차량의 상위권은 모두 공랭식 단기통 엔진을 탑재한 차가 차지하고 있었다. 엔진 자체가 간단하고 소형으로 탑재 방향에 비교적 제한이 적은 것도 특징이다.

제원

형식명 : MC41E
기통 수 : 1
실린더 배열 : ―
실린더 당 밸브 수 : 흡기 2·배기 2
밸브 구동 : DOHC/타이밍 체인
내경×행정(mm) : 76.0×55.0
배기량 : 249cc
압축비 : 10.7 : 1
연료 공급 : 포트 분사
최고 출력[kW(ps)/rpm] : 20(27)/8500
최대 토크[N-m (kg·m)/rpm] : 23(23.0)/7000

1987년 혼다 MC41E가 처음으로 출시되었을 당시에는 기어식 밸브 구동을 사용하고 있었지만, 2011년 모델을 변경하면서 체인식 밸브 구동으로 변경되었다. 동시에 이륜자동차 DOHC 엔진에 처음으로 균형축(balancer shaft)과 롤러 로커 암을 채용하였다.

직렬 2기통 엔진
Fiat Twin Air

자동차 엔진의 직렬 실린더 최종 도달점

현재 직렬 2기통 자동차용 엔진으로는 피아트 그룹의 트윈 에어가 유일하다. 실린더 2개를 옆으로 나란히 직렬로 배치하며, 크랭크축 1회전에 하나의 실린더가 점화 연소하는 사이클이 이루어진다. 즉, 크랭크축 2회전에서 번갈아 각 실린더가 점화 연소하는 구조이다.

크랭크 핀의 배치는 360도 즉, 이 위상각에 의해 점화 연소하는 간격이 커 발생하는 토크의 변동에 의해 진동이 큰 이유로 트윈 에어 이후 자동차용 엔진으로서는 채택이 확산되지 않는 이유 중의 하나인데 예를 들어 일본의 경우에는 배기량 360cc의 경자동차 등 과거의 자동차에서는 비교적 대중적인 엔진의 형식이었다. 직렬 2기통 엔진이 큰 불만도 없이 탑재가 계속된 것은 배기량이 적고 토크의 변동도 적다는 것 때문일 것이다.

또한 최신 기술의 사례로서는 레인지 익스텐더(Range Extender ; 배터리에 충전된 전기를 이용하여 모터로 주행하다가 가솔린 엔진의 동력으로 발전하여 전기 모터에 전기를 공급한다)용 엔진으로서 오브리스트(OBRIST)사의 하이브리드 내연기관(HICE ; Hybrid Internal Combustion Engine)이 있다.

HICE 엔진은 단기통 엔진 2대를 세로로 배치한 병렬 구성으로 2개의 크랭크축이 서로 기어에 의해 연결된 상태에서 역회전하여 진동을 상쇄시키는 것으로 진동과 소음의 대책으로는 독특한 방식의 엔진이다.

자동차용은 직렬 2기통 엔진의 일부 예외로서 수평 대향형 2기통 엔진이 탑재되고 있었지만 이륜차용으로 2기통 엔진은 변화가 매우 풍부한 형식이다. 이륜차용 엔진은 진동에 대한 불만이 적고 오히려 부등 간격의 연소에 따른 토크 변동을 구동 펄스로 즐긴다는 성질이 있어 2개의 실린더를 자유롭게 배치하는 경향이 있다.

이른바 V형 트윈으로 불리는 V형 2기통 엔진에는 여러 가지 방식을 들 수 있으며, 병렬 2기통(이륜차용의 직렬 2기통)에서도 크랭크 핀의 위상각이 180도 크랭크축 및 270도 크랭크축이 존재한다.

▶ Fiat Twin Air

360도 위상의 크랭크축을 사용하며, 동일한 간격으로 점화 연소한다. 2차 균형축을 설치하여 진동에 대비하였으며, 밸브는 4개이지만 캠축이 배기 캠축뿐이다. 배기 캠축에 의해서 발생한 유압과 전자 밸브를 이용하여 흡기 밸브를 제어하는 「멀티 에어」를 채용하였다.

▶ Suzuki prototype diesel

스즈키가 피아트의 라이선스 공급에서 인도(INDIA) 전용으로 독자 개발한 800cc 디젤 엔진이다. 디젤 엔진으로서는 배기량이 적으며, 77.0mm라는 작은 내경이 이례적이다. 마쯔다 데미오와 나란히 주목이 된다.

▶ Harley-Davidson

전통의 45도 V형 2기통 엔진의 최대 특징
은 앞뒤의 실린더를 오프셋 하지 않고 일직
선상에 배치한 것이다. 이는 동일축선 상에
한쪽의 커넥팅 로드 대단부를 하나의 크랭
크 핀에 배치하기 때문이다.

▶ BMW R1200

이 엔진 또한 BMW 전통의 기술로 수평 대
향형 2기통 엔진은 당초 OHV(Over Head
Valve)에서 「헤드 캠」이라고 부르는 특수
한 OHC(Over Head Cam shaft) 엔진이
다. 일반적인 DOHC(Double Over Head
Cam shaft)와 실린더 헤드의 구조가 변경
된 엔진이다. 그림은 크랭크축과 같은 방향
으로 회전하는 캠축으로 흡·배기 밸브를
구동하는 변칙적인 DOHC 엔진이다.

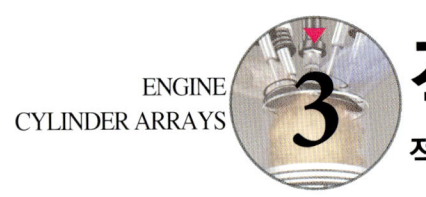

3 직렬 3기통 엔진

적은 배기량 차량용 엔진

총배기량이 1,000cc이하의 경자동차용 엔진에 많이 사용되는 실린더의 배열이다. 경자동차라도 고성능이나 고급 등급에는 직렬 4기통 엔진이 탑재되는 경우가 증가되고 있으나 아직까지 직렬 3기통 엔진이 주류를 이룬다.

실린더가 홀수이지만 크랭크축의 위상각이 120°인 구성에서 240°마다 균일한 간격을 두고 폭발을 하면 작동하는 부품의 관성 질량이 균형을 이루게 된다. 그러나 연소 압력 등에 의한 우력(偶

力;물체에 작용하는 크기가 같고 방향이 서로 반대인 평행한 두 힘)이 남아 있기 때문에 진동이 발생하는 문제를 해결하는 것이 과제이다.

가장 일반적으로 해결하는 방법은 크랭크축과 180° 위상에서 같은 속도로 역회전하는 균형축(balancer shaft)을 배치하여 진동을 상쇄시키는 것이다.

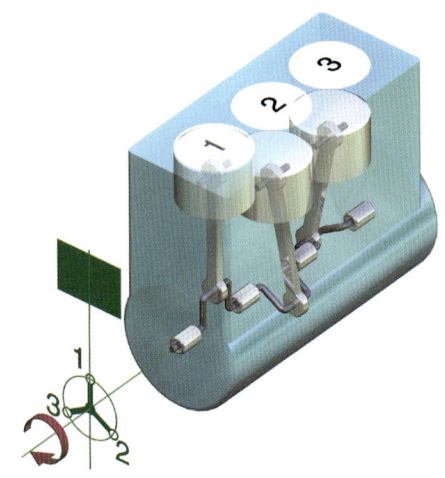

크랭크축의 위상각은 240°이고 실린더가 홀수이므로 구조적으로 우력이 남게 된다. 이에 대한 대책으로는 균형축(balancer shaft)을 설치하여 크랭크축의 무게를 고려하는 것으로 얼마나 진동을 저감시키는가가 설계상의 가장 중요한 부분이다.

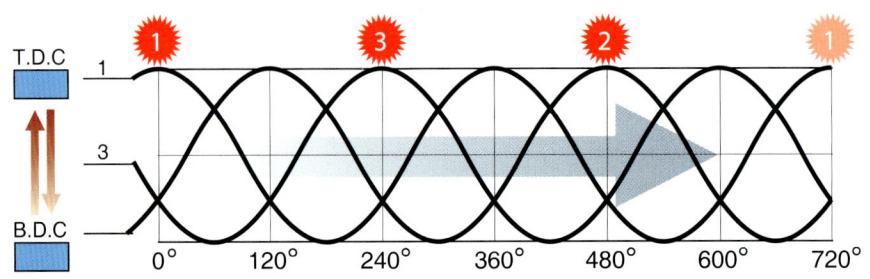

720°÷3=240°마다 폭발

240°마다 폭발하기 때문에 폭발 간격이 커지므로 회전 속도의 반응은 거칠어지기 마련이며, 아울러 우력에 의한 진동의 문제도 해결해야 할 과제로 남는다. 실제로 출시된 3기통 엔진이 문제의 해결을 위해 선택한 접근법에 주목하길 바란다.

직렬 3기통 엔진
▼
1000cc DOHC 1KR-FE
TOYOTA/DAIHATSU

TOYOTA PASSO/DAIHATSU Boon

전 세계에 판매를 전제로 한 직렬 3기통

토요타 파소(Passo)/다이하츠 붐(Boom)용으로 새롭게 개발된 직렬 3기통 엔진이다. 현재는 벨타(Belta)에도 탑재된다. 또한, 어느 쪽이 먼저인지 불명확하지만 토요타가 PSA 그룹과 공동 개발한 유럽 대상의 A 세그먼트 모델「AIGO」/푸조 107/시트로엥 C1 등에도 탑재되고 있다.

전 세계에 판매 대수를 생각하면, 신규 개발의 의의는 충분하다고 말할 수 있다. 구조상의 특징은 배기량이 적은 엔진으로써 바람직한 장행정 설계이다. 실린더 당 배기량 330cc의 엔진으로 S/V비(연소실 표면적 : 체적비)를 감소시키는 것은 장행정화가 예측한 결과이다. 그 의미에서의 이론을 충실히 지킴으로써 실용 면에서 이점이 큰 구조라고 평가할 수 있다.

▶ 배기량이 적은 엔진의 바람직한 모습

제원

형식명 : 1KRE-FE
실린더 수 : 3기통
실린더 배열 : 직렬
실린더 당 밸브 수 : 흡기 2·배기 2
밸브 구동 : DOHC/체인/
　　　　　 직접 구동 위상 가변형 밸브 타이밍(흡기)
내경×행정(mm) : 71.0×83.9
배기량 : 996cc
압축비 : 10.5 : 1
연료 공급 : 포트 분사
최고 출력[kW(ps)/rpm)] : 52(71)/6000
최대 토크[N-m(kg·m)/rpm] : 94(9.6)/3600

Professional Eyes

효율이 높으며, 경량 및 소형화에 철저한 토요타(Toyota)와 다이하츠(Daihatsu)의 기술이 골고루 영향을 미친 합리적인 설계의 소형 자동차용 엔진이다. 오프셋 크랭크축, 슈퍼 인텔리전트 촉매와 이온 전류 검출 연소 제어장치 등의 최신 기술로 연비와 배기가스의 성능을 향상시킨다.

특징은 S/B(행정/내경)=1.18인 장행정 엔진의 설계이다. S/B(행정/내경)비가 1인 정방행정 엔진은 실린더 당 배기량이 500cc 정도의 엔진에 적합하며, 실린더 당 배기량이 300cc 정도의 엔진에는 부적합하다. 작은 실린더 당 체적은 S/V(행정/체적)비의 증가를

의미하는데 S/V비의 감소에는 장행정 엔진이 적합하다.

그러면 그 한계는 무엇으로 정하는 것일까? 4밸브 DOHC의 가솔린 엔진이 최고 출력을 낼 때의 피스톤 속도는 배기량에 관계없이 18m/s 정도로 이는 그 때의 흡기 밸브를 통과하는 흡기 유속이 어떤 한계 값에 달하는 회전수를 의미한다.

따라서 행정이 83.9mm인 이 엔진은 6000rpm에서 피스톤 속도가 16.8m/s이므로 더 적은 장행정화도 가능하지만 그 밖의 균형도 고려하여 정한 최적의 값이 이것일 것이다. 기본에 충실해야만 한다는 점을 고려한 엔진이 고효율 엔진이라고 평가할 수 있다.

Ford EcoBoost 1.0

왕복 엔진의 1실린더 체적은 S/V(행정/체적)비로 마찰의 균형에서 450~500cc가 이상적인 것으로 알려져 있다. 그래서 배기량이 1500cc 전후의 3기통 엔진이 최적이다. 배기량이 1500cc보다 적으면 2기통 엔진인데 진동을 억제하기 위해 3기통 엔진으로 되는 것이 대부분이다.

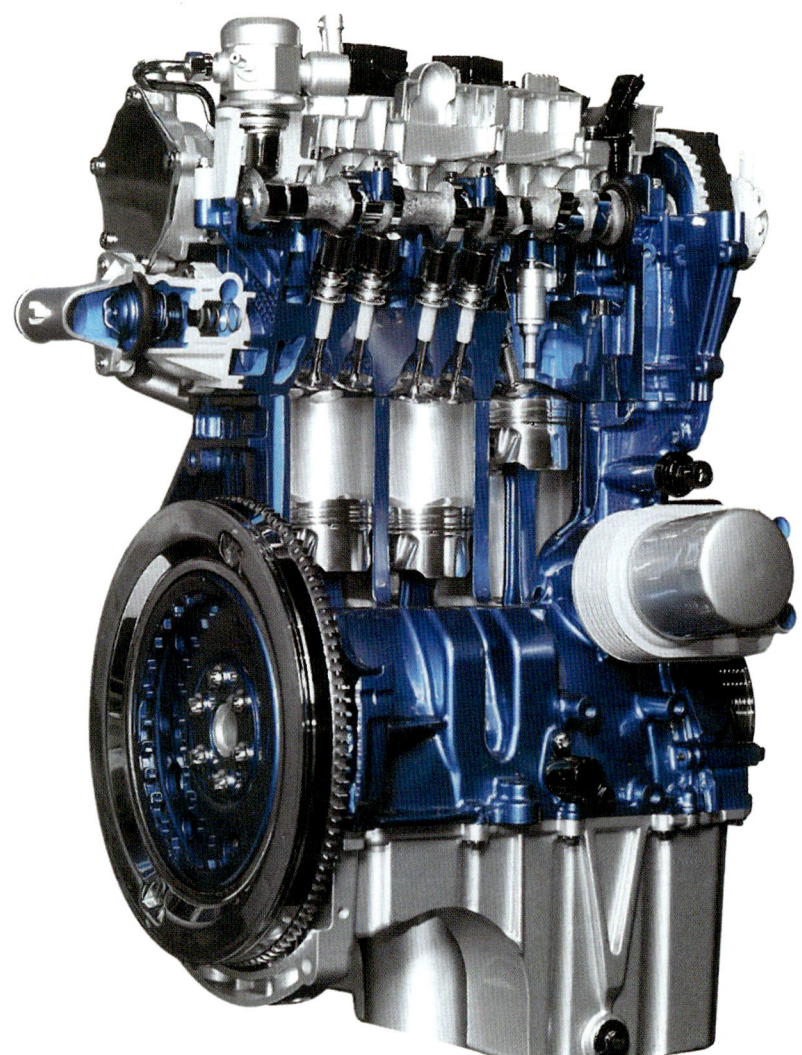

회전계통의 배열과 밸브 트레인

위상각 120°의 크랭크축과 피스톤의 위치 관계를 잘 확인할 수 있는 그림이다. 2번 피스톤이 상사점에 있을 때 1번과 3번의 피스톤이 불안정한 위치에 있다. 이 상태가 우력(偶力;물체에 작용하는 크기가 같고 방향이 서로 반대인 평행한 두 힘)의 발생 원인이다. 직렬 6기통 엔진에서는 직렬 3기통을 서로 반대 방향으로 배치하기 때문에 우력이 발생하지 않는다.

직렬 4기통 엔진
승용차용 엔진의 기본

직렬 4기통 엔진은 1,000cc~2,400cc 정도의 승용차용 엔진의 기본 실린더 배열이다. 엔진의 설계에서 가장 중요시 되는 진동의 저감, 단순 구조로 부품 수의 감소, 마찰 손실의 저감, 파워 패키지 전체의 소형화 등 요소를 종합적으로 고려했을 때 직렬 4기통 엔진은 가장 필요한 것으로 구성된 엔진이라 여겨진다.

각 실린더는 흡기→압축→폭발→배기의 4행정을 크랭크축이 2회전 하는 동안에 완성한다. 4기통 엔진에서 각 실린더가 균일한 간격을 두고 폭발하기 위한 크랭크축의 위상각은 180°이다.

폭발 행정을 수행중인 즉, 높은 압력을 받고 있는 피스톤의 관성 질량과 피스톤에 연결된 커넥팅 로드에서 크랭크축에 전달되는 비틀림(torsion) 또는 1차 진동(vibration) 등을 낮추기 위해 폭발 순서는 1-3-4-2를 기본으로 한다.

즉 1번 및 4번 피스톤이 상사점에 위치할 때 2번 및 3번 피스톤은 하사점에 있고 크랭크축이 180° 회전하여 2번 및 3번 피스톤이 상사점에 위치할 때 1번 및 4번 피스톤은 하사점에 위치한다.

이렇게 배치시켜도 4기통 엔진은 회전 속도에 의해 발생되는 2차 관성력(진동)을 저감하기 위해 균형축(balancer shaft)을 배치하는 엔진도 있다.

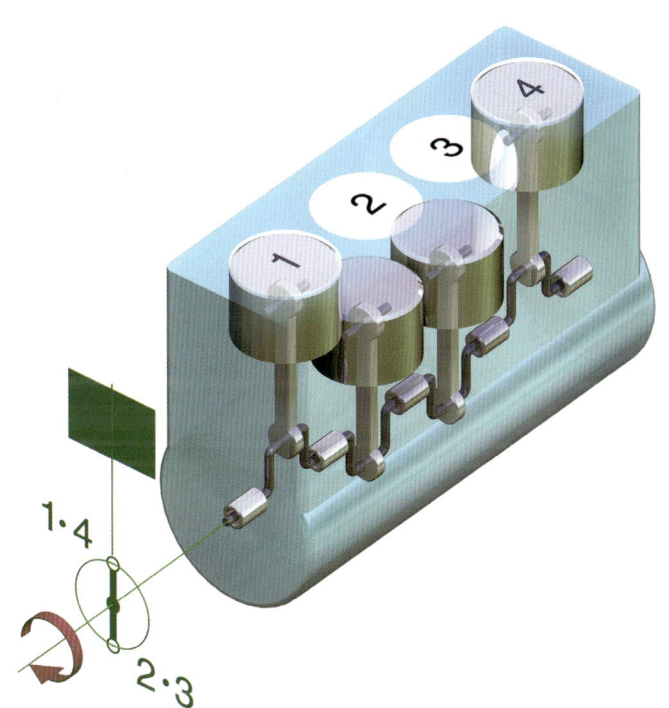

크랭크축 위상각 180°인 직렬 4기통 엔진의 기본적인 예.

1개의 커넥팅 로드가 1개의 크랭크 핀에 연결되는 4슬롯(slot) 구조로 이 그림의 경우 크랭크축은 5개의 베어링에 의해 지지된다. 흡기→압축→폭발→배기의 4행정을 크랭크축이 2회전(즉 720° 회전)할 때 완성한다.

폭발(연소) 행정에서 발생되는 실린더 내의 고압과 관성 질량에 의한 비틀림(torsion) 또는 1차 진동(vibration) 등을 가능한 한 최소화하기 위한 폭발 순서를 사용한다.

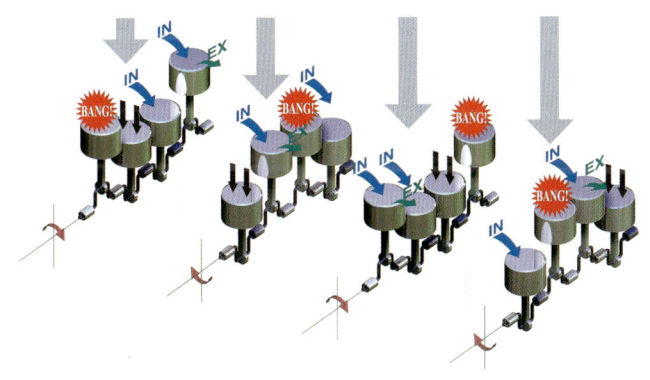

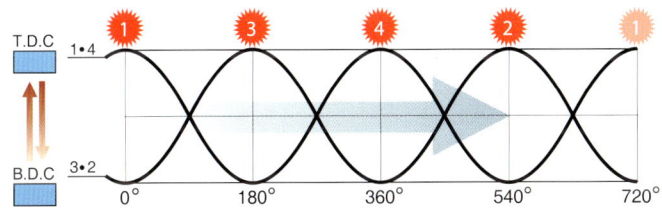

720°÷4=180°마다 폭발

위의 그림에서 표시한 각 실린더의 폭발 순서와 크랭크축 회전 각도의 관계를 그래프로 나타내면 이와 같다. 1번 실린더(피스톤)가 하사점에 도달했을 때 상사점에 도달하는 3번 실린더(피스톤) 폭발……이러한 방법으로 폭발 순서를 결정한다.

직렬 4기통 엔진

ALFAROMEO
2000cc DOHC 937A1

937A1

알파로메오(Alfa Romeo)
최초의 실린더 내 직접분사
연소 효율 향상, 고출력화

전통의 「트윈 스파크」 엔진의 후속 모델로 자리매김한 형식명 「937A1」의 직렬 4기통 엔진이다. 알파로메오(Alfa Romeo) 최초의 직접분사 시스템인 JTS(Jet Thrust Stoichometric)를 채택한 것이 특징이다. 1,200rpm 이하에서는 층상 급기(희박 연소를 위해 연료를 적게 공급하면 전체적으로 희박한 상태가 되는 혼합기에 착화를 좋게 하기 위해 점화 플러그 부근에만 농후한 혼합기를 형성하는 흡기 방법)에 의한 희박(lean) 연소를 실행하고 있다.

2002년부터 알파 156에 탑재 되었으며, 알파 GT에도 사용되었다. 그러나 알파 147의 2,000cc 모델은 현재도 형식명 「32310」인 트윈 점화 플러그 엔진을 탑재한다.

JTS는 고급 모델 대상을 위해 자리매김한 것인가? 현재 차종의 알파 159나 브레라(Brera)에는 2200cc의 JTS 엔진 「939A5」가 탑재되어 있다. 실린더 내경과 행정을 모두 같게 변경하였으며, 캠축 구동기구를 벨트식에서 체인식으로 변경하였다.

Professional Eyes

알파로메오 전통의 직렬 4기통 트윈 점화 플러그 엔진에서 다른 형태로 발전한 신세대 엔진이다. 이론 공연비의 직접분사를 채택한 알파로메오의 4기통 고성능 엔진이다.

직접분사의 효과로 압축비를 11:1 이상으로 높이고 흡기 캠 및 배기 캠을 2개의 위상 가변기구를 이용하여 내부 EGR과 흡기 밸브가 늦게 닫히는 밀러 사이클((Miller cycle)을 실현하여 연비의 향상을 도모하고 있다. 7000rpm이상까지 회전이 가능한 캠 위상 가변기구를 이용하여 6400rpm에서 80마력 이상을 발휘하기 시작한다.

흡기 행정에서 직접분사의 이론 공연비를 위한 균일한 혼합이 이루어지도록 피스톤 헤드의 형태는 연료가 분사되는 곳과 흡기 밸브로부터 나오는 곳에서의 패인 부분을 제외하고 평평한 것이 바람직하다.

캠축의 구동을 체인으로 바꾸어 흡기 밸브의 패인 부분을 더욱 작게 하고 있다. 이와 같은 원리를 알파로메오에도 적용하여 현재의 2200cc 모델은 캠축의 구동을 벨트식에서 체인식으로 변경하였다.

▶ 알파 신세대의 이론공연비 직접분사 엔진

제원

형식명 : 937A1
기통 수 : 4
실린더 배열 : 직렬
실린더 당 밸브 수 : 흡기 2·배기 2
밸브 구동 : DOHC/타이밍 벨트
　　　　　　직접구동 위상 가변형 밸브 타이밍(흡배기 같음)
내경×행정(mm) : 83.0×91.0
배기량 : 1969cc
압축비 : 11.5 : 1
연료 공급 : 직접분사(BOSCH MED 7.1.1)
최고 출력[kW(ps)/rpm] : 122(165)/6400
최대 토크[N-m (kg·m)/rpm] : 206 (21.0)/3250

직렬 4기통 엔진

BMW

2,000cc DOHC N46B20B

BMW N46B20B

현재 BMW에서 제작한 엔진 기술의 기본을 투입한 최초의 엔진

현재의 E87계열 118i, 120i, E90계열 320i 세단, 왜건, 318i계열에 탑재한 엔진으로 배기량이 모두 2,000cc이다. X18과 X20의 출력 등은 공명 과급 흡기 기구(DISA ; DIfferenzierte SAuganlage)의 유무에 따라 다르게 제어한다.

흡기 밸브의 양정을 무단계로 제어하여 스로틀 밸브가 없으며, 흡기 계통 「밸브트로닉」, 흡기 밸브 및 배기 밸브 모두 가변 타이밍 기구 「더블 VANOS(VAriable NOckenwellen Steuerung)」 등 지금의 BMW에서 제작하는 엔진 기술의 요소들이 다양하게 포함되어 있다. 독일에서는 벌써 차세대의 기술 이전이 실행되고 있으며, 밸브트로닉은 제2세대로 진화하여 직접분사 장치의 채택도 공표되었다.

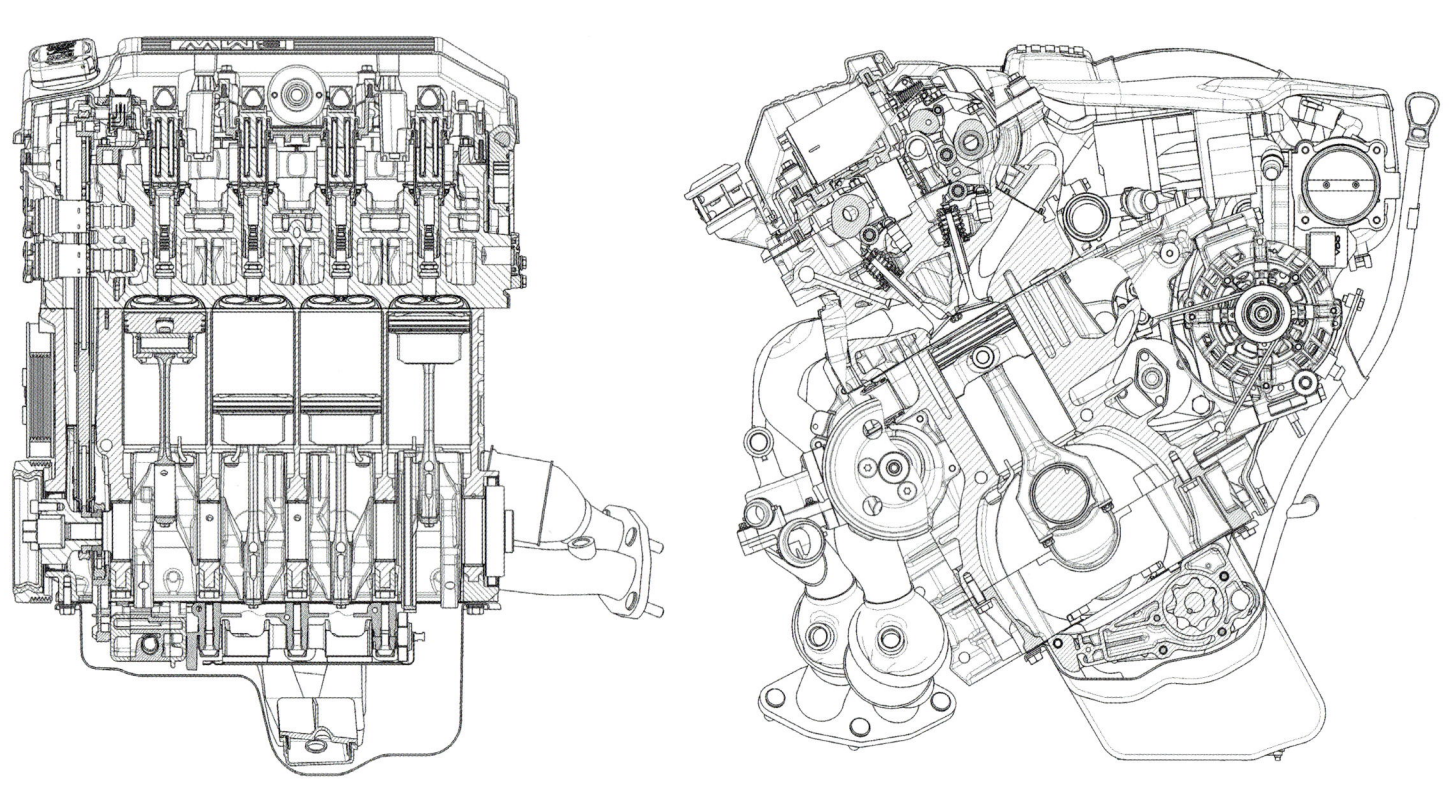

Professional Eyes

2001년 BMW가 세계 최초로 실용화한 「밸브트로닉」이라는 밸브 양정 가변기구를 사용한 스로틀 밸브가 없는 가솔린 엔진이다. 희박 연소가 아닌 이론 공연비를 사용한 비스로틀(Non-Throttle)형 엔진은 삼원 촉매가 사용되기 때문에 직접분사 성층 연소 엔진과 비교하였을 때 제조비용 측면에서(특히 NOx 촉매가 불필요) 세계의 다른 가솔린 엔진들과 비교하여 유리하다.

이 요동 캠 방식으로 20년 이상 전부터 세계에서 연구하였으나 어디에서도 실용화하지 못한 기구였다. 다만, 최초의 「밸브트로닉」은 그 요동 캠의 위치 구조상 열림 각(양정)이 작고 흡기 밸브가 빨리 닫히기 때문에 펌프 손실의 저감보다 흡기 밸브의 열리고 닫힘에 의한 흡기 유동 증가로 연소가 개선이 되었다고 하는 것이 적절한 표현일 것이다.

뒤 부분에서 설명할 새로운 6기통부터는 요동 캠의 위치가 개선되어 펌프 손실을 이상적으로 낮출 수 있게 되었다. 이 엔진의 시장 도입이 5년이 지났지만 지금도 따라 올 제작사가 없는 것은 불가사의한 일이다.

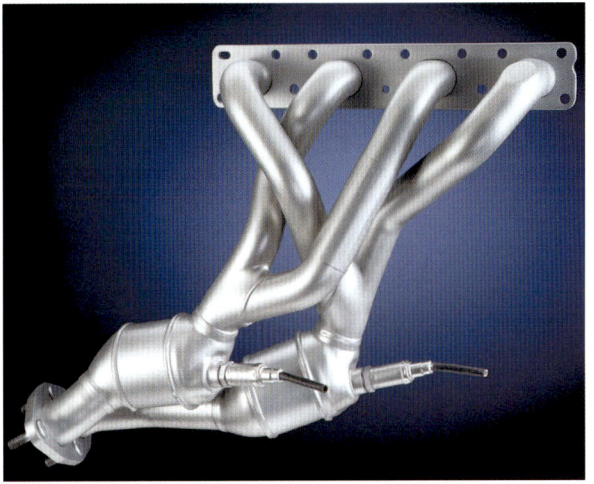

2차 진동의 대책을 위해 2축 병렬형 균형축(balancer shaft)을 채택하였다. 위상차형이 아닌 이유는 행정에 비해 커넥팅 로드의 길이가 길기 때문에 균형축 몸체 부분의 요동 운동이 적어지는 것으로 추정할 수 있다.

「밸브트로닉」을 채택한 직렬 4기통 엔진의 배기 파이프이다. 2개의 근접 촉매를 가진 아름다운 모양의 4-2-1 집합 형식으로 밸브 양정 가변기구와 맞추어 20%의 출력 향상과 연비 및 배기가스 성능을 동시에 개선하였다.

▶ 밸브트로닉(VALVETRONIC)을 세계 최초로 채택

 제원

형식명 : N46B20B
실린더 수 : 4기통
실린더 배열 : 직렬
실린더 당 밸브 수 : 흡기 2·배기 2
밸브 구동 : DOHC 흡기 : VALVETRONIC
　　　　　　 배기 : 캠+롤러 로커 암 위상 가변형 밸브
　　　　　　 타이밍(흡배기 같음)
내경 × 행정(mm) : 분명하지 않음
배기량 : 1995cc
압축비 : 10.5 : 1
연료 공급 : 포트 분사
최고 출력[kW(ps)/rpm] : 110 (159ps) / 6200
최대 토크[N-m (kg·m) /rpm] : 200 (20.4) /3600
※최고 출력, 최대 토크는 120i/320i용의 제원

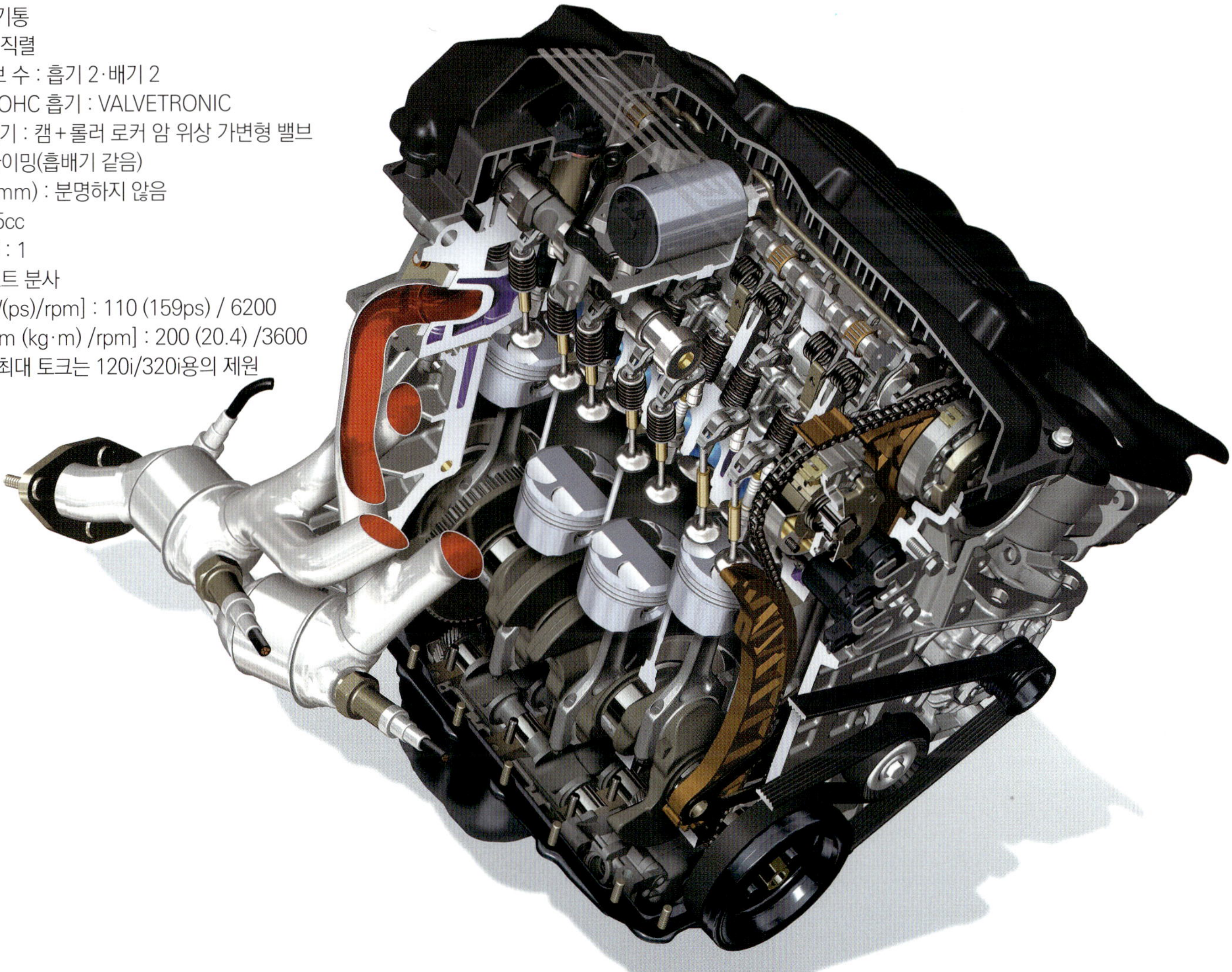

AUDI

1600cc DOHC BLF

AUDI BLF

▶ **성층 연소 형식의 직접분사 엔진**

FSI(Fuel Stratified Injection)라고 하는 실린더 내 직접분사 기구를 채택한 1600cc 직렬 4기통 엔진이다. 독일에서는 AUDI 브랜드인 A3, A4 시리즈에 탑재하고 있다.

기본 엔진과 같은 엔진은 VW 브랜드에서는 현재의 골프 E 그레이드에 탑재하였다. 계열 모델인 1800cc, 2000cc에도 포함하여 콤팩트 클래스 대상인 기본 엔진과의 위치는 터보 과급식인 「TFSI」를 추가한 매트릭스에 의해 AUDI는 TT, VW는 골프 GTI 및 Eos 등 많은 차량의 캐릭터를 만들어냈다.

제원

형식명 : BLF
실린더 수 : 4기통
실린더 배열 : 직렬
실린더 당 밸브 수 : 흡기 2·배기 2
밸브 구동 : DOHC/체인/캠＋롤러 로커 암 위상
　　　　　　가변 밸브 타이밍(흡기 쪽)
내경 × 행정(mm) : 76.5×86.9
배기량 : 1598cc
압축비 : 12 : 1
연료 공급 : 직접분사(BOSCH MED)
최고 출력[kW(ps)/rpm] : 85(115)/2000
최대 토크[N-m(kg·m)/rpm] :
　155(15.8)/4000

2000cc FSI

AUDI 브랜드의 2000cc FSI 엔진. 가변 밸브 타이밍 기구를 채택하였다. 베이스가 같은 유닛이 VW 브랜드의 골프 GLi에 탑재되어 있다.

Professional Eyes

최근에는 이용도가 낮아진 성층 연소 직접분사 엔진이다. 에어 가이드의 성층 린번(lean burn ; 희박 연소)이라고 강조하지만 성층 영역은 2500rpm이하의 저부하 (BMEP 3이하) 영역으로 한정되어 있으며, 그 외에 일반 주행에 사용되는 영역의 대부분은 균일 혼합기(공기 또는 EGR) 상태로 연소되고 있다.

그 밖에 체인 구동의 캠 밸브기구, 흡기 캠 위상 가변기구, 롤러 캠 팔로어(cam follower), 중공 캠축 등 최신의 기술을 채택하고 있다. 또한, 2계통(4-2-1) 직결 촉매의 배기계통을 이용하여 중저속 토크의 향상과 촉매 온기성을 병행시켜 표준 엔진으로서 좋은 상태를 보여준다.

한편, 성층 연소를 위해 요철이 심한 피스톤, 흡기 포트에 장착된 가변 텀블기구, 전자제어 스로틀 밸브, NOx 흡장 촉매(Nox storage catalyst) 등 좁은 성층 연소 운전 영역에 대해 과연 이렇게 복잡한 구성이 맞는 것일까, 특히 이 형식의 피스톤에 의한 냉각 손실 증가와 노크 저항성의 악화는 어느 정도인가가 흥미로운 부분이다.

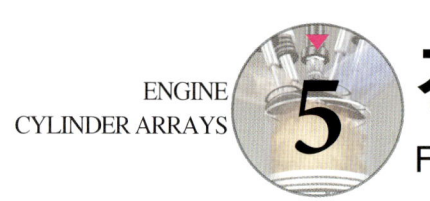

직렬 5기통 엔진
FORD 2500cc TURBO DURATEC

FOCUS ST

▶ 기술적으로 매우 평범한 엔진

아주 드문 존재가 된 직렬 5기통

포커스(FOCUS)의 고성능 모델 「ST」에 탑재된 직렬 5기통 엔진이다. 볼보 S60 2.5T용 엔진을 기초로 독자적인 튜닝을 시행한 엔진이다. 흡기 및 배기 계통이 각각 독립적인 가변 위상기구 「Ti-VCT」를 채택하였다. 흡기쪽 50° 및 배기쪽 30°까지의 범위에서 연속적으로 캠 위상을 변화시켜 저속 토크를 확보하고 있다. 터보 과급으로 구성되어 있는데 과급 압력이 낮게 억제되어 있으며, 출력을 추구한다는 것보다는 토크 특성의 개선이 주목적이라고 추정할 수 있다. 제작사의 자료 중에는 플라이 휠 경량화에 의한 반응 향상도 강조되고 있다.

시판용 엔진으로 이전에 AUDI나 HONDA에서 채택하였으나 현재는 희귀한 존재가 되어버린 직렬 5기통 배열이다. 크랭크축의 위상각은 72°로 폭발 간격도 당연히 72°가 된다.

Professional Eyes

포드의 듀라텍(DURATEC) 엔진이라고 말하기는 하지만 원래는 Volvo S60 2.5T 엔진을 포커스(FOCUS)용으로 튜닝하여 탑재한 것이다. 최대 평균유효 압력이 16bar와 터보 엔진으로는 낮게 억제된 볼보 마일드 터보를 상상하면 된다.

2500cc 터보 과급 엔진의 출력을 포커스의 차체에서 모두 소비되기 때문에 이 정도가 적당하며, 터보 래그(turbo lag)도 문제가 되지 않으므로 이것이 가장 좋은 선택이었을 것이다.

기술적으로는 4밸브 DOHC 포트 분사에 흡배기 가변 위상기구를 채택하여 압축비는 낮은 9.0 : 1이며, 보통의 터보차저에 공랭식 인터 쿨러를 사용한다. 특별히 논할 특징이 없는 엔진이다. 단기간에 확실히 합리적인 비용으로 포커스를 랠리 카로 완성하는데 매우 적합하다. 이 큰 엔진을 포커스의 작은 엔진 룸에 설치하는 기술력은 놀랄 만하다.

제원

형식명 : 불명
실린더 수 : 5기통
실린더 배열 : 직렬
실린더 당 밸브 수 : 4
밸브 구동 : DOHC/톱니 벨트/위상 가변형 밸브
　　　　　타이밍(흡배기 같음)
내경×행정(mm) : 83.0×93.2
배기량 : 2521cc
압축비 : ―
연료 공급 : 포트 분사
최고 출력[kW(ps)/rpm] : 166(225)/6000
최대 토크[N-m(kg·m)/rpm] : 320(32.6)/4000

AUDI

EA855 엔진

Audi TT RS

현재 아우디 TT RS 쿠페와 로드스터는 직렬 5기통 터보 엔진으로 배기량이 2500cc이며, 최대 출력은 400ps, 최대 토크는 400N·m이다.

아우디는 1970년대부터 직렬 5기통 엔진을 많이 사용했다(직렬 6기통 엔진을 제작하지 않음). 초대 아우디 콰트로((quattro) 이후 직렬 5기통 엔진은 아우디 스포츠 엔진의 상징으로 보아 현재도 TT RS용으로 계속 존재하고 있다.

직렬 4기통 엔진의 사용에는 진동의 문제가 있고 직렬 6기통 엔진의 사용에는 길이가 길다는 경우에 이를 해결하기 위해 이용되는 것이 직렬 5기통 엔진이다.

4사이클 직렬 4기통 엔진의 최대 결점인 2차 진동은 행정과 행정의 사이에 피스톤 속도가 변화함으로써 발생한다. 그러나 크랭크축의 위상각이 180°이고 피스톤이 상사점과 하사점에서 일순간의 속도가 0이 되는 것이 근본 원인인 점화 간격이 180° 미만이면 진동의 불균형을 상쇄하여 완화된다.

그 관점에서는 점화 간격이 144°의 직렬 5기통 엔진은 직렬 4기통 엔진을 능가하는 이점이 있지만, 홀수 직렬 기통의 경우 양끝의 피스톤이 불균형 움직임을 하기 때문에 우력(偶力;물체에 작용하는 크기가 같고 방향이 서로 반대인 평행한 두 힘)의 발생이 불가피하며, 직렬 6기통 엔진 정도의 진동에 대한 균형은 얻을 수 없다.

가솔린 엔진보다 저속 회전에서 운전되는 디젤 엔진에서는 그 결점이 눈에 띄지 않아 비교적 많은 직렬 5기통 디젤 엔진이 존재한다. 가솔린 엔진에서는 V형 6기통 엔진이 일반화되면서 엔진의 길이에 대한 문제는 해소되어 직렬 5기통 엔진의 존재 의미가 적어졌다.

Volks wagen VR5

6기통 VR6 엔진에서 1기통을 제외한 형식으로 내경×행정 (81.0mm×90.0mm)이 공통인 5기통 엔진이다. 경사 각도가 15°에 크랭크축 위상각은 직렬 5기통 엔진과 같은 72° 위상이다.

Audi EA855 엔진

Honda RC211V 엔진

moto GP 첫 챔피언 엔진. 앞 3기통, 뒤 2기통의 구성에서 경사각은 75.5°. 외측 4기통 성분의 불균형을 중앙의 실린더로 상쇄하고 홀수 기통 특유의 우력도 발생하지 않는 교묘한 배치로 점화 간격은 1-2 실린더와 4-5 실린더가 동시에 점화된다.

Ford Duratec ST/RS

볼보가 FF방식으로 변경한 850시리즈에서 직렬 4기통 엔진과 직렬 6기통 엔진의 기본 설계를 공통으로 하는 모듈러 엔진으로 등장한 직렬 5기통 엔진이다.

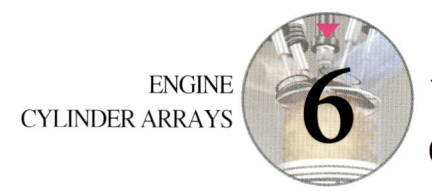

직렬 6기통 엔진

이론상 균형이 잡힌 완전한 폭발 순서 실현 가능

엔진의 회전이 한층 더 매끄러운 반응을 요구할 때 많이 채택하는 실린더 배열이다. 각 실린더가 균일한 간격을 두고 폭발하기 위해 크랭크축이 120° 회전할 때마다 1회 폭발하면 좋다. 이때 크랭크축(크랭크 핀)의 위상각은 120°이다.

이 상태에서는 보통 1번과 6번 실린더, 2번과 5번 실린더, 3번과 4번 실린더가 동일 위상이 되며, 엔진의 작동 중에 발생하는 관성력과 우력(偶力;물체에 작용하는 크기가 같고 방향이 서로 반대인 평행한 두 힘)이 함께 상쇄되므로 이론적으로는 불균형이 발생되지 않는 이상적인 실린더 배열이다.

이 실린더 배열의 단점은 6개의 실린더를 직렬로 배치하기 때문에 엔진의 길이가 길어지므로 크랭크축과 실린더 블록의 강성이 높아야 한다. 특히, 크랭크축의 비틀림 강성이 낮을 경우 최대 공진 상태가 자주 발생한다. 또한 크기 면에서 고려할 부품수가 증가하며, 동일 배기량의 엔진이라면 4기통 배열에 비해 엔진의 중량이 무거워지는 것도 문제이다.

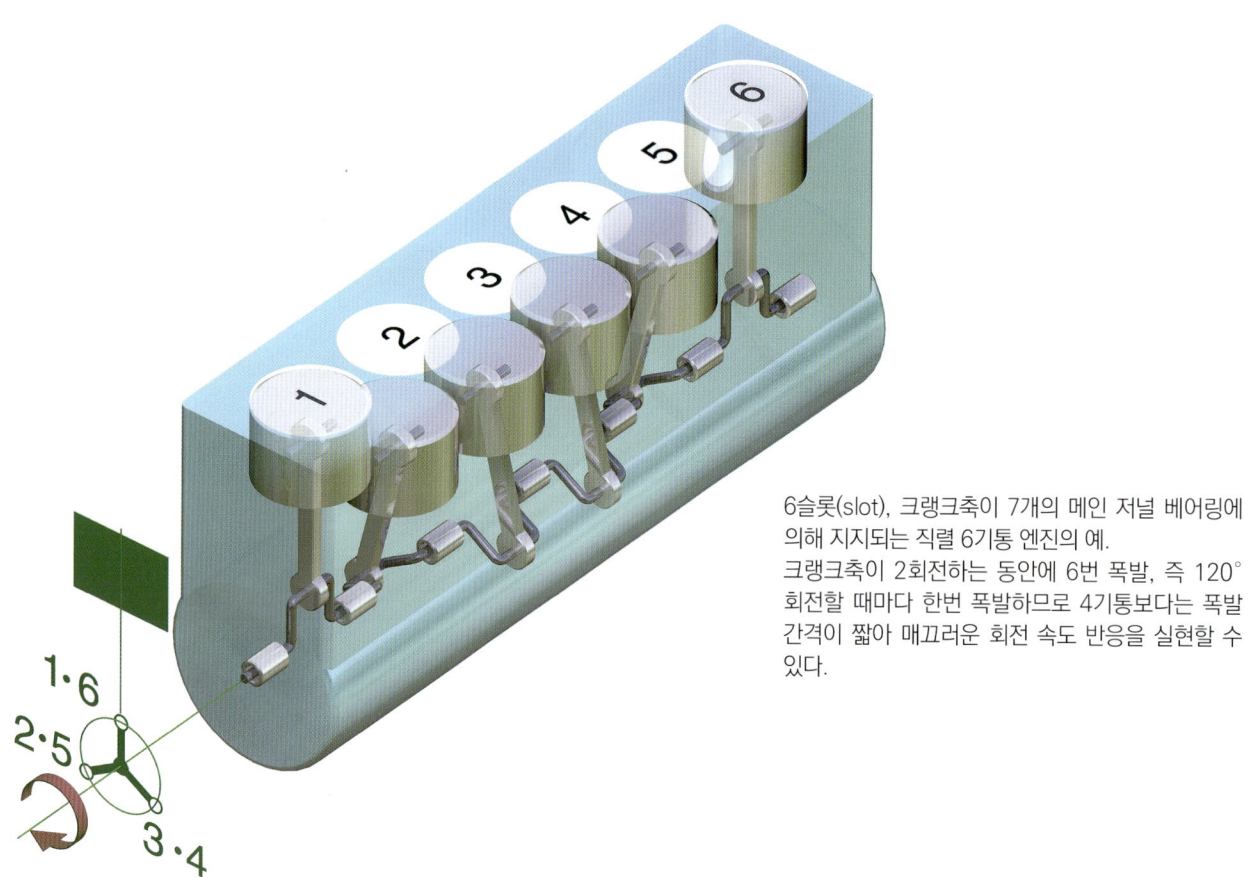

6슬롯(slot), 크랭크축이 7개의 메인 저널 베어링에 의해 지지되는 직렬 6기통 엔진의 예.
크랭크축이 2회전하는 동안에 6번 폭발, 즉 120° 회전할 때마다 한번 폭발하므로 4기통보다는 폭발 간격이 짧아 매끄러운 회전 속도 반응을 실현할 수 있다.

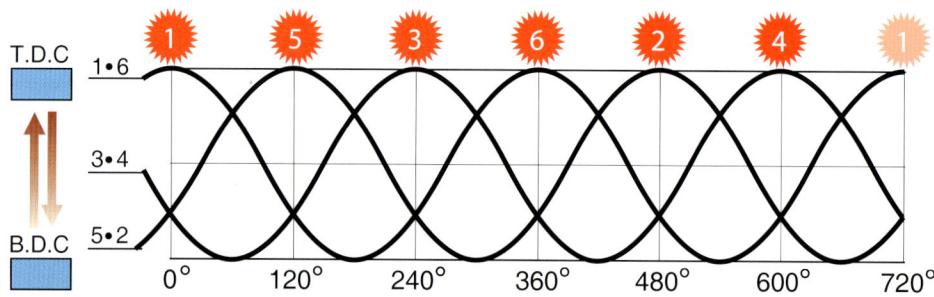

720° ÷ 6 = 120°마다 폭발

1번과 6번 실린더, 2번과 5번 실린더, 3번과 4번 실린더의 위상이 같으므로 동일한 시점에 상사점(TDC)과 하사점(BDC)에 위치하는 배치이다. 120°의 회전 간격으로 폭발하므로 이론적으로는 폭발할 때의 불균형이 상쇄될 수 있다.

직렬 6기통 엔진

BMW
2000cc DOHC N52B25A

BMW N52B25A

▶ BMW가 고안하여 개발한 직렬 6기통

새로운 「BMW 직렬 6기통」 형식을 실현한 의욕적인 엔진

현재 E90계열 325i, E60계열 525i 등에 탑재한 직렬 6기통 엔진이다. 3시리즈에서는 표준이며, 5시리즈에서는 기본적인 엔진으로 자리매김하고 있다. 가장 큰 특징은 실린더 블록에 알루미늄 합금과 마그네슘 합금을 이용한 복합적인 구조를 채택한 점이다.

알루미늄 합금의 강도, 강성 및 내마모성과 마그네슘 합금의 경량을 활용하여 이전에 비해 24%의 경량화를 이루었다. 더욱이 「밸브트로닉」이라는 신기술을 적용하였다. 이는 요동 캠의 지지점을 이상적인 위치에 가깝게 하여 작은 열림 각(양정)을 크게 하는 방법 등을 이용하여 연비의 향상을 꾀하였다. 가변 오일펌프, 전동 물 펌프 등 대량 생산하는 차종에서는 세계 최초의 기구들을 사용한 의욕적인 제품이다.

제원

형식명 : N52B25A
실린더 수 : 6기통
실린더 배열 : 직렬
실린더 당 밸브 수 : 흡기 2·배기 2
밸브 구동 : DOHC/흡기 : 밸브트로닉
             배기 : 캠 + 롤러 로커 암 위상
             가변 밸브 타이밍(흡배기 같음)
내경 × 행정(mm) : 분명하지 않음
배기량 : 2496cc
압축비 : 분명하지 않음
연료 공급 : 포트 분사
최고 출력[kW (ps)/rpm] : 160(218)/6500
최대 토크[N-m(kg·m)/ rpm] : 250(25.5k·gm)/2750-4250

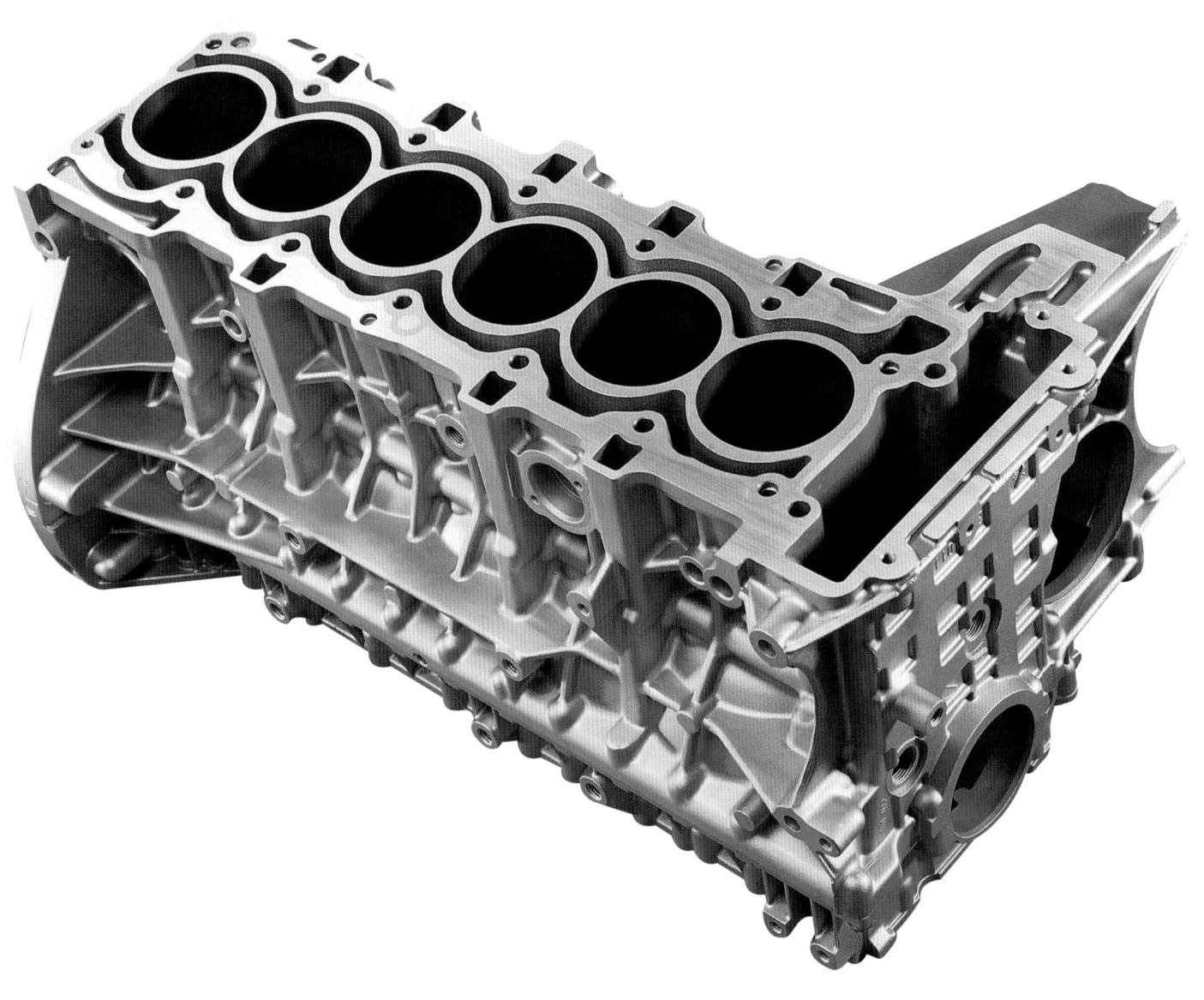

Professional Eyes

연소나 과급의 기본은 무과급 포트 분사의 이론 공연비 연소+삼원 촉매 그리고 혁신적인 것은 아니지만 복합 실린더 블록의 구조에 가변 캠 밸브기구, 가변 오일펌프 및 전동 물 펌프, 가변 흡기(관성+가변 공명 흡기) 등과 같은 신기술 분야에서 두각을 나타내고 있다.

캠 밸브기구 계통은 흡기 및 배기 양쪽에 캠축 위상 가변기구와 흡기 쪽에 밸브트로닉이라고 하는 밸브 열림 각(양정) 가변기구를 설치하였다. 이는 위상 가변기구와 열림 각 가변기구를 조합(작은 열림 각에서는 양정이 작고 흡기 밸브가 빨리 닫힘)하여 흡기 밸브의 개폐시기를 운전 조건에 따라 연속적으로 자유롭게 변경시킬 수 있다.

이 가변기구의 사용으로 흡기 밸브의 닫힘 시기 제어로 부하를 제어함으로써 일반적인 운전 상태에서는 스로틀 밸브가 계속 완전히 열려있는 상태에 가까워져 스로틀 손실이 없어 주행 연비가 10%정도 향상된다.

BMW가 최근에 엔진을 연구하여 개발한 무과급 엔진으로 직렬 6기통의 본질적인 연소 균형을 장점으로 추가하여 모든 운전 영역에서 고출력, 연비 성능 및 배기가스 규제의 대응 등에 있어서 세계 1급인 것은 확실하다.

7 V형 6기통 엔진

다양한 구성이 존재

V형 6기통 엔진은 취급이 약간 어려운 실린더 배열이다. 이 엔진은 길이를 짧게 유지하면서 다기통화 하였으며, 어느 정도까지의 배기량을 크게 하여도 견딜 수 있는 실린더 배열이긴 하지만 구조적으로 완전한 회전의 균형을 실현하기 어렵다.

대향하는 커넥팅 로드 간에 크랭크 핀을 공유하는 3슬롯(slot) 크랭크축 구성을 선택한 경우 V뱅크 각을 120°로 하면 각 실린더가 균일한 간격을 두고 폭발하게 되어 회전 균형도 향상되지만 이렇게 넓은 V뱅크 각을 채택하게 되면 엔진 전체의 크기가 너무 커지게 된다.

현실적인 해결 방법의 하나로 주류가 된 것이 V뱅크 각을 90°로 하여 대향하는 커넥팅 로드 간에 크랭크 핀을 공유하지 않고 크랭크축 위상각을 30° 벗어나게 한 「30° 오프셋 6슬롯 크랭크축」을 채택하는 것이다.

이렇게 하면 각 실린더는 균일한 간격을 두고 폭발하지만 크랭크축이 240° 회전하는 동안에 120°에서 다른 진동이 발생하기 때문에 매끄럽지 못한 회전 속도의 반응이 남게 된다. 하지만 최근에는 균형추를 사용하여 균형축 없이 매끄럽지 못한 회전 속도 반응을 감소하는데 성공한 엔진도 많이 존재한다. 또 하나의 이론이 되고 있는 것으로 V뱅크 60° 및 60° 오프셋 6슬롯 크랭크축 구성의 엔진이다.

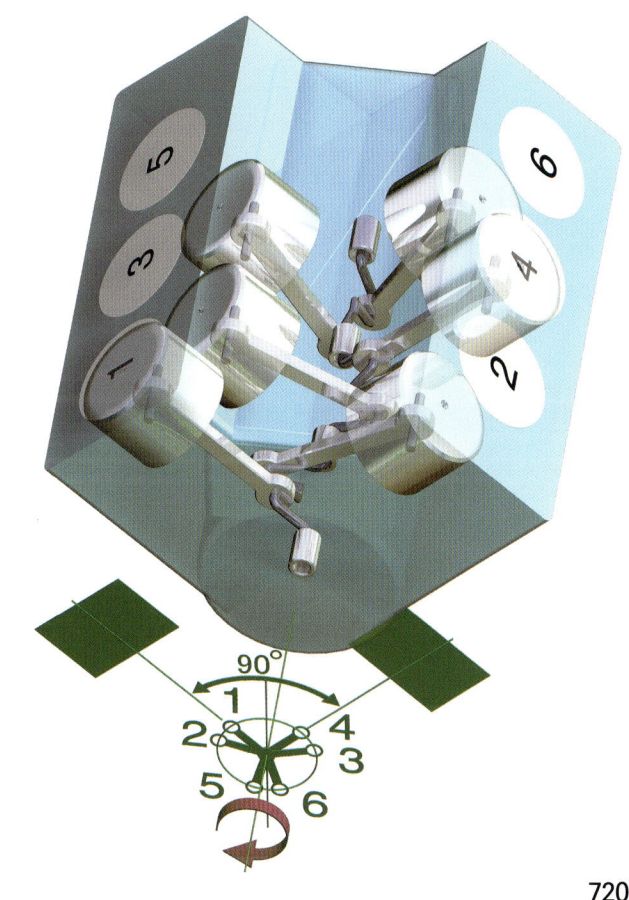

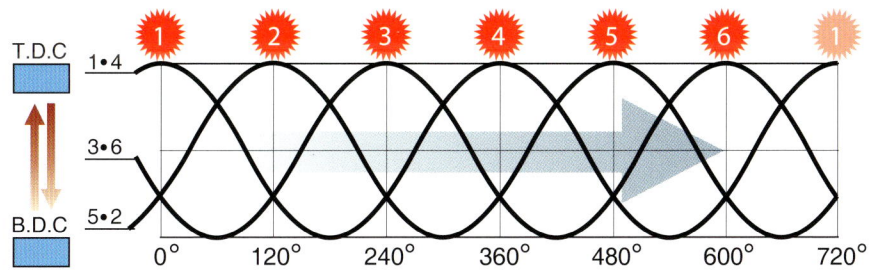

720도 ÷ 6 = 120도마다 폭발

엔진을 전체적으로 본 경우 120°마다 각 실린더가 균일한 간격을 두고 폭발하지만 크랭크축이 240° 회전하는 동안에 120°마다의 타이밍에서 다른 위상에서의 진동이 발생되기 때문에 회전의 균형을 이루기 어렵다.

V뱅크 각 90°에 대향하는 뱅크 사이에서 크랭크 핀에 30° 위상차를 붙인 「오프셋 형식 6슬롯 크랭크축」을 이용하여 각 실린더가 균일한 간격을 두고 폭발하도록 한다. 불균형은 균형추(balance weight)의 사용 등으로 대처한다.

V형 6기통 엔진

Mercedes-Benz

3500cc V6 DOHC Model 272

Mercedes-Benz S Class

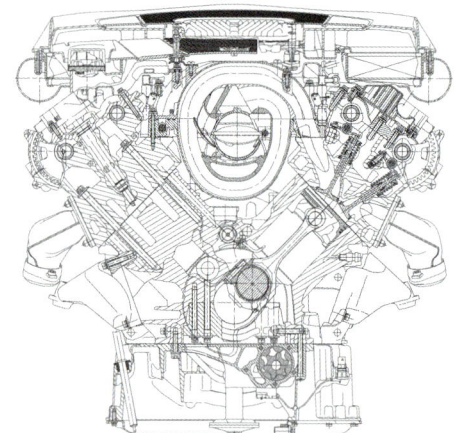

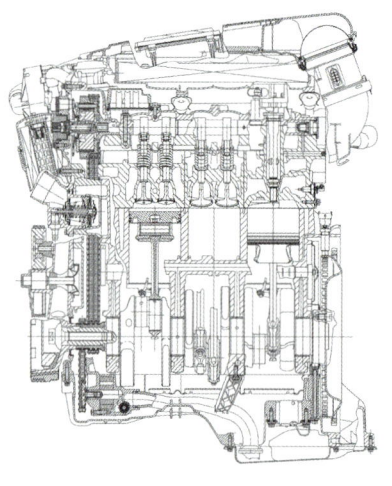

▶ ## 확실하게 완성된 자신감 넘치는 엔진

폭 넓은 모델에 탑재된 기본 V형 6기통 엔진

현재 E클래스, S클래스, SLK, CLK, CLS, M클래스, R클래스의 「350」에 탑재된 90도 V형 6기통 엔진이다. 이외에도 각 클래스의 230에 탑재된 내경×행정이 88.0×68.4mm, 총배기량이 2496cc인 「272M25」, 「280」과 「300」에 탑재한 내경×행정이 88.0×82.1mm, 총배기량이 2936cc인 「272M30」도 라인업을 이루고 있다.

특히 콤팩트 클래스에서는 패키징 상에서 불리하게 작용하는 90도 V뱅크 각을 선택한 것은 E550, S550 등에 탑재한 V형 8기통 엔진 「Model 273」과 생산 설비 등을 공용으로 하는 것이 목적이다. 기본 구조를 견실하게 정리하고 흡배기 캠 위상 가변기구와 흡기 텀블 가변기구의 고성능 장치가 포함된 구성이다.

제원

형식명 : Model 272
실린더 수 : 6기통
실린더 배열 : 90도 V형
실린더 당 밸브 수 : 흡기 2·배기 2
밸브 구동 : DOHC/체인/캠＋롤러 로커 암 위상 가변형
　　　　　　밸브 타이밍(흡배기 같음)
내경×행정(mm) : 92.9×86.0
배기량 : 3497cc
압축비 : 10.7 : 1
연료 공급 : 포트 분사
최고 출력[kW(ps/rpm)] : 200(272)/6000
최대 토크[N-m(kg·m)/rpm] : 350(35.7)/2400·5000

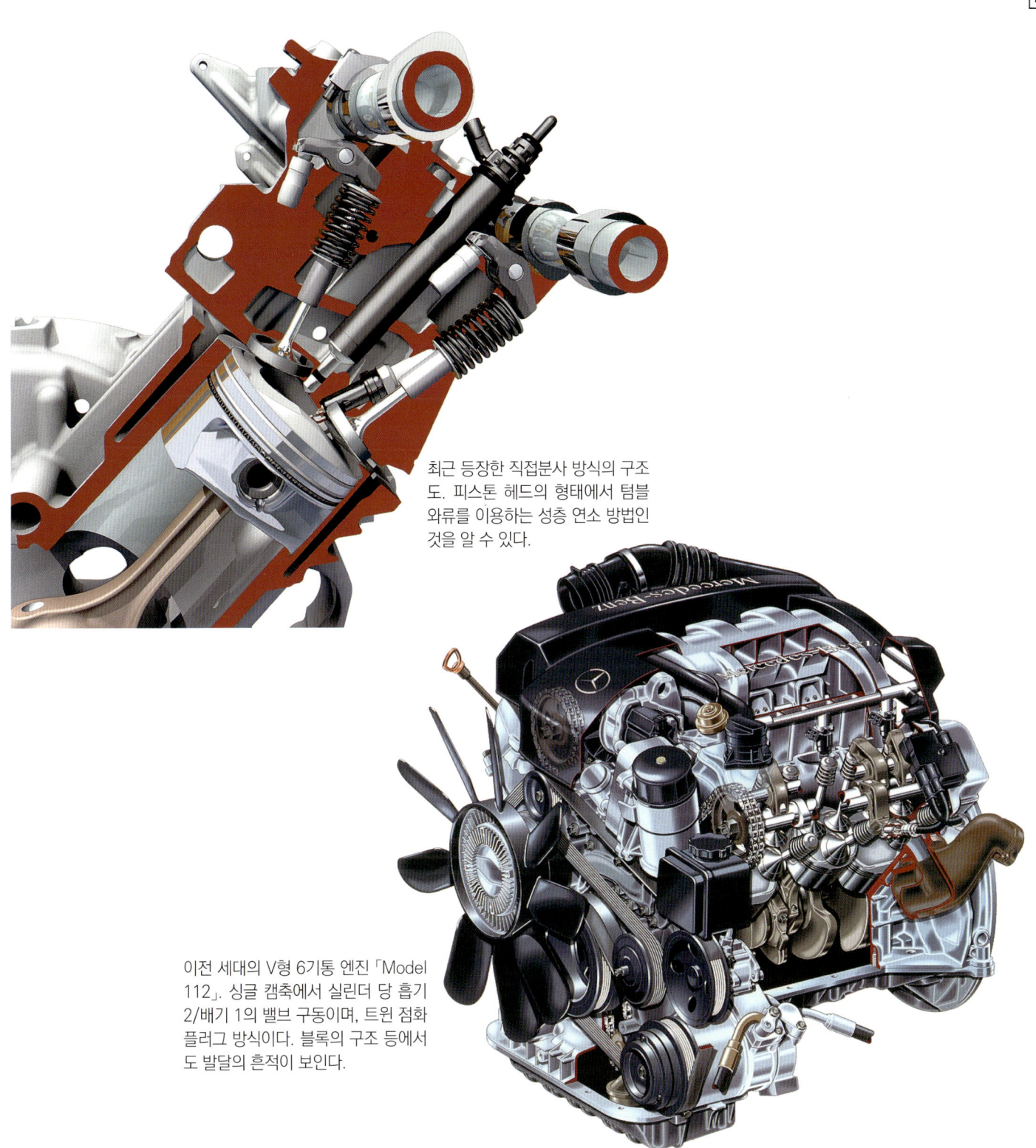

최근 등장한 직접분사 방식의 구조도. 피스톤 헤드의 형태에서 텀블 와류를 이용하는 성층 연소 방법인 것을 알 수 있다.

이전 세대의 V형 6기통 엔진「Model 112」. 싱글 캠축에서 실린더 당 흡기 2/배기 1의 밸브 구동이며, 트윈 점화 플러그 방식이다. 블록의 구조 등에서도 발달의 흔적이 보인다.

Professional Eyes

메르세데스 벤츠의 최신 90도 V형 6기통, 90도 V형 8기통 가솔린 엔진 시리즈의 V형 6기통 엔진이다. 아우디와는 다르게 3000cc V형 6기통 디젤 엔진과의 공통성을 전혀 찾아 볼 수 없다. 같은 메르세데스 벤츠여도 회사 내에서의 설계 부문이 따로 있는 것으로 여겨진다.

가솔린 엔진의 설계와 디젤 엔진의 설계를 서로 경쟁하여 더 좋은 제품을 만들어 내는 기질인지도 모른다. 그러나 생산 부문은 어려울 것이다. 90도 V형 엔진의 기본은 알루미늄 다이캐스팅의 오픈 덱,

약간 진부한 설계를 보여 온 장행정 설계의 실린더 블록이다. V형 6기통 엔진은 균형축(balancer shaft)을 V뱅크에 설치하였다.

지금은 고성능 엔진의 대명사가 된 흡배기 캠 위상 가변기구, 흡기 통로 가변 흡기 장치, 흡기 텀블(tumble) 가변 구조는 기본적으로 갖추고 있다. 압축비는 포트 분사로써 높은 10.7 : 1로 설정되어 있고, 최근에 등장한 직접분사 성층 연소 방법에서는 12.2 : 1까지 높였다. 고급 엔진의 최신 장치를 빠짐없이 도입하여 확실하게 완성시켜 메르세데스 벤츠가 자신 있게 내놓은 제품이다.

V형 6기통 엔진

AUDI

2800cc V6 DOHC BPK

AUDI A6 Limousine BPK

▶ 이론 공연비 직접분사 효과를 능숙하게 이끌어낸 엔진

AUDI 기본 V형 6기통 엔진 다양한 차종에 탑재

V뱅크 각 90도인 FSI(Fuel Stratified Injection)·6기통 엔진이다. 처음에는 2800cc에서 시작하여 A4계열, A6계열 및 A8계열의 여러 차종에 폭넓게 탑재되었다. 최신형은 3200cc로 배기량을 증가시켰으나 탑재한 차종에는 변화가 없다. AUDI 브랜드에서 기본 V형 6기통 엔진이라는 포지셔닝을 간파할 수 있다.

즉, 이미 AUDI에서는 직접분사 엔진이 표준으로 되어 있다는 것이다. FSI에 더하여 흡배기 캠의 위상 가변기구, 흡기 텀블 가변기구, 흡기 통로 가변기구 등의 가변 장치를 탑재한다. 최신 고급 엔진이 표준적으로 장착한 성능 향상 장치를 알맞게 배치한 구성을 하고 있다.

ⓘ 제원

형식명 : BPK
실린더 수 : 6기통
실린더 배열 : 90도 V형
실린더 당 밸브 수 : 흡기 2·배기 2
밸브 구동 : DOHC/체인/캠＋롤러 로커 암 위상 가변형 밸브 타이밍(흡배기 같음)
내경×행정(mm) : 84.5×82.4
배기량 : 2773cc
압축비 : 12.0:1
연료 공급 : 직접분사
최고 출력[kW(ps)/rpm] : 154(210)/5500-6800
최대 토크[N-m (kg·m)/rpm] : 280(28.5)/3000-5000

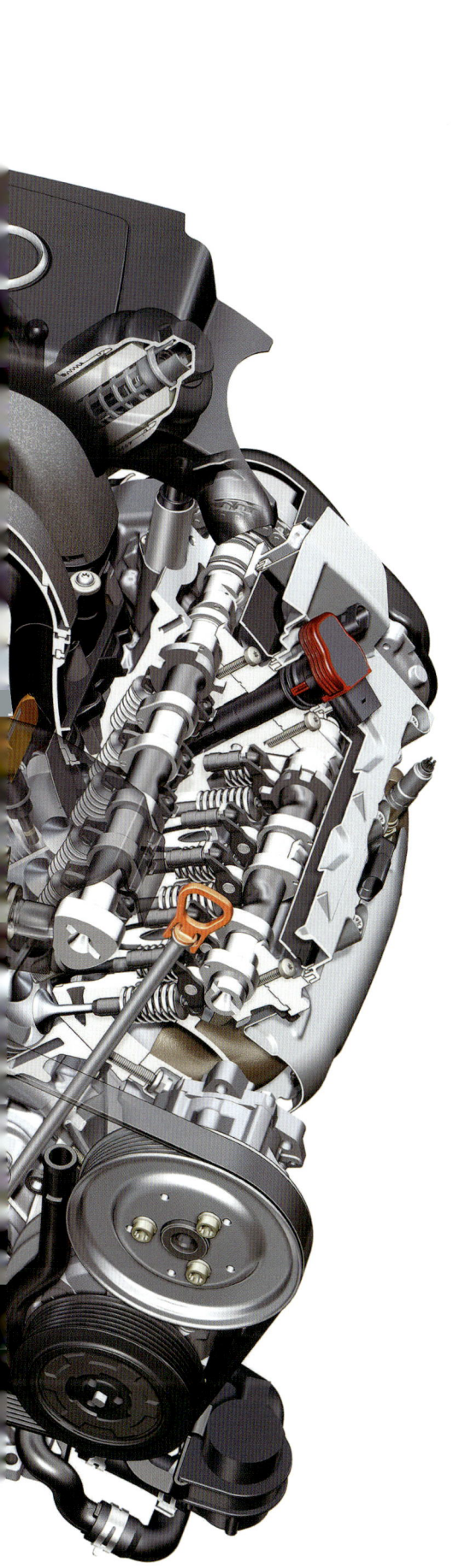

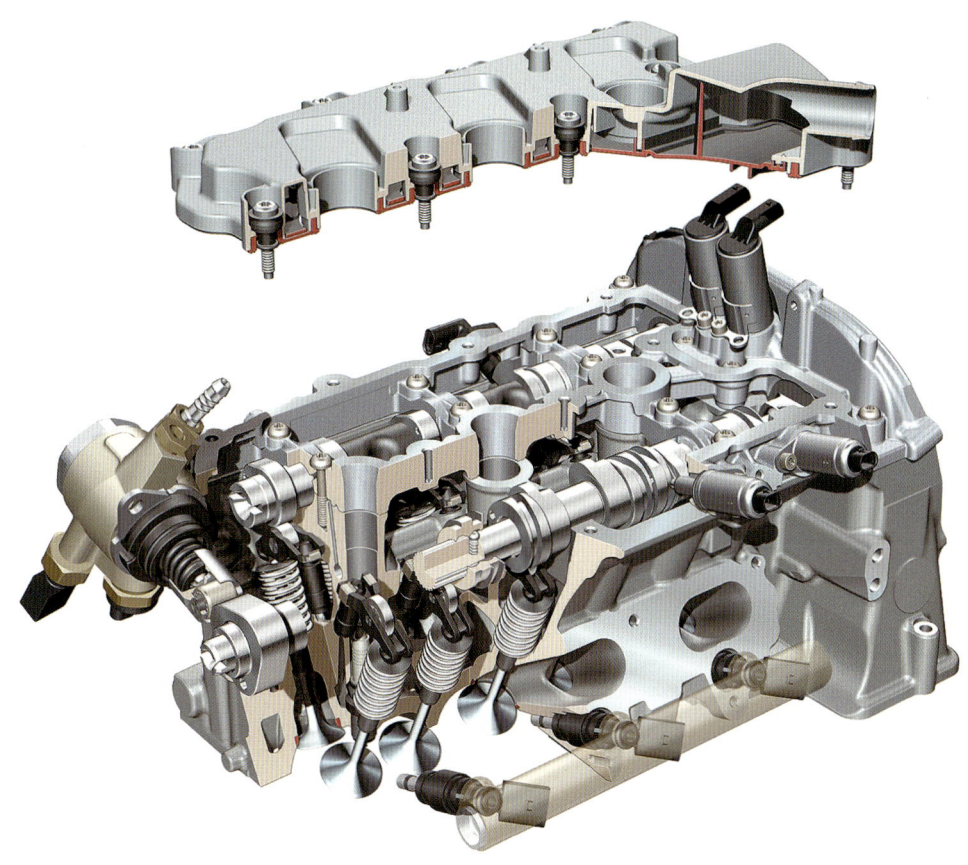

실린더 헤드 주변의 단면도이다. 로커 암에 의한 밸브 구동식이다, 흡배기 캠의 위상 가변기구, FSI의 인젝터 위치 등을 확인할 수 있다.

Professional Eyes

3700cc V형 8기통 엔진과 많은 구성 부품을 공유한 표준 V형 6기통 엔진이다. V형 6기통 디젤 엔진과 공통부분도 많다. V형 8기통 엔진이 행정을 연장하여 4200cc로 배기량을 증가시킨 것과 함께 V형 6기통 엔진은 3200cc로 배기량을 증가시켰다.

이것은 이전의 2800cc 엔진에 직접분사 장치인 FSI를 장착한 것이다. 압축비는 12 : 1로 높으며, 이론 공연비 균일 연소 피스톤 헤드는 냉각 손실이 적고 매끄러운 오목면 형상이다. 90도 V형 8기통 엔진에서 2기통 정도 적어진 구성으로 1차 부조화 순간이 발생하기 때문에 V뱅크 사이에 균형축(balancer shaft)을 설치하였다.

알루미늄 실린더 블록은 강성이 높은 클로즈 덱(closed deck)의 하프 스커트 구조이며, 최신 엔진은 일반적인 주철제의 메인 저널을 갖는 베드 플레이트 구조이다. 캠 밸브기구나 오일펌프 등은 크랭크축의 비틀림 진동의 영향을 받지 않는 플라이 휠 쪽 체인으로 구동하며, 엔진의 전체 길이를 50mm 단축하였다.

흡배기 캠의 위상 가변기구, 흡기 텀블 가변기구, 흡기 통로 가변기구 등 최근 고급 엔진의 표준 장치를 알맞게 배치하여 이론 공연비 직접분사 효과를 능숙하게 이끌어 낸 엔진이라고 말할 수 있다.

Nissan Skyline

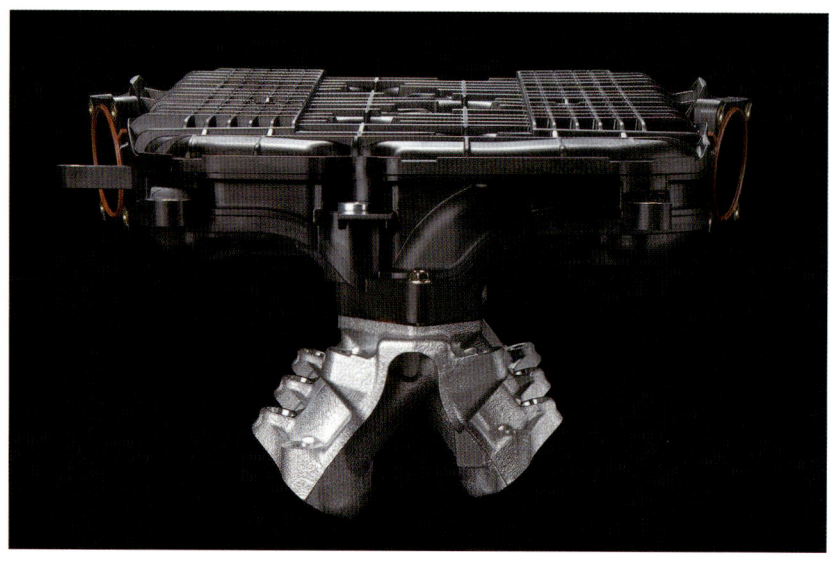

「좌우 완전 대칭 흡배기 장치」를 채택. 공기를 바로 흡입하도록 하는 배치와 흡기 포트의 일직선화에 의해 흡기 저항을 18% 저감시키는 것을 성공하였다.

▶ 독자 기술의 직접 DOHC

부품의 89% 이상을 새롭게 설계하여 고속 회전을 달성한 신형 VQ

엔진 명칭이야말로 기존의 VQ 그대로이지만 블록에 래더 프레임(ladder frame)을 추가하는 등 80% 이상의 신품을 새롭게 설계한 거의 신개발 엔진이라고 할 수 있다. 형식명에 새로운 것을 추가한 「HR」문자 계열은 고속 회전(High Revolution) 및 두드러지는 가속 반응(High Response)이라는 특별한 특징을 의미한다.

현재 탑재된 차종은 페어레이디(Fairlady) Z와 V36계열의 스카이라인이다. 계열 엔진인 2500cc 형식의 VQ25HR은 현시점에서는 V36형 스카이라인에만 탑재하고 있다. 연속 가변 밸브 타이밍 제어를 흡·배기 양쪽에 채택하여 연소 효율을 향상시켰다. 고속 회전·고출력화와 함께 배기가스 유해 성분의 저감을 위해 배려하고 있다.

◉ 제원

형식명 : VQ35HR
실린더 수 : 6기통
실린더 배열 : 60도 V형
실린더 당 밸브 수 : 흡기 2·배기 2
밸브 구동 : DOHC/체인/직접 구동 위상 가변형 밸브 타이밍(흡배기 같음)
내경×행정(mm) : 95.5×81.4
배기량 : 3498cc
압축비 : 10.6 : 1
연료 공급 : 포트 분사
최고 출력[kW(ps)/rpm] : 232(315)/6800
최대 토크[N-m(kg·m)/rpm] : 358(36.5)/4800

실린더 블록은 덱(deck)의 높이를 높게 하였고 커넥팅 로드의 길이를 길게 하였다. 낮은 쪽에는 래더 프레임을 추가하여 블록의 강성을 높여 고속 회전시의 진동을 저감시키고 있다.

커넥팅 로드를 길게 하여 피스톤의 측압을 저감하였고 밸브 리프터에는 수소 프리 DLC(Diamond Like Carbon) 코팅을 시행하였으며, 특수한 오일과의 조합으로 마찰을 저감시켰다. 사진의 아래쪽이 헤드부이다.

Professional Eyes

알루미늄 다이캐스트의 실린더 블록에 고강성 베드 플레이트, 포트 분사의 체인 구동 4밸브 DOHC, 흡·배기 캠의 가변 위상기구 등 최근 유행하는 기술을 빠짐없이 갖춘 60도 V형 6기통 엔진이다.

유럽에서는 V형 8기통 엔진과의 공통화를 중시한 90도 V형 6기통 엔진이 많이 보이지만 V형 6기통 엔진 뱅크 각의 원형은 60도이며, 2차 불균형 순간이 나오긴 하지만 90도 V형 6기통 엔진의 1차보다 적기 때문에 균형축이 불필요하다.

각 실린더의 흡엔진과 배엔진은 동일 모양으로 되어 있으며, 가변 위상기구는 다른 회사 제품과는 다른 전자식을 채택 하였으며, 난기 시와 저속 회전 상태에서도 우수한 반응성을 보여주므로 연비와 배기가스에 대한 공헌도는 유압식보다 크다.

한편, 직접 구동식 리프터의 표면처리에서 캠과의 마찰계수를 지극히 적게 할 수 있는 DLC(Diamond Like Carbon) 코팅을 채택하여 직접 구동식 리프터라도 롤러 팔로어(roller follower) 수준의 캠 밸브기구 저항으로 제어된다. 이러한 독자적인 기술로 닛산이 직접 DOHC 그 자체로 타사보다 우위를 점할지 아닐지의 여부는 5년 후, 10년 후의 기술 동향에서 확인할 수 있을 것이다.

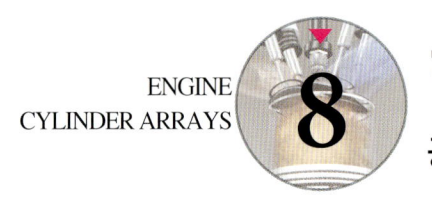

협각 V형 6기통 엔진
공간 효율을 추구한 VAG 독자 배열

폭스바겐 아우디 그룹이 독자적으로 개발하여 채택하고 있는 실린더 배열이다. 이 엔진은 1963년에 란치아(Lancia Automobiles S.P.A)가 V뱅크 각 12° 정도의 4기통 엔진을 개발하여, 풀비아(Fulvia) 등에 탑재하였던 것에 근거하고 있다.

최초의 모델은 1993년부터 시판된 통칭 「VR6」으로 그 때의 V뱅크 각은 15° 였다. 「VR」은 V(형)에 독일어 「Reihen(직렬)」머리 글자를 합쳐서 부르는 것이다. 그 후에는 간단히 「V6」으로 불렸으며, 최신형에서는 10.6°까지 협각화 하고 있다.

일반적으로 「협각 V형」이라고 부르지만 오히려 「서로 이웃한 실린더가 좁은 협각으로 오프셋하면서 실린더 블록 안에서 서로의 내경이 겹쳐져 있는 직렬 6기통 엔진」을 상상하는 것이 현실에 더 가까울 것이다. 이것은 직렬 6기통 배열보다 엔진의 길이를 짧게 할 수 있으며, 보통의 V6 기통 엔진보다 폭을 좁게 하여 패키징 효과가 우수하다.

최신형 크랭크축의 위상각은 120°에 6슬롯 구성이며, 폭발 간격도 120°이다. 다른 형태의 실린더 배열로 느껴질 수 있지만 실제 회전 속도 반응에서는 특별한 특성은 느껴지지 않는 상태이다.

폭스바겐의 페이톤(Phaeton)이나 투아렉(Touareg) 모델에 탑재된 W형 12기통 엔진은 이 협각 V형 6기통 엔진을 2개 얹은 구조이다. 다만, 크랭크축은 72° 각으로 마주하는 뱅크 간에 오프셋 되어 있다.

거기서 4실린더에 해당하는 것을 할애한 형식의 구성을 갖는 것이 W형 8실린더 배열이다. 한쪽이 4실린더에 해당하는 만큼 균형에서 불리해지기 때문에 균형축을 설치하는 등의 방법으로 이에 대한 대책을 강구하고 있다.

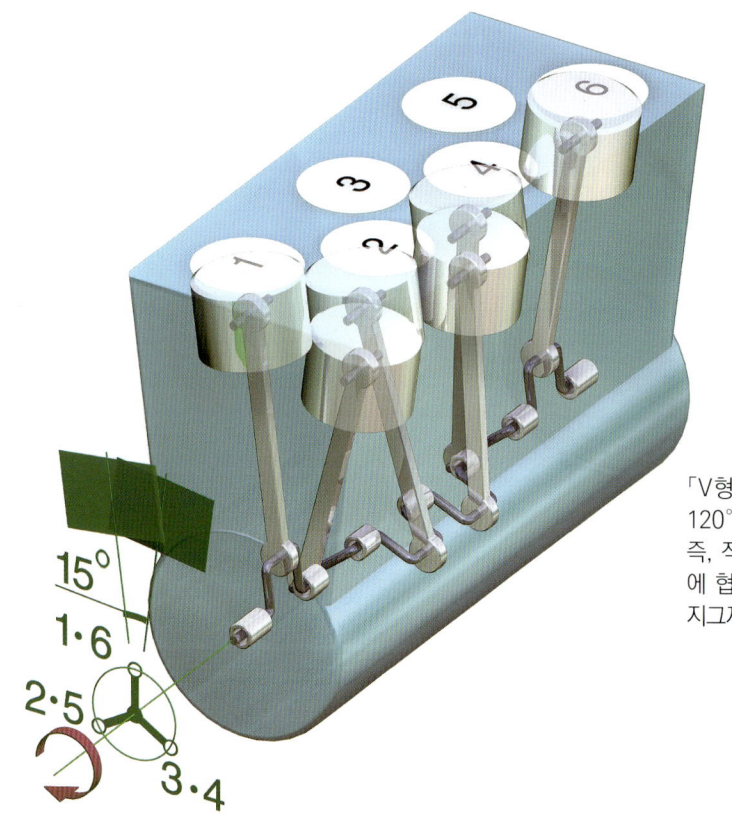

「V형」이라고 총칭하지만 크랭크축은 120°의 위상각에 6슬롯(slot) 구성이다. 즉, 직렬 6실린더 배열과 같은 크랭크축에 협각 15°에서 커넥팅 로드/피스톤이 지그재그 형태로 배치된 구성이다.

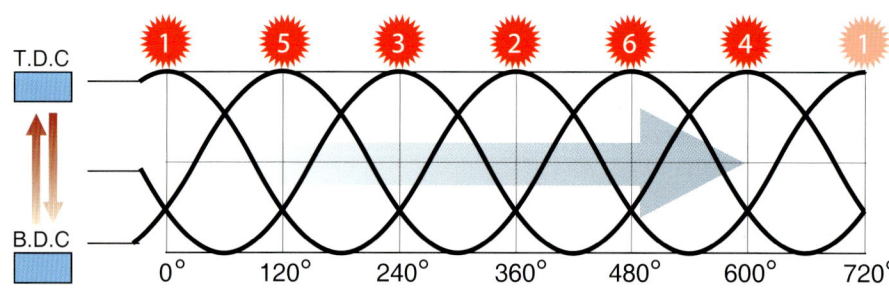

720°÷12=60°마다 폭발

오프셋 없이 6슬롯(slow) 120° 구성인 크랭크축이므로 점화 순서와 폭발 간격도 직렬 6기통 엔진과 같게 설정되어 있다. 15° 정도의 좁은 각이라면 그로 인해 발생되는 불균형은 균형추(balance weight)의 고안 등으로 해결할 수 있을 것이다.

협각 V형 6실린더

Volks Wagen
2800cc V6 DOHC BDE

Volks Wagen Bora V6 4Motion

▶ 상식을 벗어난 발상이 낳은 엔진

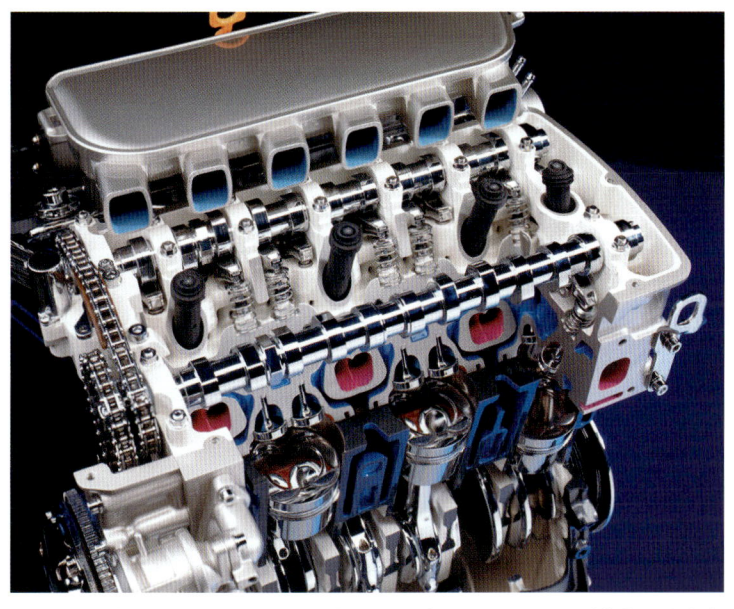

뱅크 각 15° 모델의 내부. 밸브 구동은 로커 암을 사이에 둠으로 캠축은 2개이다. 각 실린더 당 흡기 2, 배기 2의 밸브 구성이므로 캠 노즈는 축 당 12개다.

흡배기 밸브 구성의 단면 모델. 각 실린더의 흡기/배기 밸브를 상응하는 캠축이 로커 암을 가운데 두고 구동하는 구조이며, 다음에 오는 실린더용 흡배기 경로는 대칭 구조가 된다.

실린더 당 4밸브로 된 실린더 헤드. 연소실이 타원형으로 된 것은 특이한 피스톤 헤드 형식을 갖는 이유이다.

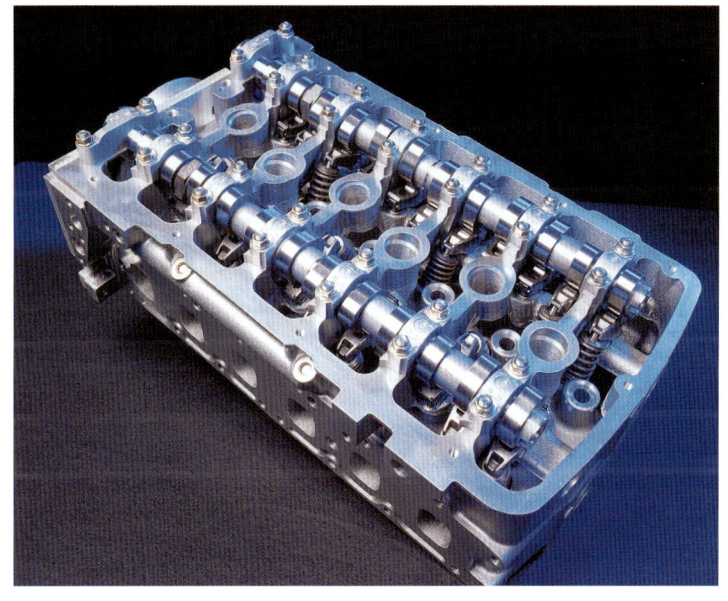

실린더 당 4밸브 모델의 캠 밸브 구동기구의 구조. 크랭크축이 1개이며, 캠축 1개 당 12개의 캠 노즈로 구성된다. 점화 플러그 홀의 오프셋 각 즉, V뱅크 각을 나타내고 있다.

세계 유일의 「직렬 V」 배열

다기통화와 콤팩트를 동시에 실현시키기 위해 VW는 1993년 「VR6」이라고 하는 뱅크 각 15도의 6기통 엔진을 골프(Golf) 등에 탑재하였다. 어딘지 모르게 유행을 따르는 듯한 느낌의 배치이지만 실제로 운전해 보면 특별한 성향이나 위화감은 느껴지지 않으며, 현재 VW/AUDI 그룹에서 기술적 상징의 하나가 되었다.

탑재 차종은 Golf III 이후와 그 3박스 형식, 파사트(Passat)에서 시작하여 현재 Eos나 AUDI TT까지 확대되었다. C 세그먼트 이하 모델의 기함(flagship) 형식에 탑재된 엔진으로 자리매김 했다고 이해해도 될 것이다. 최신 형식인 3200cc FSI(Fuel Stratified Injection)에서는 뱅크 각이 10.6도에다 3600cc까지 배기량을 높이는 것을 포함하는 신세대 형식으로 진화하고 있다.

제원

형식명 : BDE
실린더 수 : 6기통
실린더 배열 : 15도 V형
실린더 당 밸브 수 : 4
밸브 구동 : DOHC/체인/캠＋스윙 암
내경×행정(mm) : 81.0×90.3
배기량 : 2791cc
압축비 : 10.7:1
연료 공급 : 포트 분사(Motoronic)
최고 출력[kW(ps)/rpm] : 150(204)/6200
최대 토크[N-m(kg·m)/rpm] : 270(27.5)/3200

Professional Eyes

엔진의 상식을 깨뜨린 2000cc 직렬 4기통 엔진 수준의 매우 콤팩트한 3200cc 6기통 엔진이다. 뱅크 각 15도의 V형 실린더 배치에 한 개의 실린더 헤드를 설치하는 튀는 발상이 낳은 것으로 V형 6기통 엔진의 길이를 그대로 유지하면서 V 각도를 작게 하여 마침내 좌우 실린더 헤드를 일체화하였다.

그 결과 V 각도에서 정한 엔진의 폭을 직렬 엔진 수준으로 좁히는 데 성공하였다. 12개의 흡배기 포트와 24개의 흡배기 밸브 구동 기구가 좁은 실린더 헤드 안에 복잡하게 설치되는데 그 모습이 마치 3차원 제도의 도면과 같다.

3D-CAD를 이용한 설계가 당연해진 요즘이야 대수롭지 않겠지만, 10년여 전의 3차원 설계는 현재와는 그 차원이 다른 것이었을 것이다. 이것을 기초로 W형 8기통 엔진, W형 12기통 엔진이 탄생하여 VW/AUDI 콤팩트 엔진 시리즈를 구성하고 있다.

이번 골프(Golf) 모델에 1400cc 트윈 차저 엔진을 탑재했는데 가까운 미래에 2000cc 형식 엔진이 탄생한다면 엔진의 크기와 출력은 이 3200cc와 거의 비슷하게 되어 연비가 15~20% 정도 향상될 것이다. 그때 이 엔진은 트윈 터보를 부착하여 4200cc V형 8기통 엔진에 대응할 수 있을지도 모를 일이다.

ENGINE
CYLINDER ARRAYS

9 V형 8기통 엔진

직렬 4기통 엔진을 병렬 배치하여 대용량 배기량을 실현

큰 용량의 배기량 등을 목적으로 6실린더 이상을 구성하는 경우 직렬형 엔진에서는 실린더 블록과 크랭크축의 강성을 확보하기 어렵다. 또한 엔진의 길이가 너무 길어져 엔진의 패키징 측면에서 매우 불리하게 된다.

이러한 문제를 해결하기 위해 엔진을 4실린더씩 병렬(2열)로 배치하여 1개의 크랭크축으로 공용하는 배열을 고안했다. 엔진을 정면에서 볼 때 실린더에 설치된 커넥팅 로드를 연결한 라인이 V자형으로 보이므로 「V형」배열이라고 한다.

V형 엔진의 크랭크축은 서로 마주보는 실린더끼리 커넥팅 로드가 1개의 크랭크 핀에 설치된다. 예를 들어 8실린더이면 1개의 크랭크 핀에 2개의 커넥팅 로드가 설치되는 「4슬롯(slot)」형식이다.

이 형식의 크랭크축 위상각은 90°이다. 또한 승용차용 엔진으로는 4개의 크랭크 핀이 90°마다 다른 위상에 배치되는 「2플레인 크랭크축」이 주류를 이룬다. V형 엔진에서 뱅크 각(bank angle)은 90°가 기본이다.

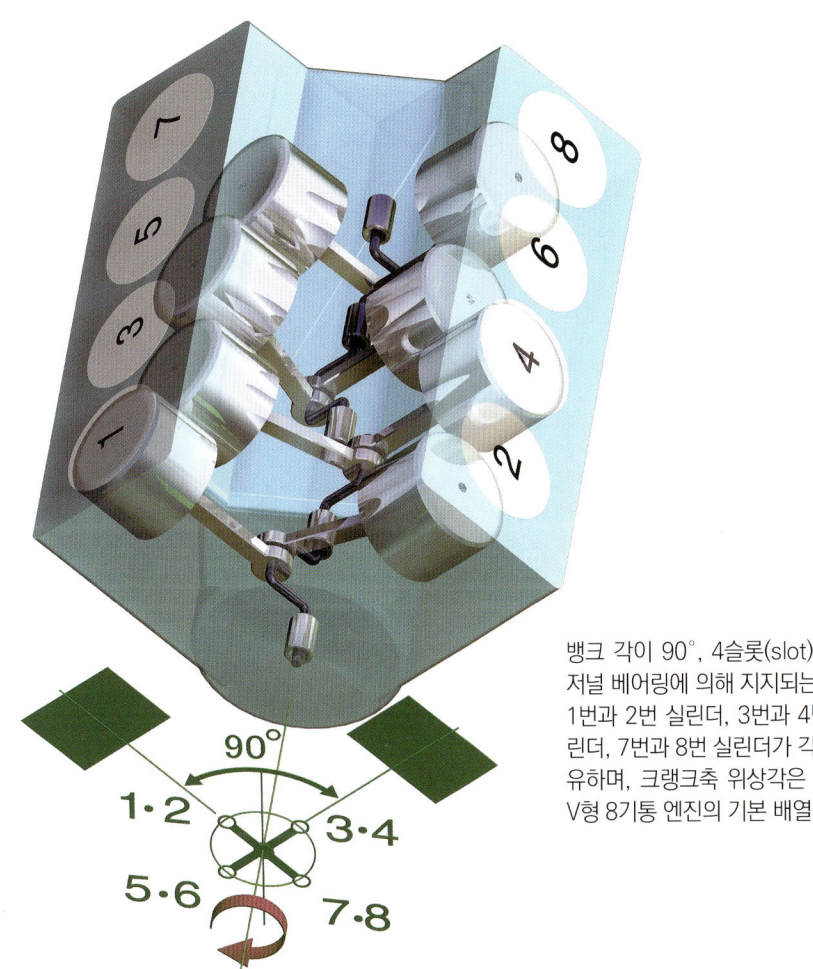

뱅크 각이 90°, 4슬롯(slot) 크랭크축이 5개의 메인 저널 베어링에 의해 지지되는 V형 8기통 엔진의 예. 1번과 2번 실린더, 3번과 4번 실린더, 5번과 6번 실린더, 7번과 8번 실린더가 각각 1개의 크랭크 핀을 공유하며, 크랭크축 위상각은 각각 90°이다. 승용차용 V형 8기통 엔진의 기본 배열이다.

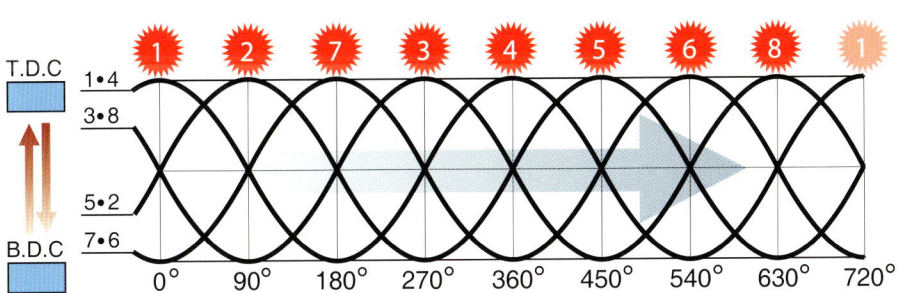

720°÷8=90°마다 폭발

여기에서 소개하는 V형 8기통 엔진은 「2플레인 크랭크축」형식이다. 그래프는 가장 표준적인 폭발 순서와 폭발 간격이다. 크랭크축의 회전 방향의 변경 등으로 인하여 폭발 순서가 변할 수 있다.

AUDI

4200cc V8 DOHC BNS

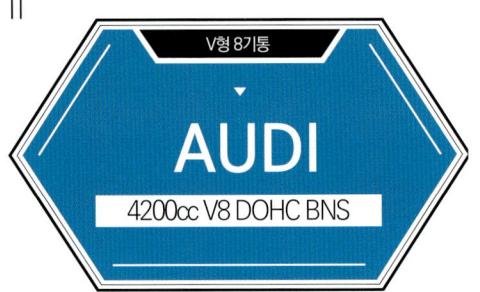

AUDI BNS

▷ 고속 회전 고출력을 위한 직접분사

제원

형식명 : BNS
실린더 수 : 8기통
실린더 배열 : 90도 V형
실린더 당 밸브 수 : 흡기 2·배기 2
밸브 구동 : DOHC/체인/캠＋롤러 로커 암
　　　　　　위상 가변형 밸브 타이밍(흡배기 같음)
내경 × 행정(mm) : 64.5×92.8
배기량 : 4163cc
압축비 : 12.5 : 1
연료 공급 : 직접분사
최고 출력[kW(ps)/rpm] : 309(420)/7800
최대 토크[N-m(kg·m)] : 430(43.8)/5500

FSI를 채택한 RS4용의 고속 회전 고성능 V8

아우디 RS4와 왜건 형식에 탑재된 고성능 V형 8기통 엔진이다. 420ps의 최대 출력이 이 크기의 엔진으로는 이례적이라고 생각되는 7800rpm의 고속 회전 상태에서 발생된다. 연료 분사 시스템은 직접분사인 FSI(Fuel Stratified Injection)를 채택하고 있으며, 그 밖에 캠축의 위상 가변기구 및 특히 눈에 띄는 고출력화용 장치 등의 탑재에 대해서는 언급하지 않고 있다.

상세한 것은 Professionals' Eys를 참고하기 바라며, FSI에 의해 발생한 장점을 최대한 살렸으며, 특히 연소 효율을 최대한으로 높이기 위한 목적으로 세부적인 것에까지 치밀하게 구성한 엔진으로 추정할 수 있다.

Professional Eyes

이전의 DOHC 밸브의 포트 분사 V형 8기통 엔진을 4 밸브 직접분사로 바꾸고 여기에다 고속 회전용 체인을 덧붙여 100마력이 넘는 고성능 엔진을 제작하였다. 엔진의 최고 회전수는 8250rpm, 최대 출력은 7800rpm에서 발생된다. 흡·배기 캠의 위상 가변기구 외에는 특별한 고출력용 가변 장치는 눈에 띄지 않는다.

직접분사에서는 흡기의 냉각효과를 이용하여 압축비를 12.5 : 1로 높이고 여기에 체적효율의 향상 효과를 추가하여 고출력을 가능케 하였다. 7800rpm까지 대량의 공기를 흡입하기 위해 열림 각이 꽤 크고 높은 양정의 고출력용 흡배기 캠을 사용하고 위상 가변기구를 이용하여 최적의 밸브 타이밍을 제어한다.

흡기 다엔진도 가변 시스템으로 변경하였으며, 관성 효과를 고속 회전에서 얻기 위해 더욱 두껍고 짧게 하여 가변이 없도록 구성하였다. 저속 회전 저부하 상태나 난기 중의 연소가 악화되기 때문에 흡기 가변 텀블 (tumble) 기구를 이용하여 대처한다.

이것은 성층 연소를 실행하기 위해 개발된 기구이지만 여기서는 이론 공연비의 균일한 예혼합 연소의 연소 개선을 위해 사용되어 고성능 영역과 일반적인 사용을 동시에 만족시키도록 한다. 가솔린의 직접분사는 연비 향상을 위한 성층 연소용 장치가 아닌 고속 회전 고출력을 얻기 위해 활용하는 새로운 사용법의 예를 보여준 엔진이다.

V형 8기통

BMW

4200cc DOHC N62B40A

BMW N62B40A

▶ 출력과 연비를 동시에 만족시킨 견실한 V8

밸브트로닉의 구조. 뱅크 안쪽의 흡기 쪽 캠축 안의 윗부분에 보이는 전동 모터가 기어를 사이에 두고 요동 캠을 구동하는 것으로 흡기 밸브의 열림 각과 양정을 연속적으로 가변시킨다.

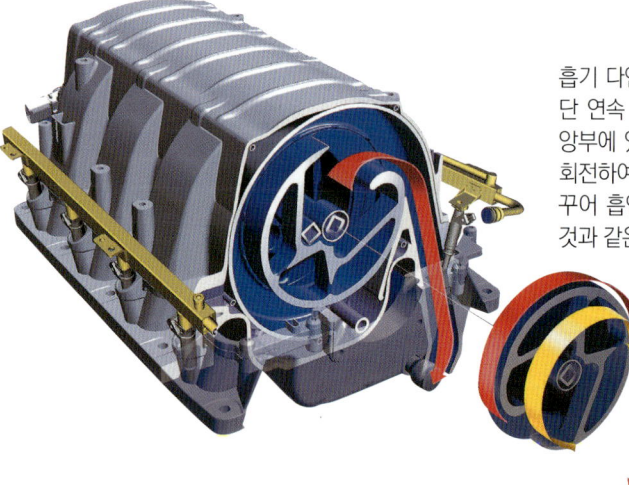

흡기 다엔진으로 채택되었다. 무단 연속 가변 흡기 장치이다. 중앙부에 있는 원형의 셔터 밸브가 회전하여 흡기 경로의 용량을 바꾸어 흡엔진의 길이를 가변시킨 것과 같은 효과를 낳는다.

밸브트로닉 탑재 엔진에 개량을 거듭하여 현재에 이름

현재 E60계열의 540i 세단, E66계열의 740i 세단에 탑재한 V형 8기통 엔진이다. 2001년 10월에 판매를 시작한 직렬 4기통 엔진에 이어 밸브트로닉을 채택한 735i용 3300cc, 745i용 4400cc의 V형 8기통 엔진이 기본이다.

이때의 제원은 3300cc 형식이 내경×행정이 84.0×81.2mm, 총배기량이 3591cc, 최고 출력은 272ps(200kW)/6200rpm, 최대 토크가 36.7kg·m(450N·m)/3600rpm이다.

4400cc 형식은 내경×행정이 92.0×82.7mm, 총배기량이 4398cc, 최고 출력은 333ps(245kW)/6100rpm, 최대 토크가 45.9kg·m(450N·m)/3600rpm이다.

기본 구조는 그대로이며, 섬세한 부분까지 변경을 계속하여 현재는 4000cc 형식인 「N62B40A」 그리고 550i, 750i/Li에 탑재된 4800cc인 「N62B48B」 등이 있다.

Professional Eyes

열림 각(및 양정) 가변 캠 밸브기구를 사용한 BMW
의 비 스로틀(non-throttle) 가솔린 엔진 밸브트로닉
시리즈의 제2탄인 4400cc 및 3600cc의 V형 8기통
엔진의 개량형이다. 실린더 피치를 직렬 4기통 엔진
의 91mm에 비하여 98mm로 설계하여 내경×행정을
92mm×82.7mm로 단행정 형식으로 하였다.

시중에는 나와 있지 않으나 장행정화가 어려운 V형 6
기통 엔진도 설계 범위에 포함시켜 개발한 엔진 시리즈
이다. 본 엔진에서 요동 캠 방식의 가변 캠 밸브 기구인
밸브트로닉 기구는 부품까지 최초로 밸브트로닉 기구
를 채택한 직렬 4기통 엔진과 공통으로 두 모델이 동시
에 개발되었다고 추정할 수 있다.

다만, 직렬 4기통과 다르게 실린더 블록은 구태 의연
한 긴 스커트 형식인 것 등을 보면 밸브트로닉 이외에
는 주목할 만한 새로운 기술이 보이지 않는다. 전체적
으로 가변 캠 밸브기구를 효율적으로 사용하여 출력
과 연비를 만족시킨 V형 8기통 엔진으로 견실하게 제
작되었다고 말할 수 있을 것이다.

제원

형식명 : N62B40A
실린더 수 : 8기통
실린더 배열 : 90도 V형
실린더 당 밸브 수 : 흡기 2·배기 2
밸브 구동 : DOHC/흡기 : 밸브트로닉
         배기 : 캠＋롤러 로커 암 위상 가변 밸브 타이밍(흡배기 같음)
내경×행정(mm) : 분명하지 않음
배기량 : 3999cc
압축비 : 10.5 : 1
연료 공급 : 포트 분사
최고 출력[kW(ps)/rpm] : 225(306)/6300
최대 토크[N-m(kg·m)/rpm] : 390(39.8)/3500

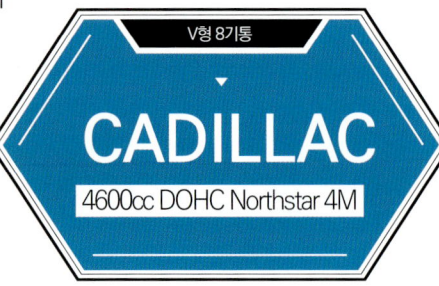

V형 8기통

CADILLAC
4600cc DOHC Northstar 4M

CADILLAC XLR

▶ 미국다운 합리적인 설계

제원

형식명 : 4M
실린더 수 : 8기통
실린더 배열 : 90도 V형
실린더 당 밸브 수 : 흡기 2·배기 2
밸브 구동 : DOHC/체인
내경×행정(mm) : 93.0×84.0
배기량 : 4564cc
압축비 : 10.5 : 1
연료 공급 : 포트 분사
최고 출력[kW(ps)/rpm] : 238(324)/6400
최대 토크[N-m(kg·m)/rpm] : 420(42.9)/4400

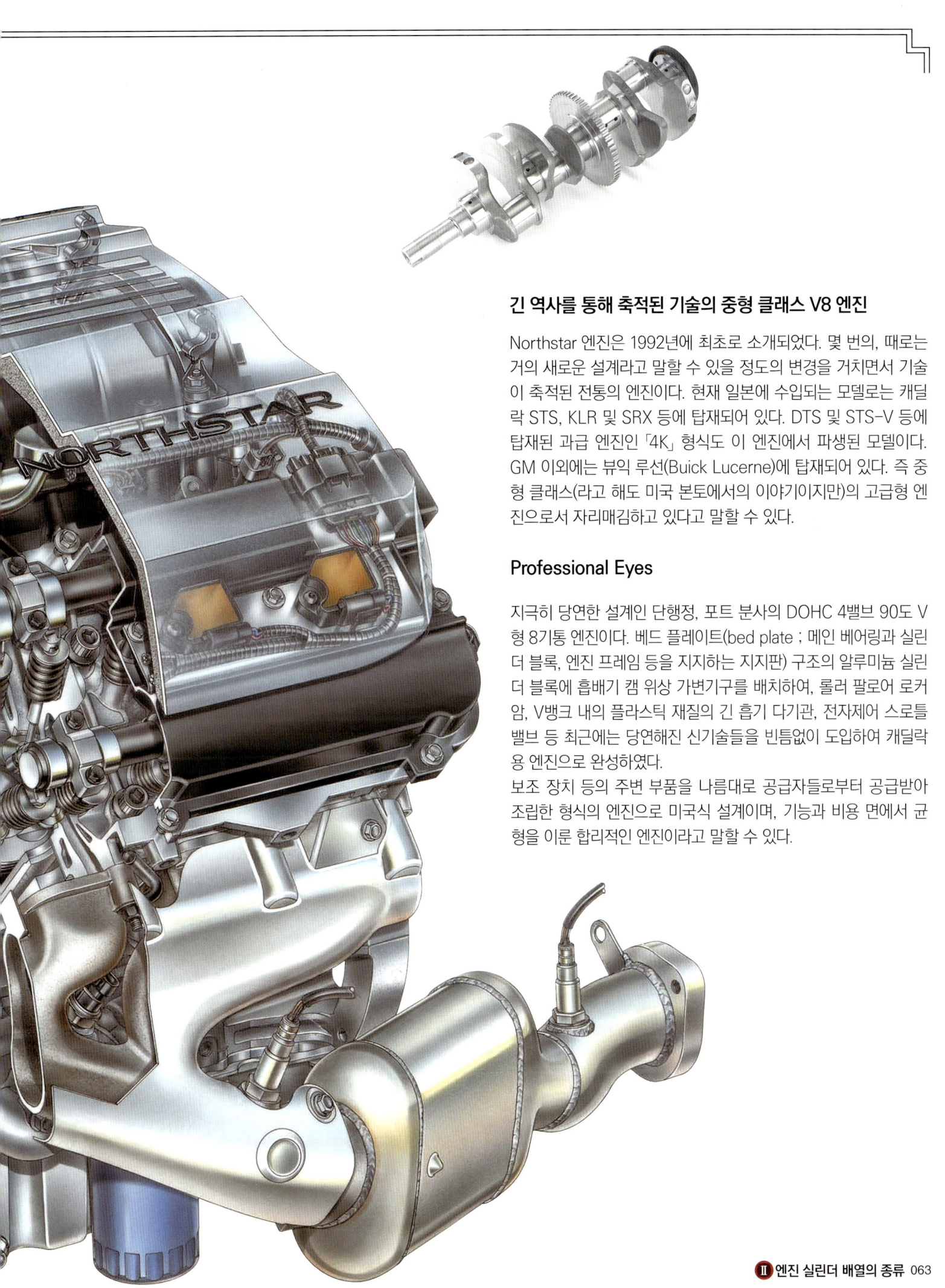

긴 역사를 통해 축적된 기술의 중형 클래스 V8 엔진

Northstar 엔진은 1992년에 최초로 소개되었다. 몇 번의, 때로는 거의 새로운 설계라고 말할 수 있을 정도의 변경을 거치면서 기술이 축적된 전통의 엔진이다. 현재 일본에 수입되는 모델로는 캐딜락 STS, KLR 및 SRX 등에 탑재되어 있다. DTS 및 STS-V 등에 탑재된 과급 엔진인 「4K」 형식도 이 엔진에서 파생된 모델이다. GM 이외에는 뷰익 루선(Buick Lucerne)에 탑재되어 있다. 즉 중형 클래스(라고 해도 미국 본토에서의 이야기이지만)의 고급형 엔진으로서 자리매김하고 있다고 말할 수 있다.

Professional Eyes

지극히 당연한 설계인 단행정, 포트 분사의 DOHC 4밸브 90도 V형 8기통 엔진이다. 베드 플레이트(bed plate ; 메인 베어링과 실린더 블록, 엔진 프레임 등을 지지하는 지지판) 구조의 알루미늄 실린더 블록에 흡배기 캠 위상 가변기구를 배치하여, 롤러 팔로어 로커 암, V뱅크 내의 플라스틱 재질의 긴 흡기 다기관, 전자제어 스로틀 밸브 등 최근에는 당연해진 신기술들을 빈틈없이 도입하여 캐딜락용 엔진으로 완성하였다.

보조 장치 등의 주변 부품을 나름대로 공급자들로부터 공급받아 조립한 형식의 엔진으로 미국식 설계이며, 기능과 비용 면에서 균형을 이룬 합리적인 엔진이라고 말할 수 있다.

CHEVROLET Z06 6E

▶ "뛰어난" 미국제 대형 엔진

1개의 실린더 체적이 1000cc에 육박하는 대형 사이즈 엔진

밸브 작동 기구는 OHV(over head valve) 이고 행정이 100mm를 상회하며, 최고 출력을 발생할 때의 회전수는 6300rpm인 놀라운 엔진이다. 탑재된 차종은 현재 콜뱃 (Corvette)의 최고 모델인 Z06이다. 기본 구성은 「소형 실린더 블록」이라 불리는 LS7형식을 채택하였다.

여기에 「레이스 모델의 앞선 기술을 투입」했다고 알려진 다수의 신기술을 포함하여 구성 되었다. 예를 들면, 커넥팅 로드와 흡기 밸브에는 티타늄계 합금을 이용하였다.

윤활 방식도 건식 섬프를 채택하고 피스톤은 알루미늄 단조 제품, 크랭크축은 강을 단조한 제품으로 미국에서 제작한 대형 사이즈의 V형 8기통 엔진의 이미지에서는 연상하기 어려운 요소가 가득 채워져 있다.

Professional Eyes

1개 실린더의 체적이 약 900cc에 다다르는 미국에서 제작하는 대형 엔진이다. 이 엔진을 6300rpm으로 회전시키면 피스톤 속도는 21m/s로써 F1 수준에 달하기 때문에 흡기 밸브에 티타늄 합금을 사용한다고 해도 2밸브 OHV로 고속 회전의 흡기량을 확보하기 때문에 훌륭하다고 밖에 할 수 없다.

OHV로 실린더 헤드의 높이를 억제하며, 낮은 보닛(bonnet) 하에서도 중속 토크의 증가에 효과적인 긴 흡기 다엔진을 설치하여 헤드 위를 교차하여 통과하도록 하고 있다.

또한 OHV에서는 캠 밸브기구의 구동 부분이 끊어질 염려가 없기 때문에 밸브 리세스(valve recess) 또는 밸브 포켓(valve pocket)이 얕고 헤드 면이 편편한 피스톤을 사용한다. 여기에다 100mm를 넘는 큰 실린더 내경으로 고압축비(10.9 : 1)를 실현하였다.

스로틀 바디(throttle body) 안쪽 내경은 90mm로 이것도 역시 대형 사이즈이다. 언제나 국내와 유럽의 엔진을 관찰해 온 입장에서볼 때 놀랄만한 큰 사이즈이다. 한 번쯤 직접 운전하여 달려보고 싶은 엔진 중 하나이다.

제원

형식명 : 6E
실린더 수 : 8기통
실린더 배열 : 90도 V형
실린더 당 밸브 수 : 흡기 1·배기 1
밸브 구동 : OHV/체인/캠＋푸시로드＋롤러 로커 암
내경×행정(mm) : 104.7×101.6
배기량 : 6997cc
압축비 : 11.0 : 1
연료 공급 : 포트 분사
최고 출력[kW(ps)/rpm] : 376(511)/6300
최대 토크[N·m(kg·m)/rpm] : 637(64.9)/4800

엔진 역사에 남을 뛰어난 성능의 엔진

MERCEDES BENZ 4200cc V형 8기통 DOHC M119 E클래스(W124)

1984년 데뷔한 E클래스(시리즈 형식명 W124)의 큰 용량 배기량 계열에 탑재된 V형 8기통 엔진이다. 당시 엔진 기술의 정수(가장 정도가 높은 부분)를 집중시킨 구성으로 실용면 및 성능면 모두 우수하여 지금도 뛰어난 성능이라는 평판이 높다.

400E에 탑재된 1195 모델의 제원은 내경×행정이 92.0mm×78.9mm이고, 총 배기량은 4195cc이다. 연료 공급 장치에 LH 제트로닉을 채택하였으며, 최고 출력은 285ps/5700rpm이고, 최대 토크는 42.0kg·m/3900rpm이다.

V형 10기통 엔진

V형 10기통 엔진이 자동차용으로는 고급차 및 스포츠카에 프리미엄 엔진으로써 이용되며, V형 10기통 엔진은 직렬 5기통 엔진을 2개 V형으로 배치한 구조이다. 또한 트럭용 대형 디젤에도 채택되는 사례가 많다.

이론적인 값 144°씩 5슬롯 크랭크축을 이용한 경사각 72°인 균형축을 배치하는 것이 일반적이지만 V형 10기통 시대의 르노 F1 엔진(110°)과 닷지 바이퍼(Dodge Viper)의 V형 10 기통 엔진(90°) 등의 변화도 존재한다.

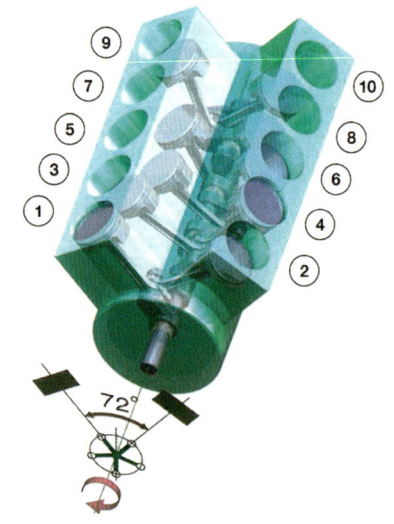

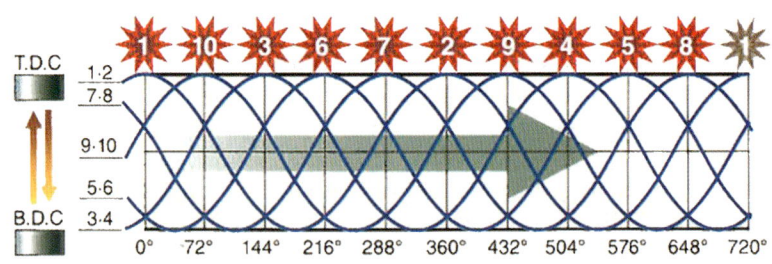

람브로기니 BUJ형

람보기니 가야르도에 탑재하기 위해 제작한 BUJ 엔진은 90° 뱅크각이며, 일정한 간격으로 폭발하는 18° 오프셋의 10슬롯 크랭크축을 사용하지만 아우디 R8의 V형 10기통 엔진은 오프셋 없이 5슬롯으로 개선되고 있다.

Dodge

패키징의 타협에서 생긴 전형

8기통 엔진과 12기통 엔진보다 존재가 희미한 V형 10기통 엔진이지만, V형 8기통 엔진에서는 성능이 부족하고 V형 12기통 엔진에서는 큰 경우에 타협안으로 채택되는 엔진이다.

21세기 초의 F1에서는 공력의 관점에서 채택된 르노-V형 10기통 엔진이 맹위를 떨쳤다. 이상적인 경사각은 72°이지만 패키지의 우위성에서 채택되는 경우가 많은 이 형식에서는 높은 중심을 피하는 90° 이상으로 설정하는 경우가 대부분이라는 것이 흥미롭다. 필연

성이 적은 배치인 만큼 다운사이징이 진행되는 현재로서는 정리 될 운명이다.

V형 8기통 엔진에 2기통을 추가한 픽업용 트럭 엔진이 원류이며, 90° 뱅크 때문에 거친 진동이 발생한다. 당시 크라이슬러 산하에 있던 람보르기니의 기술진이 개량한 당초 7900cc이던 배기량은 8400cc까지 확대되고 있다.

V형 10기통 엔진

BMW

5000cc V10 DOHC S85B50A

BMW M5 S85 B50A

▶ F1 엔진과는 완전히 다른 엔진

「힘의 집중」을 느끼는 전용 설계 엔진

BMW M시리즈의 정점에 선 존재로써 새로운 전용 설계의 스포츠카용 엔진이다. 탑재된 차량은 M6의 쿠페(coupe), 카브리올레(cabriolet), M5 등이다. 캐치프레이즈는 「F1의 V형 10기통 엔진 기술의 응용」이지만 F1 엔진과의 공통점은 V형 10기통이라는 것뿐이고, 최고 허용 회전수가 8250rpm으로 이 클래스의 엔진으로 경이적인 레벨에 도달한 것은 BMW의 명성에 어울린다.

엔진을 시동한 상태에서는 최고 출력이 400ps로 제한되었으나 변속 레버 옆에 배치된 「POWER」 버튼을 누르는 것으로 본래의 출력인 507ps까지 발휘된다는 구조를 채택하고 있는 점도 독특하다고 할 수 있다.

제원

형식명 : S85B50A
실린더 수 : 10기통
실린더 배열 : 90도 V형
실린더 당 밸브 수 : 4
밸브 구동 : DOHC/체인 캠 사이 기어 구동/
　　　　　　　직접구동 위상 가변형 밸브 타이밍(흡배기 같음)
내경×행정(mm) : 92.0×75.2
배기량 : 4999cc
압축비 : 12.0 : 1
연료 공급 : 포트 분사
최고 출력[kW(ps)/rpm] : 373(507)/7750
최대 토크[N-m(kg·m)/rpm] :520(53.9)/6100

크랭크축은 상대하는 뱅크의 커넥팅 로드가 크랭크 핀을 공용하는 5슬롯 구성이다. 즉 위상각은 90°, 54°의 균일하지 않은 간격을 두고 폭발하지만 진동이 적어 스포츠카용 엔진으로써 고성능화를 우선했다는 증거다.

Professional Eyes

일반적으로 시판하기 위한 차로 V형 10기통 엔진을 만들고자 한다면 기존의 V형 8기통 엔진에 2기통을 더해 만들고 싶을 텐데, BMW는 굳이 그렇게 하지 않았다.

V뱅크 각, 실린더 피치마저 4000cc V형 8기통 엔진과 같지만 뱅크 오프셋이 다르고 실린더 블록의 스커트 길이가 달라서(롱 스커트→하프 스커트) 베드 플레이트(bed plate) 구조로 한다면 부품에서 제조 라인까지 완전히 다른 것이다.

BMW 엔지니어는 생산에 얽매이지 않고 극한까지 성능을 추구한 엔진을 설계하였다. 캐치프레이즈는 「F1 기술의 응용」이지만, 공통점은 V형 10기통이라는 것뿐으로 BMW의 F1 엔진과는 완전 다른 제품이다.

내경×행정이 92×75.2mm라는 꽤 짧은 행정, 10개가 연결된 스로틀, 건식의 섬프, 독립 부분이 길고 길이가 같은 배기계통 등 어디를 보아도 500PS/7800rpm이라는 출력에 집착을 더해 서킷 주행도 배려한 설계가 되었다. 당연히 배기가스 대책도 규제 수준을 충족하도록 배려하였다. 엔진 설계자로서는 한 번은 설계해 보고 싶은 엔진일 것이다.

V형 12기통 엔진

직렬 6기통 이상의 매끄러운 회전 속도 반응을 실현

고급 승용차용 실린더 배열

승용차용의 엔진에 있어서 현실적으로 최대 실린더 수는 12실린더이다. 이 이상의 실린더 수를 갖는 엔진도 존재했었으나 패키지 효율 및 비용 등을 고려하고 또 차량의 크기와 차체 중량에 대한 배기량(즉 출력/토크 값)을 고려하면 12실린더 이상의 다기통화에는 장점이 없다는 판단을 하게 된다.

엔진 작동상의 균형은 V형 12기통 실린더 엔진이 가장 이상적인 존재라고 해도 좋다. 실린더의 한 쪽 V뱅크가 6실린더이면 이론상은 불균형 상태가 발생하지 않는다. 아울러 크랭크축의 위상각이 직렬

6기통과 같이 각각 120°라고 한다면 크랭크축이 2회전하는 동안의 폭발 회수는 2배가 된다.

여기에다 V뱅크 각을 60°의 배수로 설정한다면 폭발은 20°마다 균일한 간격으로 이루어지기 때문에 엔진의 진동을 유발시키는 요소는 이상적으로 저감되며, 더 매끄러운 회전 속도 반응을 실현한다.

단점은 복잡한 구조와 부품수의 증가 및 당연하지만 엔진 무게의 증가이다. 즉, 이러한 단점을 감수하고서라도 탑재해야 하는 특성을 갖는 자동차용 엔진의 실린더 배열이다.

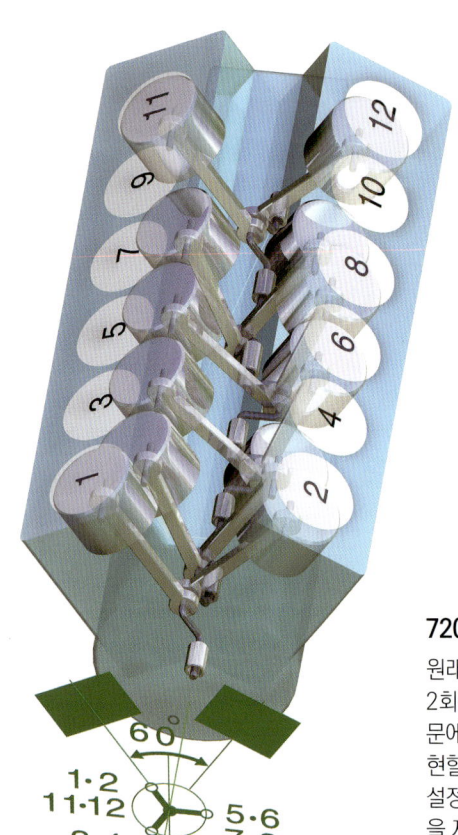

720도 ÷ 12 = 60도마다 폭발

원래 작동의 균형이 우수하고 크랭크축이 2회전할 때 폭발이 12번이나 발생되기 때문에 매우 매끄러운 회전 속도 반응을 실현할 수 있다. V뱅크 각을 60°의 배수로 설정한다면 이론적으로는 불균형의 구성을 제거할 수 있다.

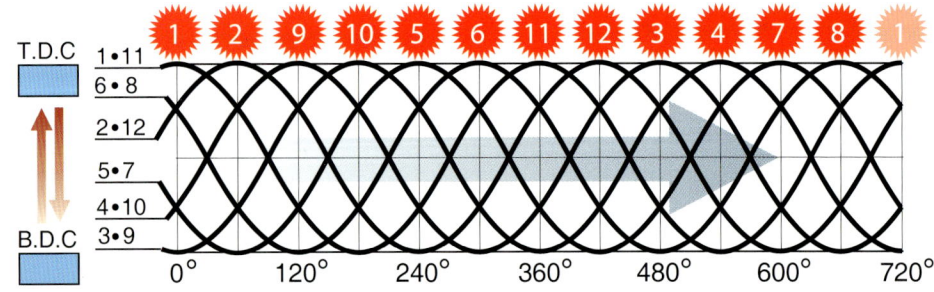

6슬롯(slot), 크랭크축이 7개의 메인 저널 베어링에 지지되는 V형 12기통 엔진의 예
1/2/11/12번 실린더, 3/4/9/10번 실린더 및 5/6/7/8번 실린더가 각각 120°마다 동일 위상이 된다. 작동 중에 발생하는 관성력과 우력(偶力;물체에 작용하는 크기가 같고 방향이 서로 반대인 평행한 두 힘)을 없애는 효과는 직렬 6기통 엔진에서와 같다.

V형 12기통 엔진

ASTON MARTIN

6000cc V12 6.0 V12

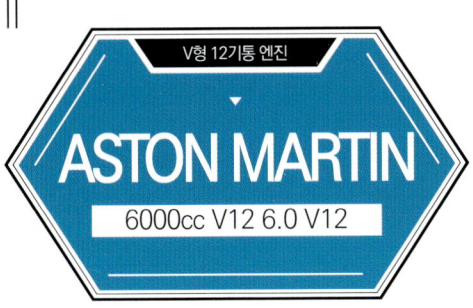

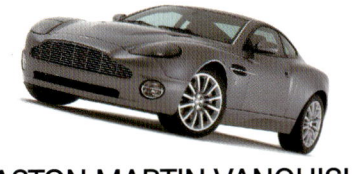

ASTON MARTIN VANQUISH

포드 계열에서의 이점을 최대한 누림

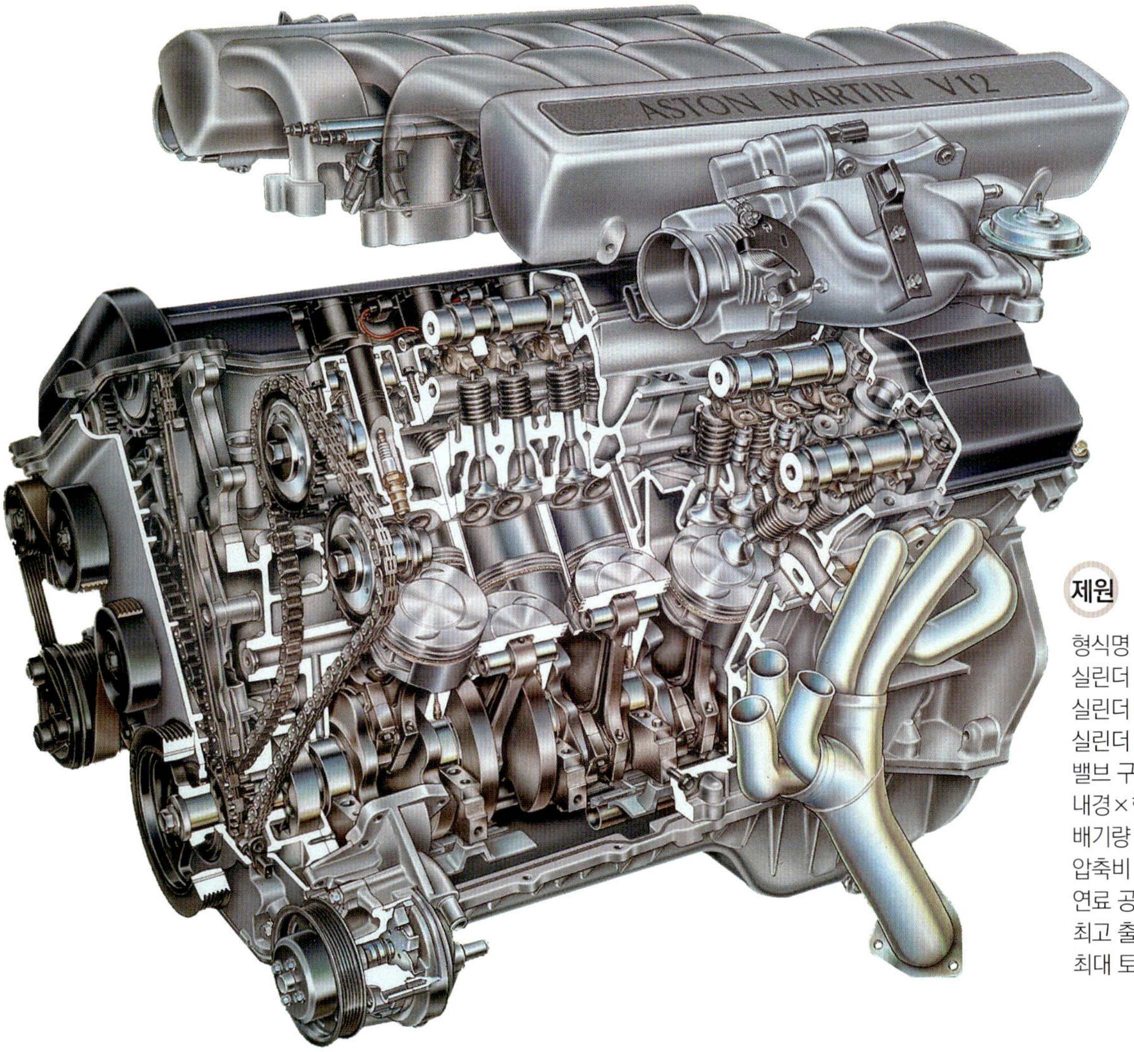

제원

형식명 : —
실린더 수 : 12기통
실린더 배열 : 60도 V형
실린더 당 밸브 수 : 흡기 2·배기 2
밸브 구동 : DOHC/체인/캠+롤러 로커 암
내경×행정(mm) : 89.0×79.5
배기량 : 5935cc
압축비 : 10.8 : 1
연료 공급 : 포트 분사
최고 출력[kW(ps)/rpm] : 388(450)/7000
최대 토크[N-m(kg·m)/rpm] : 577(58.8)/5800

포드 계열에 편입되어 새로 탄생한 애스톤 마틴 V12

포드 계열에 편입되어 새로 탄생한 애스톤 마틴의 고급 모델인 뱅퀴시 S에 탑재한 엔진이다. 상세한 것은 아래에서 다시 설명하겠지만 구성적으로는 포드의 「듀라텍」V형 6기통 엔진을 세로로 2개 연결한 것으로 보인다.

소량 생산하는 고급 스포츠카 브랜드이기 때문에 더욱 완전하게 독자 설계로 V형 12기통 엔진을 완성한 것이 비용면 등에서 곤란을 겪었을 것이란 상상을 하는 것은 어렵지 않다.

기본 부분은 대량 생산 자동차용 엔진을 적용했다고 하더라도 고급 스포츠카 엔진으로서 빼놓을 수 없는 부분은 알맞게 고쳐 새로 제작한 것으로 사용자의 기대에 부응할 수 있는 내용을 만들어 넣으면 된다는 방향성은 허용되어야만 한다.

Professional Eyes

내경×행정이 몬데오(Mondeo)의 3000cc V형 6기통 엔진과 동일하다. 즉 몬데오의 듀라텍 3000cc 엔진을 병렬로 2개 배열한 것이 애스톤 마틴(Aston Martin)의 6000cc V형 12기통 엔진이다.

압축비를 10 : 1에서 10.6 : 1로 높인 것 등 스포츠카용으로서 튜닝을 시행하기 위한 출력은 3000cc V형 6기통 엔진의 2배인 332kW보다 약간 증가하였다. 이외에도 고성능 형식인 388kW급도 있다.

코스워스 프로세스(Cosworth Process)에 의한 클로우즈드 덱(Closed Deck)의 알루미늄 주조 실린더 블록, 롤러 팔로어를 채택한 4밸브 DOHC 등의 배치, 그리고 동적인 효과로는 V형 12기통 엔진과 V형 6기통 엔진에서 서로 다른 흡배기 계통을 사용하지만 엔진의 내부 구조는 기본적으로 V형 6기통 엔진을 유용하고 있다.

결과적으로 단행정 엔진이 되는데 고속 회전 지향의 순수 스포츠카용으로서는 이것으로 엔진이 괜찮다. 소량 생산의 고급 스포츠카 제작사는 최고급 V형 12기통 엔진을 갖추고자 하는데 소량 생산 제작사에서는 그 비용 부담이 매우 큰 부분을 차지한다.

애스톤 마틴(Aston Martin) V형 12기통 엔진이 포드 계열에 편입된 이점을 최대한으로 누린 작품이라고 말할 수 있다.

BMW 760

▶ BMW의 세단용 기함급 엔진(Vgud 12기통 엔진)

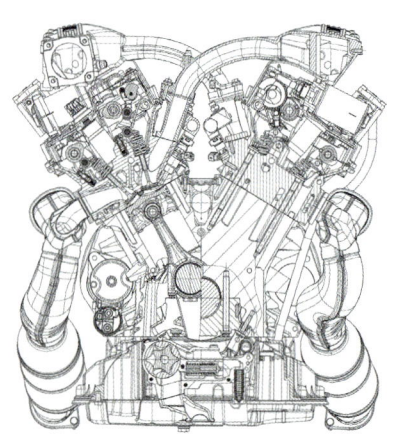
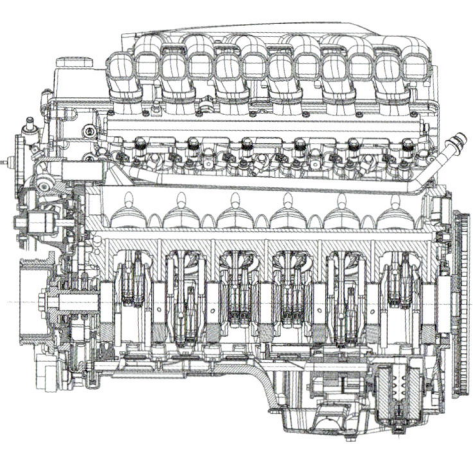

BMW의 고급 세단용 기함(flagship) 엔진

현재 E66계열 7시리즈의 최상급에 속하는 760i와 휠베이스가 긴 형식인 760Li에 탑재된 엔진이다. M시리즈에 탑재된 V형 10기통 엔진이 스포츠계 모델용 기함급 엔진이라면 이 엔진은 세단용 기함급 엔진으로서 자리매김하고 있다.

BMW의 기함급 엔진쯤 되면 최신 기술이 아낌없이 투입되었음을 상상할 수 있다. 이 엔진도 밸브트로닉과 직접분사 장치를 사용하고 있는데 피스톤의 헤드부에 성층연소용 피스톤 특유의 요철을 갖지 않고 매끄러운 곡면으로 된 것에서 성층 연소가 아닌 균일 혼합 연소를 지향하고 있음을 알 수 있다. 흡배기 손실의 저감과 고압축화에 의한 연비 및 출력의 조화를 동시에 만족시켰다고 말할 수 있다.

제원

형식명 : N73B60A
실린더 수 : 12기통
실린더 배열 : 60도 V형
실린더 당 밸브 수 : 4 밸브
밸브 구동 : DOHC/흡기 : 밸브트로닉
배기 : 캠＋롤러 로커 암 위상 가변 밸브 타이밍(흡배기 같음)
내경×행정(mm) : 89.0×80.0
배기량 : 5972cc
압축비 : 11.3 : 1
연료 공급 : 직접분사
최고 출력[kW(ps)/rpm] : 327(445)/6000
최대 토크[N-m(kg·m)/rpm] : 600(61.2)/3950

Professional Eyes

직렬 4기통, V형 8기통에 이어서 열림 각(및 양정) 가변 캠 밸브기구＝밸브트로닉을 사용한 BMW의 비 스로틀(non-throttle) 가솔린 엔진의 제3탄이다. 더욱이 이 엔진은 PFI(Port Fuel Injection)를 바꾸어 직접분사를 채택하였다.

펌프 손실의 저감은 밸브트로닉에 맡기고, 연소는 이론 공연비로 삼원 촉매의 사용을 가능하게 한다. 직접분사는 주로 혼합기의 냉각 작용에 의한 체적효율 향상(출력 증가)에 이용한 것 외에도 압축비 증가(11.3 : 1)를 가능케 하여 연비 성능도 향상시키고 있다.

6000cc V형 12기통 엔진이므로(90년대 BMW 처럼) 3000cc V형 6기통 엔진을 2개로 배열할 수 있지만 그 이유는 정확하게 모르겠지만 V형 8기통 엔진의 실린더 피치를 이어가고 있다.

이를 위해 큰 용량 배기량의 V형 12기통 엔진은 고속 회전 경향의 단행정 엔진으로 되어 있다. 5500cc 장행정 터보 과급 방식인 벤츠에 비교하여 연비에서는 불리하지만 밸브트로닉과 직접분사(고압축비)로 연비를 향상시켜 고속 회전에서 출력을 발휘하는 BMW 방식이 현지에서는 정통파라고 할 수 있다.

12 수평 대향형 4기통 엔진

크랭크 암(웨이브)을 얼마나 얇게 만드느냐가 관건

실린더 수에 대응하여 엔진 전체의 길이를 짧게 할 수 있는 것이 수평 대향형 엔진의 특징이다. 결과적으로 크랭크축의 강성도 쉽게 높일 수 있고 엔진의 전체 높이도 낮게 하는 구성이 가능하기 때문에 엔진의 저중심화를 이룰 수 있다.

뱅크 각을 180°까지 확대한 V형 엔진으로 볼 수도 있으나 4실린더의 경우는 대향하는 실린더끼리 180°의 크랭크축 위상을 갖게 할 수 있다는 점에서 서로 관성력을 없애는 것이 가능하다.

이러한 움직임 즉 대향하는 실린더간의 움직임이 동시에 크랭크축에 대해 접근하고 떨어져 작동하는 상황이 「서로 때리는」모습을 하고 있어 「복서(boxer)」라고도 한다.

다만 일반적으로는 상향 흡기이기 때문에 배기 계통을 배치하는 공간의 확보 사정으로 엔진 자체의 설치 위치는 어느 정도 높아야만 하므로 실린더 배치의 가장 큰 특징인 저중심의 장점을 활용하기 어려운 점도 있으며, 가로 폭도 상당히 크다.

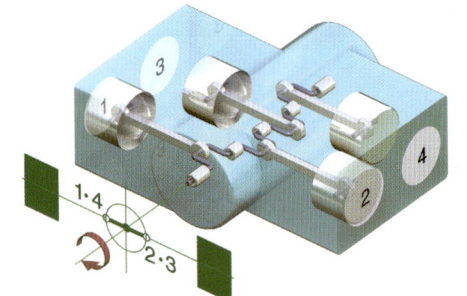

대향하는 실린더가 동시에 같은 방향으로 같은 실린더 수만큼 수평으로 움직인다. 수평 대향형 엔진만이 유일하게 실현 가능한 작동 과정이다. 현재는 세계에서 스바루(Subaru)만이 생산하는 실린더 배열이다.

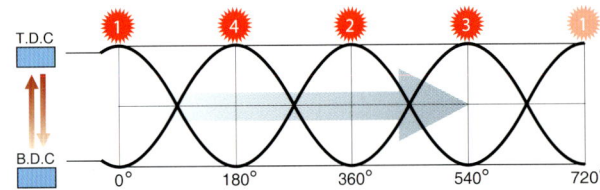

720°÷4=180°마다 폭발

180°마다 각 실린더가 균일한 간격을 두고 폭발하며, 여기에 1번-4번-2번-3번의 순서로 폭발시키면 연소 중인 실린더와 대향하는 실린더가 같은 방향으로 움직이기 때문에 연소 압력에 의한 관성 질량의 변동도 우력(偶力;물체에 작용하는 크기가 같고 방향이 서로 반대인 평행한 두 힘)을 상쇄시키는 방향의 힘을 발생시킨다. 회전 균형이 뛰어난 성질을 갖고 있다.

SUBARU
2000cc FLAT 4 TURBO EJ20

SUBARU LAGACY EJ20

Professional Eyes

시퀀셜 트윈 터보(sequential twin turbo)라는 복잡한 장치로 터보 래그(turbo lag)의 발생을 억제하면서 고출력을 얻는 스바루(Subaru)의 터보 엔진이 비용 절감의 물결에 휩쓸린 것처럼 보이지만 실제는 정상적으로 진화하고 있다.

이전의 배기 계통은 한쪽 뱅크씩 묶어서 터보 입구에 연결했지만 지금은 앞쪽의 2실린더와 뒤쪽의 2실린더를 긴 배엔진으로 각각 모아서 터보 입구에 연결한다. 터보에서도 터빈 케이스가 2개로 나뉘어져 (트윈 스크롤) 2계통에서 터빈을 회전시킨다.

이전에는 한쪽에 2실린더의 배엔진이 일정한 간격이 아니어서 배기

의 간섭이 일어났으나 지금은 앞뒤 2개의 배엔진 내에는 각각 360°의 크랭크축 위상각에 의해 실린더로부터의 고압 배기가스가 간섭 없이 흐른다. 그 결과로 배기 밸브가 열린 직후의 블로다운(blow down) 압력파가 감쇠 없이 터빈에까지 도달하기 때문에 저속에서도 효율적으로 터빈의 회전을 높이는 것이 가능해졌다.

현재 상태에서는 이 방법이 전체적으로 가장 적합하다고 할 수 있다. 역설적으로 어떤 독특한 V형 8기통 엔진처럼 스바루(Suubaru)의 소리(sound)를 잃는 것이 유일한 난점이라고 할 수 있다.

▶ 노킹 방지와 고과급에 의한 정상적인 진화

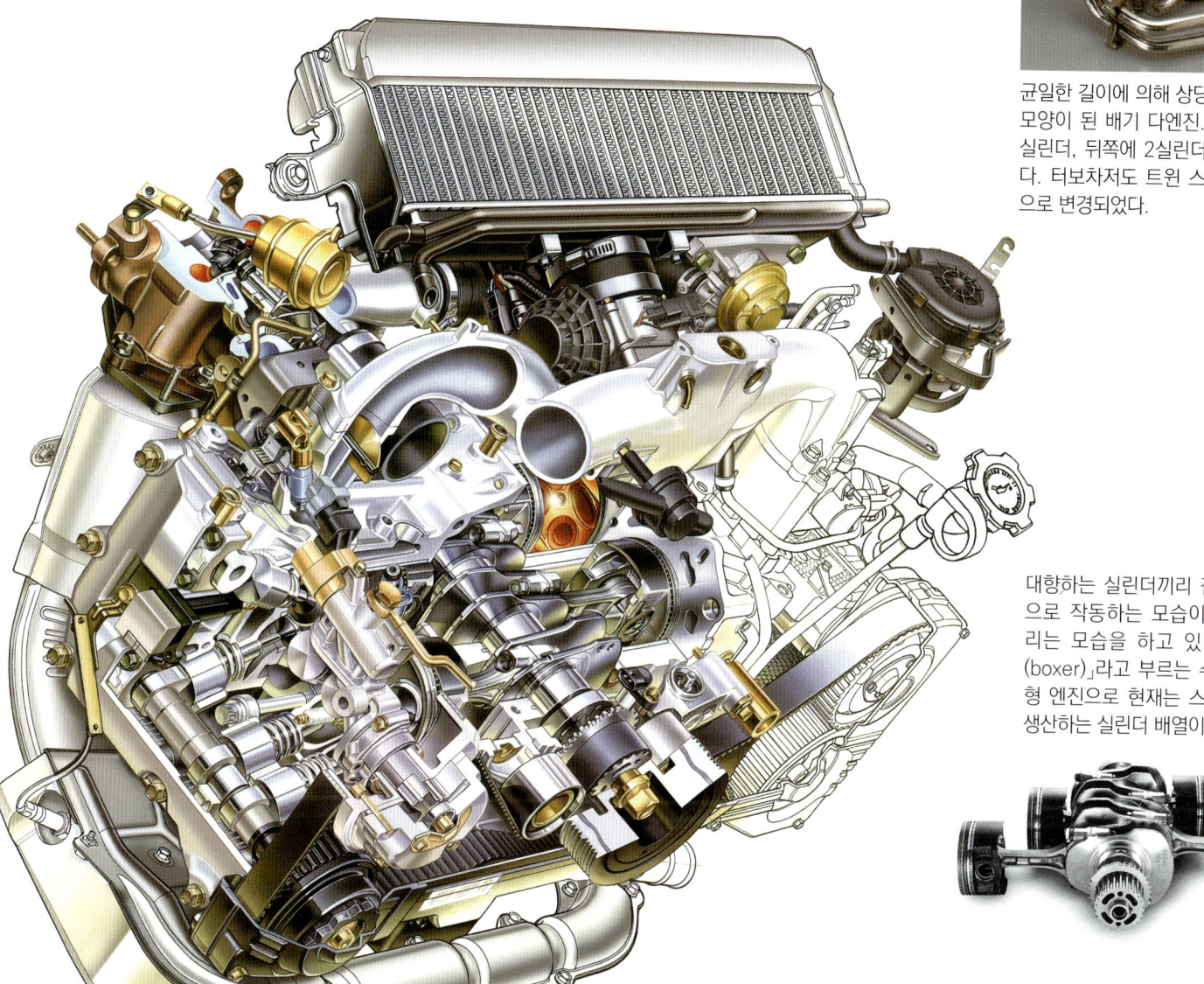

균일한 길이에 의해 상당히 복잡한 모양이 된 배기 다엔진. 앞쪽에 2실린더, 뒤쪽에 2실린더가 연결된다. 터보차저도 트윈 스크롤 형식으로 변경되었다.

대향하는 실린더끼리 같은 방향으로 작동하는 모습이 서로 때리는 모습을 하고 있어 「복서(boxer)」라고 부르는 수평 대향형 엔진으로 현재는 스바루만이 생산하는 실린더 배열이다.

제원

형식명 : EJ20
실린더 수 : 4기통
실린더 배열 : 수평 대향형
실린더 당 밸브 수 : 흡기 2·배기 2
밸브 구동 : DOHC/톱니 벨트/직접구동 위상 가변형 밸브 타이밍(흡배기 같음)
내경×행정(mm) : 92.0×75.0
배기량 : 1994cc
압축비 : 9.4 : 1
연료 공급 : 포트 분사
최고 출력[kW(ps)/rpm] : 343(35.0)/2400
※ 2.3GT spec. B MT 방법 데이터

꾸준히 성능 개선을 계속해 온 복서 4

긴 시간에 걸쳐 EJ20의 형식명을 계속 알려왔으나 그 사이에도 꾸준히 성능의 개선을 계속 해온 엔진이다. 탑재되는 차종은 레거시(Legacy), 아웃백(Outback), 임프레자(Impreza) 및 포레스터(Forester) 등이다.

지금의 엔진은 배기 다엔진의 처리를 변경하여 앞쪽 2실린더, 뒤쪽 2실린더를 각각 묶은 복잡한 형태에 의한 균일한 길이의 형식을 채택하였다. 이로 인해 배기가스의 간섭을 해소하고 4기통 엔진으로서 자연스러운 배기 공정을 실현하였다.

고성능 모델에 탑재한 터보 과급의 효율도 향상시켰다. 흡기 가변 밸브 타이밍 기구 「AVCS(Active Valve Control System)」, NA 형식에는 흡기 가변 밸브 리프트 기구도 탑재하였으며, 흡기 밸브의 양정과 흡기 캠의 밸브 타이밍을 최적으로 가변 제어한다.

13 수평 대향형 6기통 엔진

크랭크 암(웨이브)을 얼마나 얇게 만드느냐가 관건

4기통 엔진에 비해서 약간 이해하기 어려울지도 모르지만 수평 대향형 6기통 엔진의 경우도 대향하는 실린더간의 크랭크축 위상각은 180°의 구성이다. 이것이 앞열-중앙열-뒤열 각각 120°마다 위상을 갖도록 배치되어 있다.

한쪽만 보면 120° 위상에 3슬롯 크랭크축으로 하며, 이로부터 180° 벗어난 것을 반대쪽에 배치한 구성으로 볼 수 있다. 직렬 3기통과 V-6기통과는 다르게 관성력을 없애는 힘이 작용하기 때문에

회전의 균형은 완벽에 가깝다.

4기통 엔진, 6기통 엔진 모두 최대의 과제는 대향하는 실린더 간의 크랭크 핀의 오프셋 간격을 얼마나 단축시키는가 하는 것이다. 이 거리가 가까울수록 회전의 균형점이 유리해지기 때문이다. 따라서 극한까지 얇게 제작된 크랭크 암(웨이브)을 「면도날 크랭크」라고 평하기도 한다.

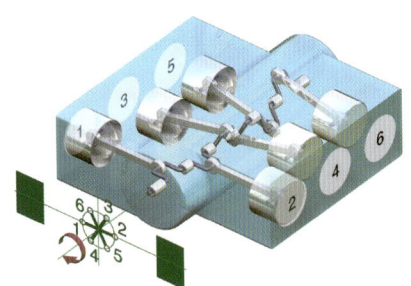

언뜻 보기에는 크랭크축의 모양이 복잡한 것 같아서 4기통과 같은 「복서」이미지는 갖기 어려울지도 모른다. 그래프와 맞추어 작동 과정을 연상하여 보면 마주보는 실린더 간에 우력(偶力;물체에 작용하는 크기가 같고 방향이 서로 반대인 평행한 두 힘)을 서로 상쇄시키는 과정이 이해될 것이다.

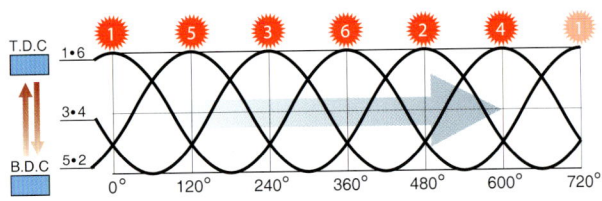

720°÷6=120°마다 폭발

폭발 간격은 120°이다. 크랭크축의 위상각이 120°인 직렬 3기통 엔진에서 위상을 180° 벗어나 또 한 대의 3기통 엔진을 편성했다고 생각해도 된다. 한쪽은 240°마다 폭발하지만 그 사이에 반대 위상각의 실린더가 폭발하기 때문에 전체는 120°마다 폭발하는 것이 된다.

수평 대향형 6기통 엔진

PORSCHE
3600cc FLAT 6

PORSCHE 911 CARRERA

포르쉐의 대명사 플랫6 디자인

포르쉐의 대명사적 존재가 된 것이 수평 대향형 6기통 엔진이다. 현재 탑재된 차종은 박스터(Boxster), 카이맨(Cayman) 및 말하지 않아도 알 수 있는 911계열이다. 배기량의 라인업은 조금 복잡하다. 박스터와 카이맨의 기본 등급 형식에는 2687cc급이 탑재되며, 각각의 고성능 등급 형식에는 3387cc급이 탑재되어 있다. 911계열에는

카레라(Carrera) 및 타가(Targa)가 3797cc급을 탑재하며, 각각의 「S」에는 3824cc급이 탑재되어 있다.

GT3은 3600cc급을 탑재하였으며, 터보는 그것의 과급 형식 등급으로 구성되어 있다. 세부 방법은 모델마다 다르지만 모두 수냉식, 흡기 2·배기 2인 4밸브 구성은 변함이 없다.

▶ 평범하고도 고성능 엔진

제원

형식명 : 불명
실린더 수 : 6기통
실린더 배열 : 수평 대향형
실린더 당 밸브 수 : 흡기 2·배기 2
밸브 구동 : DOHC/체인/직접구동 위상 가변 밸브 타이밍(흡기측)
내경×행정(mm) : 96.0×82.8
배기량 : 3595cc
압축비 : 11.3 : 1
연료 공급 : 포트 분사(BOSCHE ME 7.8)
최고 출력[kW(ps)/rpm] : 239(325)/6800
최대 토크[N-m(kg·m)/rpm] : 370(37.7)/4250

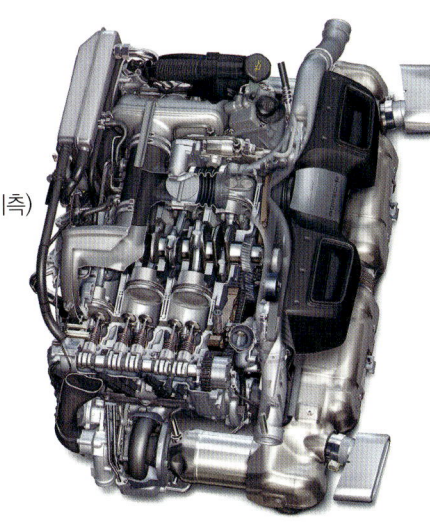

Professional Eyes

포르쉐가의 독특한 고성능 무과급 플랫 6엔진이다.

4밸브 직접구동 DOHC, 포트 연료분사, 일반적인 수냉식 장치와 수평 대향형 엔진인 것을 제외하면 매우 평범한 고성능 엔진이다. 가변 장치로는 BMW 6기통과 같은 관성+가변 공명 흡기 장치와 직접 구동의 캠 전환의 가변 캠 밸브기구(포르쉐 형식의 VTEC)를 흡기 밸브에 채택하여 고출력과 저중속 토크를 동시에 성립시키고 있다. 압축비는 포트 분사로는 높은 11.3 : 1이라는 것이 특징이다.

이러한 것들에 포르쉐 튜닝이 더해져 무과급 엔진으로는 리터당 90마력이라는 고출력을 발휘한다. 고성능이라고 말하는 이유는 엔진의 설계 출력보다 오히려 튜닝의 힘이 크기 때문일지도 모른다. 아름다운 스타일의 포르쉐 뒷부분에 스마트하게 탑재된 고성능 스포츠 엔진이다.

911계열에 탑재한 모델의 앞쪽(즉 실내 쪽)에서 본 엔진의 외관. 좌우 뱅크의 바깥쪽으로 넓어진 모양으로 탑재된 것이 소음기(muffler)와 배기 다엔진은 엔진 아래쪽에서 교차한다.

14 로터리 엔진
타원형의 통 안에서 삼각형 로터가 회전운동

해외에서는 발명자인 독일인 펠릭스 방켈(Felix Wankel)의 이름과 관련지어 「방켈형 로터리」 엔진이라고 한다. 한 사이클이 흡기→압축→폭발→배기의 4행정인 것은 보통의 왕복형 엔진과 같다.

기본적인 구성 부품은 실린더에 해당하는 타원형의 「하우징」, 피스톤에 해당하는 모서리가 둥근 삼각형 「로터」 및 커넥팅 로드와 크랭크축의 역할을 겸하는 「편심축(eccentricity shaft)」 등이다. 로터는 내부에 가공된 링 기어를 통해 고정하기 위한 부분으로 편심축에 접해 있다.

편심축의 기어(커넥팅 로드에 해당)는 회전하지 않지만 로터 고정부(크랭크축에 해당)가 한 쪽에 쏠려 있기 때문에 로터의 회전 운동은 한 쪽으로 쏠리게 된다. 이 사이에 로터의 바깥 부분과 하우징에 의해 생성되는 밀폐된 공간을 이용하여 4행정 사이클의 과정이 진행된다. 로터가 1회전하는 동안에 한 사이클의 4행정이 3번 진행되며, 편심축은 3회전한다.

구성되는 부품이 적기 때문에 경량 소형화가 가능하며, 원래의 움직임이 회전 운동이기 때문에 진동과 소음이 적고 출력 효율이 뛰어나 왕복형 엔진에 비해 배기량 당 출력을 높일 수 있다는 장점 등으로 인하여 실용화된 당시에는 「꿈의 엔진」이라고 불렸다.

그러나 흡입 및 배기를 로터의 움직임에 의한 내부의 부압에 의존하기 때문에 흡·배기 효율이 나쁘고 연소실 형태의 문제로 연소 효율이 나쁘다는 점에서 연비의 악화와 저속에서 토크 부족 문제를 자주 일으키는 등의 단점도 있어서 실용화 이후 대량 생산한 것은 마쯔다(Mazda) 뿐이었다. 현재 모델에서는 포트 위치와 모양을 변경하여 배기·흡기의 오버랩을 없애고 연비의 향상을 꾀하는 등 개선점이 더해졌다.

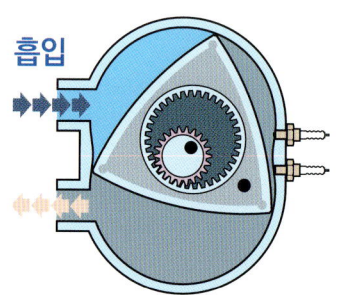

흡입

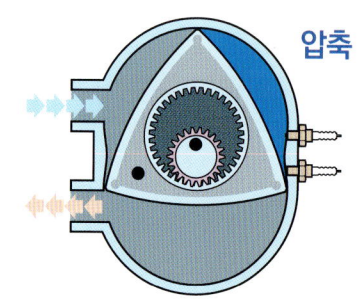

압축

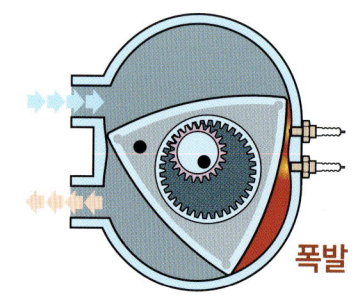

폭발

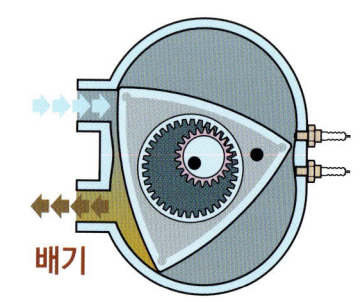

배기

로터리

MAZDA
직렬 2로터 13B-MSP

MAZDA RX-8

포트 위치 변경의 부활

한때 연비, 배기가스 등의 문제로 일시적으로 사용이 주춤했던 로터리 엔진이지만, 「르네시스(RENESIS)」 개념에 따라 엔진의 본체를 크게 개량한 신세대 형식의 등장으로 부활하기에 이르렀다.

탑재한 차종은 RX-8이며, 배기 포트를 가변적인 포트 형식에서 사이드 포트 형식으로 변경하였다. 포트 면적 자체의 확대, 배기 타이밍의 변경 등으로 연소 효율을 개선하였으며, 연비는 이전에 비해 20% 정도 개선되었고 차체의 중량도 24% 정도 경량화 하였다.

▶ 사이드 포트 채택으로 연소 안정성을 개선

제원

형식명 : 13B-MSP
실린더 수 : 2로터
실린더 배열 : 직렬
배기량 : 654×2cc
압축비 : 10.01 : 1
연료 공급: 포트 분사
최고 출력[kW(ps)/rpm] : 158(215)/7450
최대 토크[N-m(kg·m)/rpm] : 216(22.0)/5500

Professional Eyes

최신 로터리 엔진 최대의 특징은 사이드 배기 포트의 채택이다. 흡·배기 포트의 오버랩을 제한 없이 제로에 가깝게 한 결과 저부하에서의 잔류 가스를 왕복 엔진에서 처럼 감소시켜 연소의 안정성을 개선하였다.

또한, 과급이 아닌 로터리 엔진 본래의 특징인 고속 회전에 의해 스포츠카용에 상응한 출력을 발생한다. 저속에서 고속까지의 출력 향상을 위해 S-DIAS라고 부르는 5단계 가변 흡기 장치를 배치하고 있다.

2로터식의 로터리 엔진은 흡·배기에 대해서는 6기통 엔진에 상당하므로, 6기통 왕복 엔진에서는 표준이 된 가변 공명 과급을 그대로 사용할 수 있지만 S-DIAS는 3단 전환인 가변 밸브 타이밍에서 3단의 가변 공명 과급을 편성한 것이다.

로터리 엔진의 특징으로서 흡·배기 포트가 급격하게 열리기 위한 흡·배기의 동적 효과는 왕복 엔진보다 큰 것을 기대할 수 있다. 이렇게 개선한 로터리 엔진이지만 연소실이 매우 편평하다는 기초적인 결점은 아무 것도 바뀐 것이 없다.

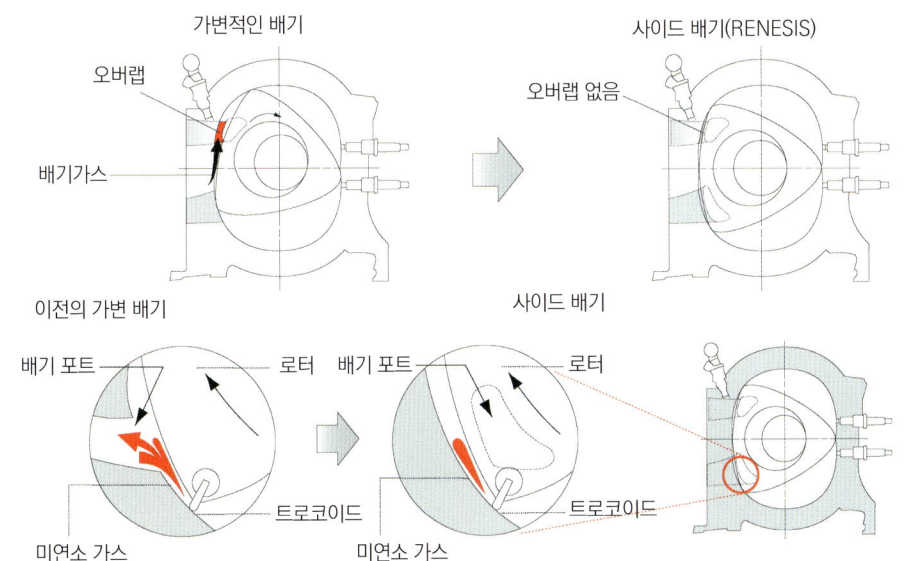

사이드 포트로 변경하여 배기 포트와의 오버랩을 제한 없이 제로에 가깝게 하였다. 그림처럼 사이드 포트로 미연소 가스의 누설을 방지한다. 배기가스 대책을 크게 향상시킨 것이 로터리 엔진의 부활에 큰 원동력이 되었다. 그 밖에도 5단계 가변 흡기 장치「S-DIAS」의 채택 등에 의해 저속에서 고속까지의 토크를 높였다.

엔진의 주요부

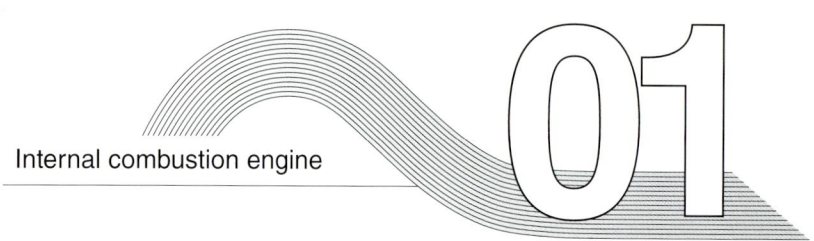

실린더 헤드 (연소실과 밸브 배치)

실린더 헤드(cylinder head)는 헤드 개스킷을 사이에 두고 실린더 블록에 볼트로 설치되며, 피스톤, 실린더와 함께 연소실을 형성한다.

수랭식(water cooling type) 엔진의 실린더 헤드는 전체 실린더 또는 몇 개의 실린더로 나누어 일체 주조하며, 냉각용 물재킷(water jacket)이 배치되어 있다.

실린더 헤드 아래쪽에는 연소실(combustion chamber)과 밸브 시트가 있고, 위쪽에는 가솔린 엔진은 점화 플러그, 디젤 엔진은 예열 플러그 및 인젝터 설치 구멍과 밸브기구의 설치 부분이 있다.

실린더 헤드의 재질은 주철이나 알루미늄 합금이다.

알루미늄 합금 실린더 헤드는 열전도성이 크고 가벼운 장점이 있으나 열팽창률이 크고, 내부식성 및 내구성이 비교적 적은 결점이 있다.

최근에는 이 결점을 보충할 수 있는 설계가 되어 있어 거의 모든 엔진에서 사용하고 있다.

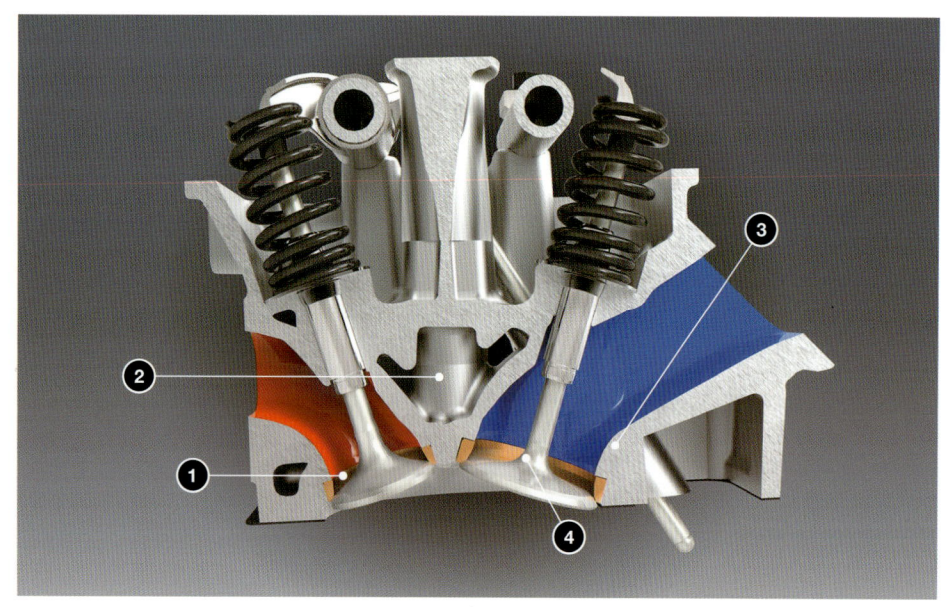

소중한 것은 연소실, 그리고 냉각과 흡·배기이다. 연소실 주변, 특히 배기 밸브 시트❶ 주변은 고온이기 때문에 냉각수의 흐름을 빠르게 하여 적극적으로 냉각시킨다. 밸브 및 점화 플러그의 배치와 잘 조화되어 냉각수 통로의 유속을 제어하고 있다❷. 흡기 포트는 어느 정도의 곡률❸이 필요하며, 밸브 스템과 헤드의 접합부의 각도❹ 도는 15~25°가 적당하다.

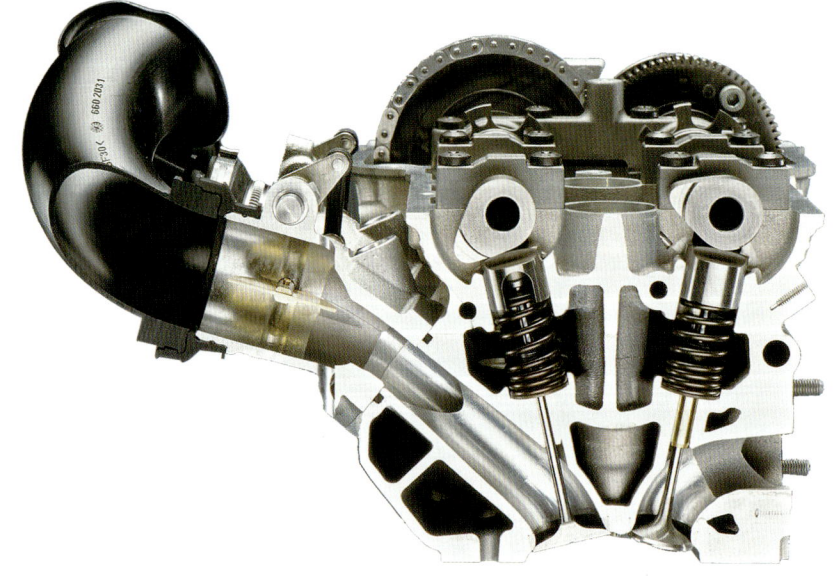

밸브트로닉이 등장한 뒤에도 BMW는 실린더마다 스로틀 밸브를 배치하는 엔진의 라인업을 가지고 있었다. 04년 모델의 M5에 탑재된 V형 10기통 엔진이며, 작은 실린더 헤드와 직접 구동 캠은 예전의 레이싱 엔진을 연상시킨다.

▶ 엔진 출력의 원천은 「연소실」

공기를 효율적으로 흡입한 후에 연료와 혼합하여 깨끗하게 연소시키기 위해서는 연소실과 흡배기 통로를 어떻게 설계할 것인가. 엔진의 설계는 여기서부터 출발하여 밸브 수나 구동기구를 설계해 나가게 된다.

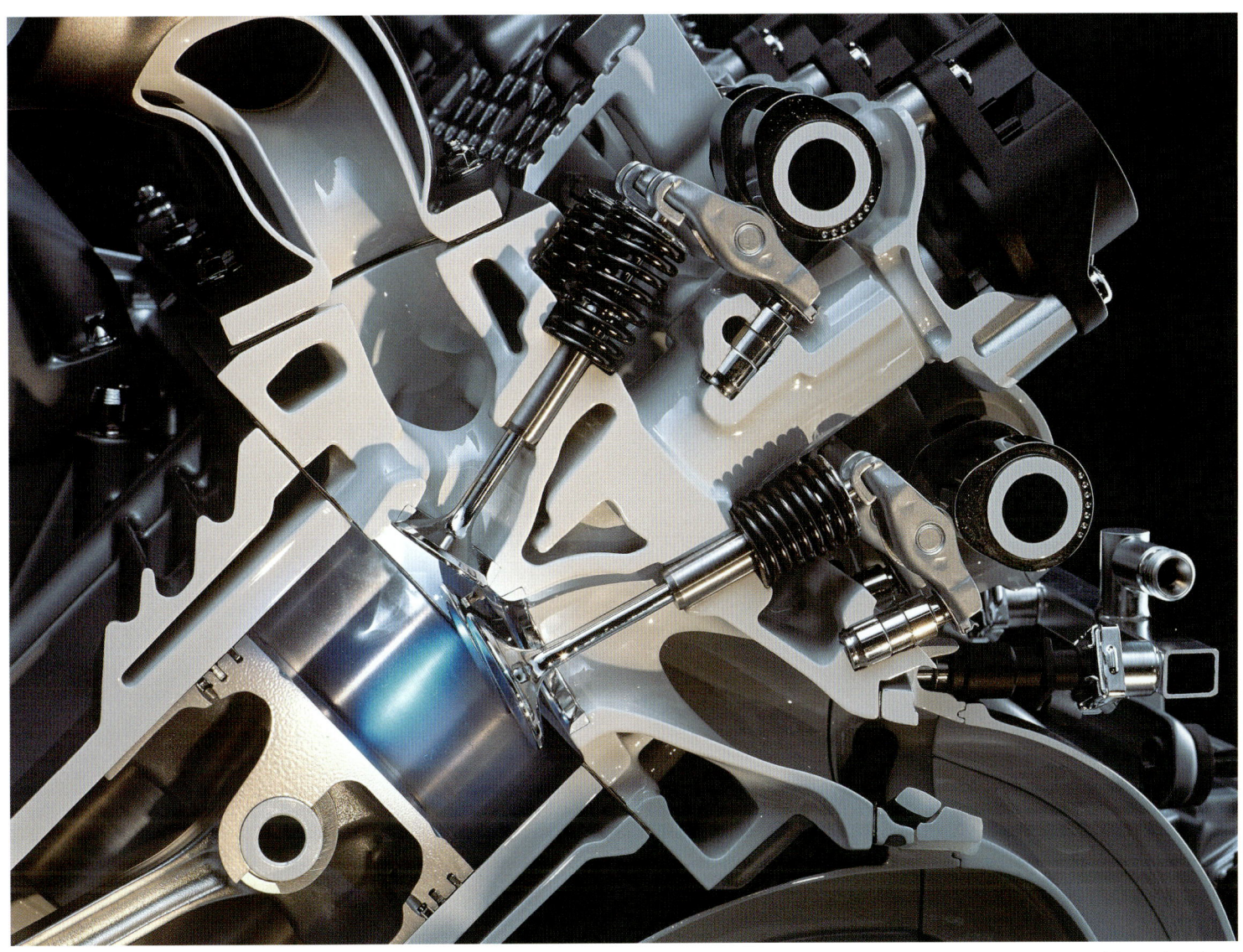

Mercedes Benz

모든 것은 「혼합기를 깨끗하게 연소」시키는데서 시작된다.
오늘날의 가솔린 엔진에서는 연소실 위쪽은 실린더 헤드 아랫면으로 형성되며 그곳에 흡기 및 배기 통로를 개폐하는 밸브가 배치되어 있다. 실제 "연소"는 이 실린더 헤드 쪽의 오목한 부분과 피스톤 헤드 사이에 형성되는 좁은 공간에서 이루어진다. 이 공간이 「연소실」이다.
현재 실린더 헤드~연소실의 기본형은 「각 실린더 당 4밸브(흡기2·배기2)」「펜트 루프(Pent Roof)형 연소실」이 압도적으로 다수파를 이루고 있다. 즉 이 형식이 일반적으로 "가장 정확한 해답"으로 검증되어 온 탓인데, 다른 선택 방법이 없는 것은 아니다.
4밸브 및 펜트 루프라는 기본형은 공통이지만 밸브의 지름과 설치 각에 의한 「루프」형상(밸브 설치 각이 작고 피스톤의 표면적을 줄여서 열손실을 억제하는 설계가 주류), 피스톤이 상사점에 위치한 상태에서의 연소실 전체 형상, 피스톤이 상사점에 도달하면서 그 상

부 주변 부분이 실린더 헤드 아랫면에 접근하여 혼합기를 안쪽으로 밀어 넣는 「스퀴시 부분(Squish Area)」의 조형(造形) 등 다양한 차이가 반영된다.
연소실의 형상은 각각의 엔진 개발자 및 그룹의 연소에 대한 사고 방식과 기술 축적의 차이를 반영하고 있다. 다음으로는 밸브 구동 계통이나 냉각에 관련된 설계이다. 밸브를 움직이는 캠을 헤드 쪽에 장착하는 OHC(Over Head Cam)가 지금껏 정석으로 여겨지고 있으며, 4밸브에서는 흡기·배기 각각 1개의 캠축을 배치하는 DOHC(Double OHC)가 설계적으로 자연스럽다.
그 뒤로는 캠이 밸브를 직접 밀어내는 「직접 구동식」인지, 로커 암(한 쪽이 캠, 다른 한 쪽이 밸브와 접하는 축 커넥팅 암)이나 스윙 암(한 쪽이 받침점, 다른 한 쪽이 밸브와 접해, 그 사이를 캠이 밀어냄)을 조합하여 양정을 크게 할 것인지 등의 선택 폭이 있다.

2 밸브 VALVE

밸브를 연소실에서 위로 설치한 형태가 OHV(Over Head Valve)이다. 구동 기구는 OHC로 진화되었어도 흡·배기 각 1개씩의 최소 밸브 수는 오랫동안 주류를 지켜왔다. 반구형(半球形) 연소실·교차 흐름(Cross-flow)이 과거 형식으로 취급되고 있다.

밸브를 연속으로 배치하여 콤팩트한 욕조(bathtub)형 연소실을 만들어 주는 설계는 큰 배기량으로 저속 영역에서 좋은 연소를 얻으려는 엔진이라면 아직까지 충분한 능력을 발휘할 수 있다. 실린더는 V형 배열로 저위치 캠+푸시로드로 조합하면 정리도 깔끔해진다.

GM

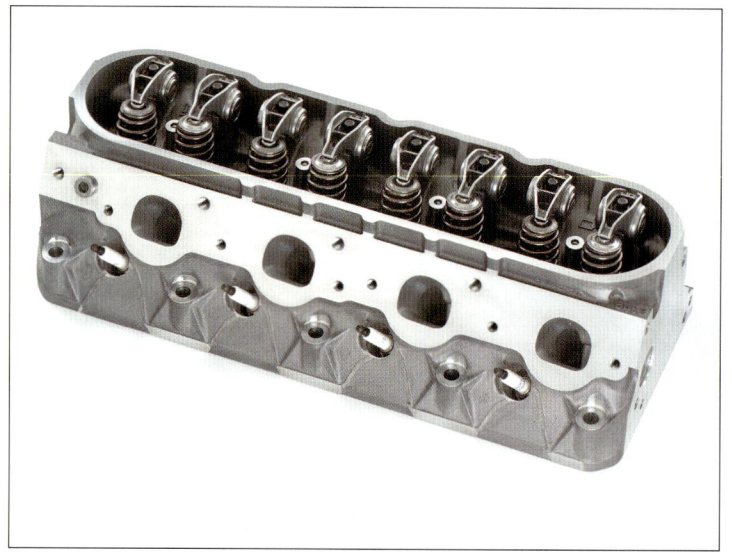

GM

3 밸브 VALVE

흡기 시에는 실린더 내외의 압력차가 작기 때문에 더 큰 혼합기를 충전하기 위해서는 밸브 면적을 크게 해하여야 한다. 배기 시에는 실린더 내의 압력이 높기 때문에 면적은 흡기측보다 작아도 된다. 기구 설계에서는 캠축을 1개만 배치하는 등 단순하게 하면, 비용은 물론 헤드의 중량이나 외형을 줄일 수 있다.

다만 SOHC(Single OHC)는 실린더 중앙부 바로 위를 캠축이 지나가기 때문에 점화 플러그는 그것을 피해서 배치할 필요가 있다. 이러한 타협점이 흡기 밸브 2개·배기 밸브 1개의 방식이다. 엔진 특성으로는 저속 쪽을 중시했다고 분류하는 편이 좋다.

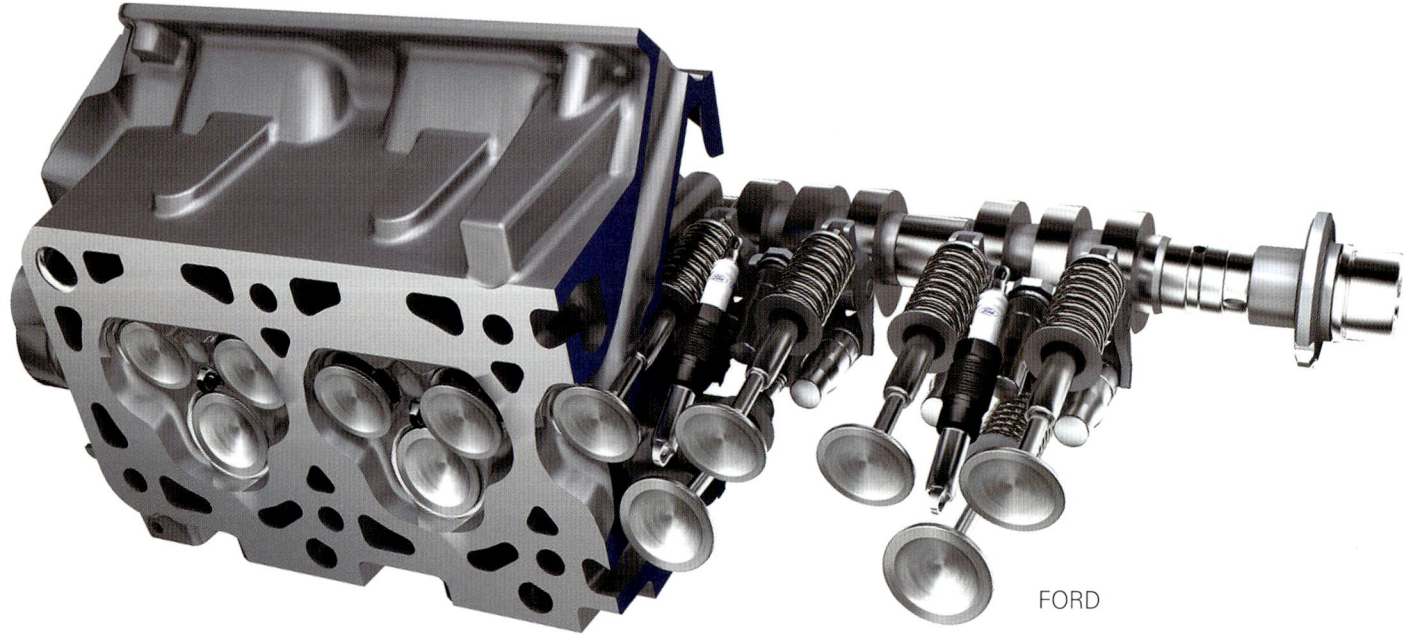

FORD

4 밸브 VALVE

실린더 내경의 원 단면 안에 밸브의 작은 원을 배치한다. 밸브 수를 많이, 그 크기를 작게 할수록 합계 면적(흡기 통로)을 크게 할 수 있다는 논리인데, 현실적으로 흡입 공기는 밸브가 열릴 때 그 주변과 포트 입구 사이에 생기는 원 모양의 틈새로 유입된다. 따라서 밸브의 입구가 서로 이웃하면 흐름을 간섭하기 때문에 단순히 밸브 수가 많으면 좋다고만은 할 수 없다. 그리고 연소실로서는 요철(凹凸)이 적은 편이 바람직하다. 또한 중앙을 높여주면 표면적이 늘어나 열손실이 증가할 뿐만 아니라 압축비를 높이려면 피스톤 헤드 부분을 높여줄 필요성이 생긴다.

이렇게 하여 흡기 2·배기 2인 4밸브, 그 설치 각도를 작게 설정함으로써 연소실이 얇아지는 펜트루프형 디자인이 하나의 정석이 되어 온 것이다. 그러나 예를 들면 하단의 GM 캐딜락 노스스타(Northstar) V형 8기통 엔진은 연소실이 밸브 가장자리를 따라 형성되어 그 바깥쪽은 피스톤과의 빈틈이 급속하게 수축될 때 혼합기를 안쪽으로 밀어 넣는 스퀴시 면적으로 삼고 있다.

이에 반해 BMW·N46계열 직렬 4기통 엔진의 실린더 헤드는 렌즈 모양에 가까운 오목한 형상을 하고 있는데 거의 평평한 피스톤 헤드 부분과 합쳐져서 렌즈 모양의 연소실을 만들고 있다. 그 중심 부근에 점화 플러그 전극을 배치하는 것이 이상형에 가깝다는 생각으로 포르쉐(Porsche)도 4밸브 형식 이후 이러한 방향의 설계를 채택하고 있다.

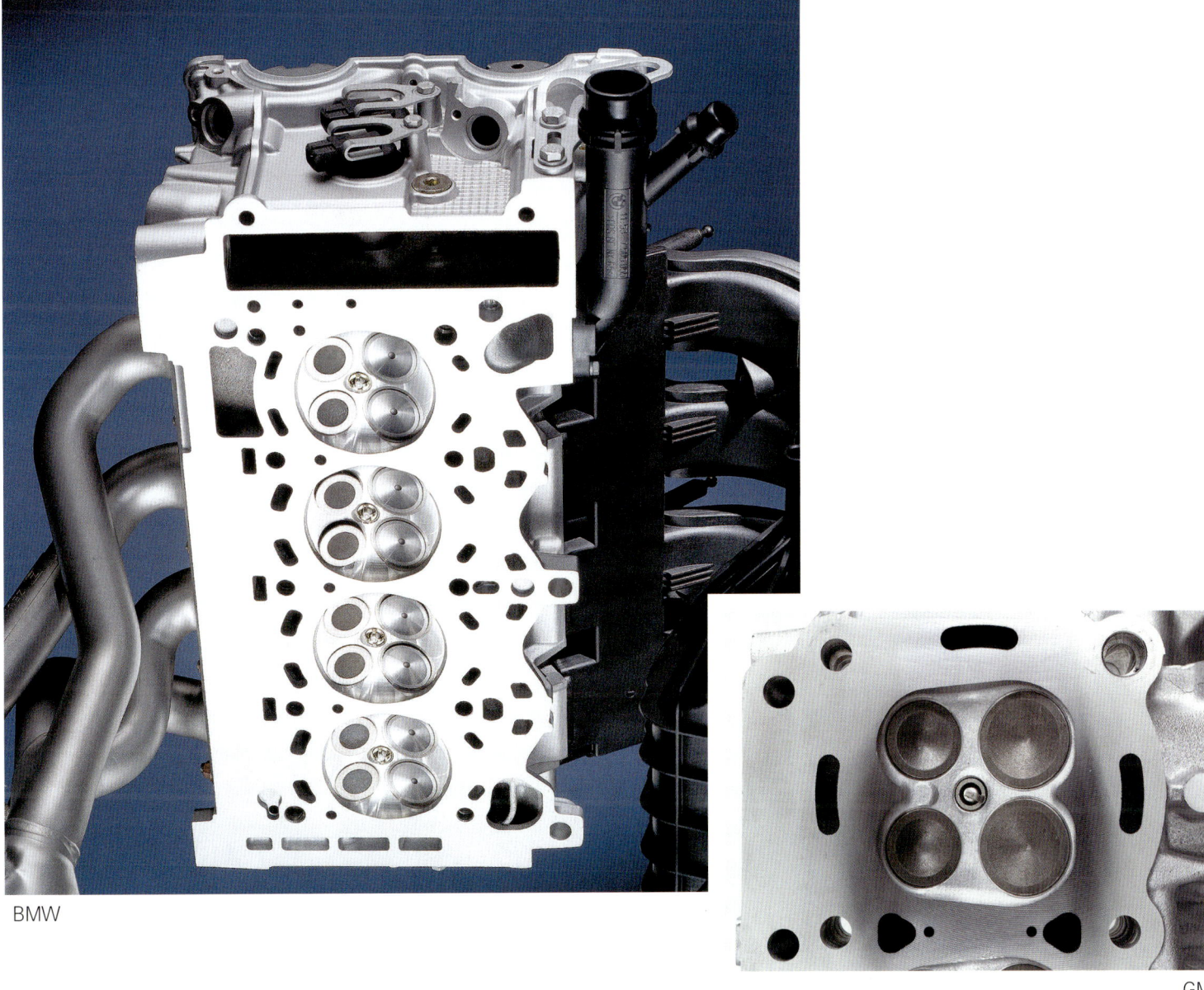

BMW

GM

5 밸브 VALVE

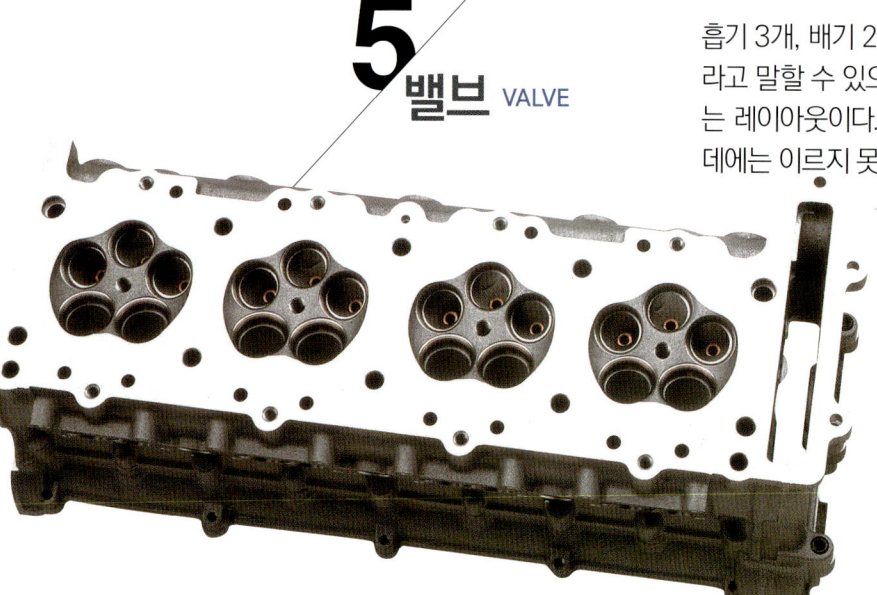

흡기 3개, 배기 2개인 5밸브는 4밸브 이상에서 유일하게 성공한 예라고 말할 수 있으며, 밸브 수의 현실적인 최대치라고도 말할 수 있는 레이아웃이다. 4밸브의 자리를 빼앗을 정도의 장점을 발견하는 데에는 이르지 못해 현재는 모습을 감추고 있는 중이다.

6 밸브 VALVE

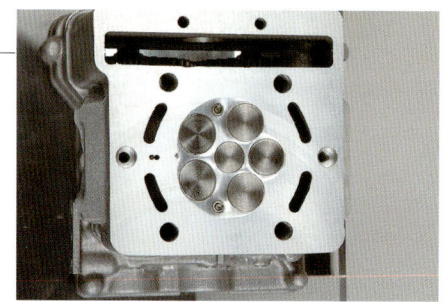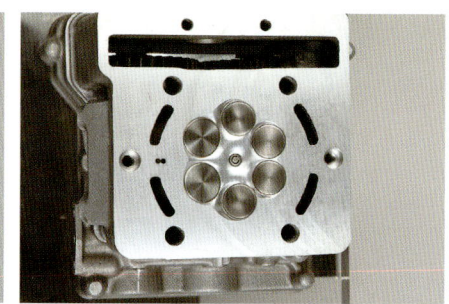

Yamaha가 5밸브를 실용화할 때까지의 과정에서 실험적으로 사용했던 6밸브이다. 우측의 예에서는 중앙의 점화 플러그 주위에 유효하게 활용할 수 없는 공간이 생기고 좌측에서는 점화 플러그 바깥 둘레 부분으로 내밀리는 등 배치에 고전한 모양이 엿보인다.

7 밸브 VALVE

위에 기술한 것과 마찬가지로 Yamaha에 의한 다밸브화 실험에서 시험삼아 만들어진 7밸브이다. 연소실에 북적거리는 작은 밸브의 모양에서 초 고속회전을 의도했던 것을 알 수 있다. 여기까지 실험을 한 결과 5밸브의 실용화에 이르렀다고 한다.

8 밸브 VALVE

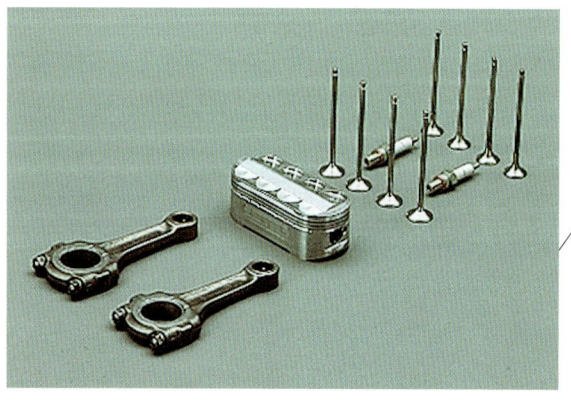

원형의 피스톤과 둥근 밸브의 한계를 타파하는데 성공하였다. Honda의 Oval Piston에 의한 8밸브이다. 사진은 factory racer 용이지만 상당히 비슷한 상태로 시판도 되었었다. 그러나 비용이 높기 때문에 그 이상의 진전을 보일 수 없었다.

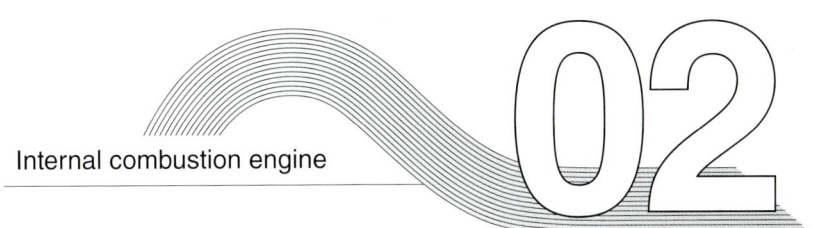

실린더 헤드 가스킷

예전에는 석면이 주류였던 헤드 가스킷

엔진의 제작 정도(精度)가 향상되면서 동시에 높은 압축비화가 진행되면서 보다 기밀성이 높은 O링을 부착한 메탈 가스킷으로 바뀌게 되었다.

여명기의 왕복 피스톤 엔진에서 연소 압력의 누설은 중대한 문제였다. 그래서 실린더 헤드와 실린더 블록을 일체 주조 또는 용접하여 일체형 실린더가 나올 정도였다. 현재는 실린더와 헤드의 정도가 높아지고 헤드 볼트도 각도 체결법이 주류가 되고 있지만, 가스킷의 중요성은 변하지 않았다.

연소 압력에 견디면서 연소 가스라는 기체는 미연소 연료, 오일, 냉각수라는 액체의 누출을 방지하여야 한다. 밀착성을 높이기 위해서는 어느 정도의 유연성은 필요하지만 실린더 블록과 헤드의 틈은 유지되어야 한다. 유연한 금속과 실(seal)의 기능을 위한 O링이라는 조합이 현재로서는 최적으로 알려져 있다.

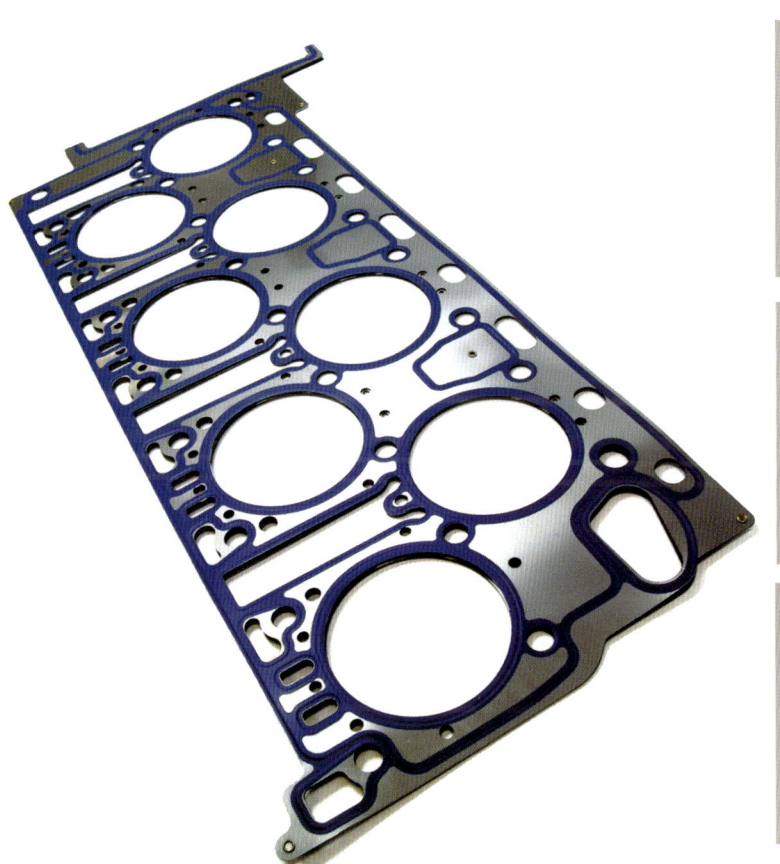

헤드 가스킷의 구조
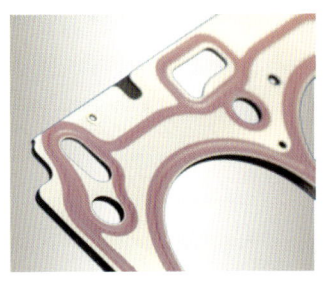
이른바 메탈 가스킷. 액체나 기체를 밀봉하는 부위는 수지(주로 고무, 사진에선 보라색 부위)를 도포하여 누출을 방지하는 구조이다. 요구하는 성능에 의해서 레이어의 수를 조정한다.

탄성 중합체(elastomer)형 가스킷
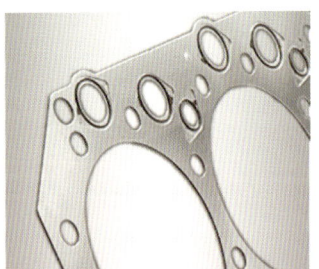
금속의 베이스 가스킷 양면에 수지를 도포하는 구조이다. 사진에서는 냉각수 통로 및 오일 통로 주변의 실(seal)에 고무 O링을 설치하여 누설을 방지한다.

복합형 가스킷
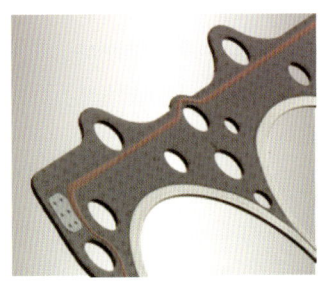
예전에는 가스킷 소재로 석면이 자주 이용되었지만 건강에 유해한 점에서 재료가 바뀌었다. 특히 이 3개 중에서는 재사용이 어려운 형식이다.

Without carrier plate / With carrier plate / Without carrier plate

With carrier plate

Segment stopper in functional layer
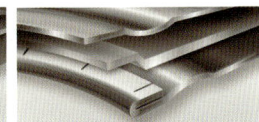
Serpentine stopper in functional layer / Honeycomb stopper in center layer

각종 메탈 가스킷의 구조
독일의 가스킷 공급업체 엘 링크의 메탈 가스킷 종류의 예이다. 실린더 내의 가스를 어떤 방법으로 누출되지 않도록 할 것인가. 그 때문에 레이어의 수와 비드의 형상, 접힘 여부, 스토퍼로 불리는 보어 가장자리에 설치된 각종 부재 등 여러 가지 연구가 이루어지는 것이 엿보인다.

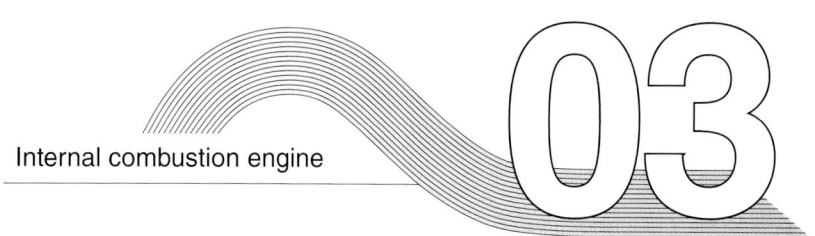
실린더 블록

실린더 블록은 엔진의 기본 골격

실린더 블록의 재료로서 일반적인 것이 알루미늄 합금과 주철이다. 예전의 실린더 블록은 주철이 대부분을 차지하고 있었지만 최근에는 차량 중량의 억제, 연비의 향상 등으로 알루미늄 합금제로 전환이 진행되고 있다. 그렇다고 주철이 예전의 재료인가 하면 전혀 그렇지 않다.

실린더 내의 높은 압력에 견딜 수 있는 구조 때문에 알루미늄으로 두껍게 하면 오히려 주철로 얇게 만드는 것이 가벼울 수 있다.

알루미늄이 방열성이라는 면에서 유리하지만 경량화보다 더 중요한 것이 실린더 블록의 강성, 특히 요즘 같은 고압축비 엔진 및 터보 엔진에서는 출력을 높이려고 하면 실린더 블록에 대한 강성의 높낮이가 관건이다.

또 필요 이상의 경량화를 도모하면 소음이나 진동에도 불리하게 되므로 가벼움과 강성의 타협점을 어디에 두느냐가 실린더의 설계 기준이 된다.

구조상으로는 고압 주조가 가능하고 대량 생산에 적합한 오픈 데크와 실린더 블록의 강성을 확보하기 쉬운 클로즈드 데크를 비용과 탑재 차량의 성격에 따라서 구분하여 사용한다.

BMW inline6 Mg-Al 합금

알루미늄 합금과 마그네슘 합금도 이용하는 복합적 구조이며, 24%의 경량에 성공했다.

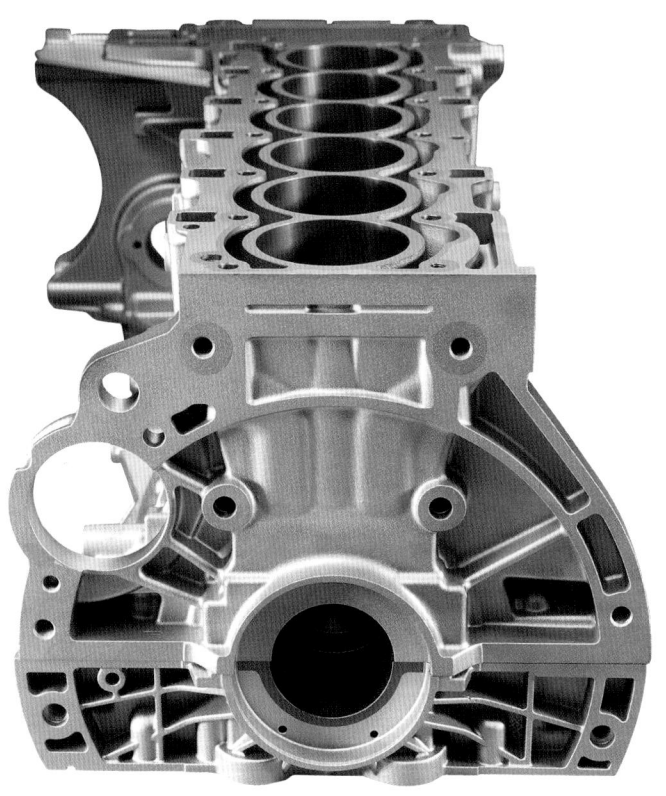

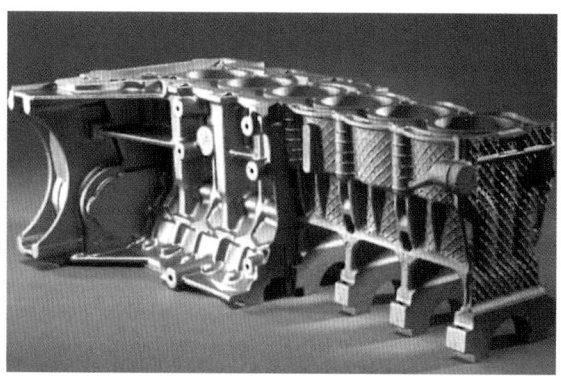

R6계열의 직렬 6기통 엔진

그 골격에 마그네슘 합금을 광범위하게 채용한 것에서도 획기적인 설계이다. 6개가 연결 배치된 실린더 부분은 알루미늄 합금이며, 그것을 마그네슘 합금으로 감싼 복합 구조이다. 메인 베어링은 래더 빔(ladder beam)으로 확고히 지지한다.

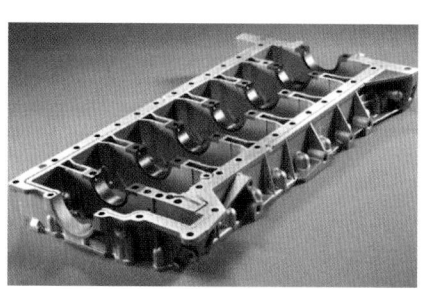

BMW inline4

일반적이지 않고 정교한 선진적 설계의 새로운 미니
용 엔진의 실린더 블록과 그 아래에 체결되는 5개의
메인 베어링 지지부를 굳힌 래더 빔 등 기본 골격은
어디까지나 원칙에 충실한 새로운 디자인이다.

MAZDA MZR

실린더 블록은 코스워스(cosworth) 중력 주조법으
로 만들고 코어에 오일 통로가 배치되어 있다. 클로
즈드 데크(closed-deck)를 채택하였으며, 측면의
리브 배치는 음(音) 진동 분석을 반영했다고 한다.

Cadillac Northstar V8

미국의 엔진 설계는 1990년대 무렵부터 세계적 흐름을 따르고 있다. 이 실린더 블록 + 래더 빔도 알루미늄 합금의 다이캐스트 제조이다.
오픈 데크의 구조는 실린더의 기밀성, 진원도의 유지에 적합하다.

실린더 라이너

알루미늄 합금의 실린더 블록은 내구성의 면에서 라이너가 많이 사용된다. 그러나 요즈음 실린더 블록의 강성 확보라는 관점에서 라이너가 없는 것도 많아졌다. 생산의 합리화 및 성능의 추구 사이에서 동요하는 부품의 하나이다.

실린더는 원래 주철로 주조한 실린더 블록을 그대로 사용하였다. 그러나 알루미늄 합금제의 실린더가 등장하면서 피스톤 링의 마찰을 견딜 수 없기 때문에 실린더 블록과 같은 재질을 사용하여 별도로 제작된 실린더 라이너가 이용된다.

주철제 실린더 블록인 디젤 엔진에서는 내구성 및 내식성의 관점에서 라이너가 사용된다. 별도의 라이너를 냉각하여 실린더에 압입하는 방법과 주조시에 라이너 별로 쇳물을 주입하는 방법이 있는데 현재는 후자가 주류를 이룬다.

실린더와 라이너 사이에 냉각수 통로가 배치되어 있어 습식 라이너라고 부르는 방식도 있으며, 실린더 내경의 변경에 대처하기 쉬운 장점이 있지만 실린더 블록의 강성이 떨어지기 때문에 고출력 엔진에는 적합하지 않다.

실린더 라이너

주철 구조의 실린더 라이너

라이너 외측을 굳이 주조 표면을 거칠게 한 것은 쇳물을 부었을 때에 알루미늄 합금이 쉽게 결합되어 고정되도록 한 것이다. 각 라이너가 독립되지 않고 접속되어 있는 구조로 엔진의 길이를 유지하고 있다.

실린더 코팅

용사(溶射)를 알루미늄 실린더 안에 코팅하여 마모를 억제하기 위한 방법. 다른 소재를 첨가하지 않아 열 전도성이 뛰어나다. 또한 코팅 내에 많은 오일 홈을 만들어 크로스 해치(cross hatch)의 높이를 억제할 수 있어 결과적으로 마찰을 낮출 수 있는 것도 장점이다.

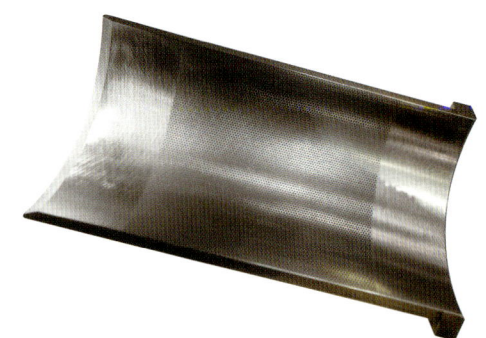

딤플 라이너(dimple liner)

라이너 중간 부분에 작은 요철(凹凸)을 만들어 피스톤 링과의 접촉 면적을 작게 함과 동시에 유막의 전단 저항을 줄일 수 있다는 디젤 엔진의 시도이다. 일반적으로 상사점 및 하사점 부근은 응력이 가해져 크로스 해치(cross hatch) 구조가 된다.

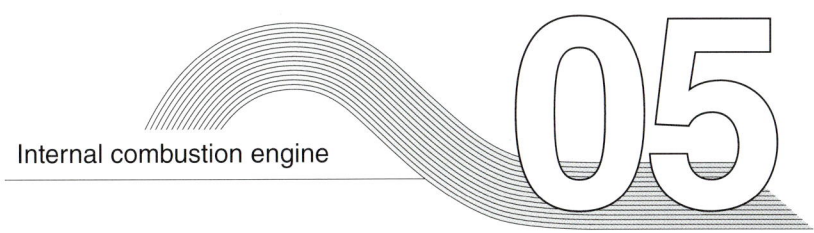

Internal combustion engine

피스톤 & 커넥팅 로드

연료의 연소를 왕복 운동으로 크랭크축에 전달
연료가 연소한 열에너지를 운동 에너지로 변환한다.
왕복 피스톤 엔진의 핵심 부품이 피스톤과 커넥팅 로드이다.
고열을 견디며, 열에너지를 손실 없이 부드럽게 전달하는 것이 임무이다.

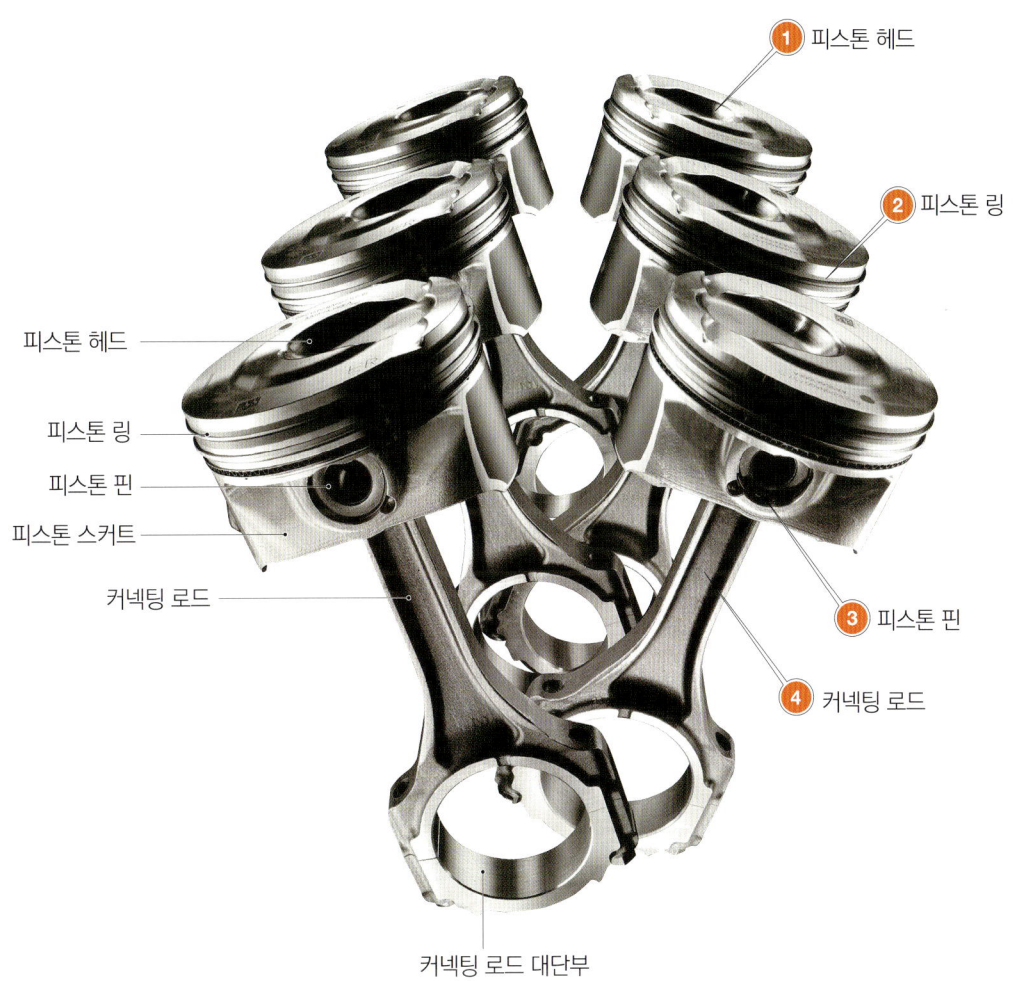

1 피스톤 헤드

2 피스톤 링

피스톤 헤드

피스톤 링

피스톤 핀

피스톤 스커트

커넥팅 로드

3 피스톤 핀

4 커넥팅 로드

커넥팅 로드 대단부

엔진의 연소 압력을 직접 받는 회전계 부품의 심장부

피스톤은 연소실의 일부로서 기능을 하기 때문에 방열성과 실린더 내를 왕복 운동하는 부품으로 경량이 각각 요구되기 때문에 이 두 가지의 요구를 양립할 수 있는 알루미늄 합금이 사용된다.

피스톤 헤드의 형상은 연료와 연료 분사 방식에 따라서 모양이 다르다. 커넥팅 로드는 엔진의 부품 가운데 가장 복잡하고 강한 응력을 받기 때문에 무엇보다 강도가 요구되어 주철이나 단조 강이 사용되며, 피스톤의 냉각을 위한 오일 통로가 내장되어 있다.

피스톤과 커넥팅 로드는 서로 다른 기능이 요구되지만 실제로는 일체가 되어 운동을 하는 한 쌍의 부품이다. 피스톤은 실린더에 면으로 접촉되는 것이 아니라 대체로 3개의 피스톤 링에 의해 선으로 접촉이 된다.

커넥팅 로드의 궤적에 의해서 엔진 소음의 원인이 되는 요동을 일으키며, 그 대책으로서 피스톤의 측면에 코팅을 하거나 커넥팅 로드의 길이를 가급적 길게 하는 등의 방안이 채택된다.

① 피스톤 핀

프레스를 이용하여 피스톤 핀을 피스톤에 압입하는 고정식과 세팅한 뒤 피스톤 핀의 회전을 허용하는 전부동식이 있다. 성능을 추구하면 피스톤 핀의 하중을 한 점에 집중시키지 않는 전부동식이 이용된다. 스카이 액티브 G의 커넥팅 로드 소단부의 하중을 받은 아랫면은 면적이 넓고 윗면은 좁게 되어 있어 경량화에 기여한다. 디젤 엔진에서 시행하는 방법이다.

② 커넥팅 로드

피스톤 핀 삽입 방향을 옆으로 할 때 로드의 단면은 I형이 일반적으로 시판되는 자동차에 이용되는 커넥팅 로드이다. 소단부에서 입력을 분할하여 대단부로 전달하는 구조 때문에 강도가 높아야 한다. 한편 H형 단면은 전체를 가공하여 만들기 쉽다는 특징이 있어 레이싱 엔진 등 특별 제품이 많다. 오일 제트를 로드부에 배치하기 쉬운 장점도 있다.

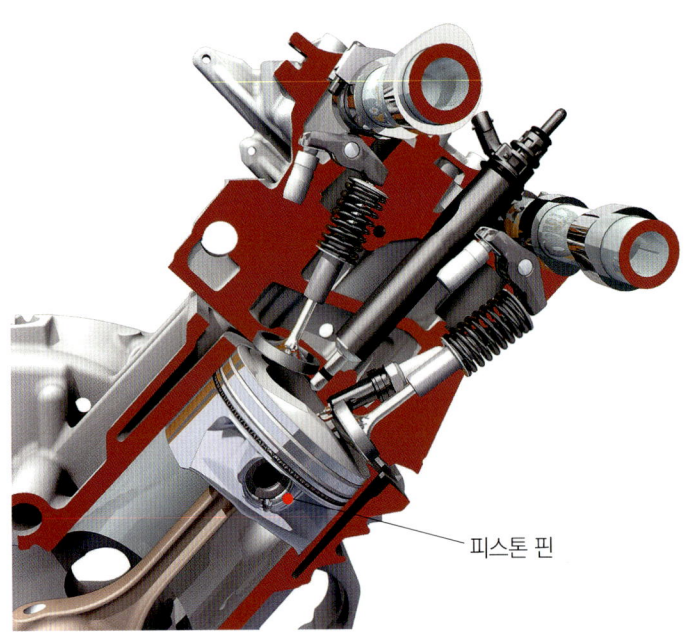

피스톤 핀

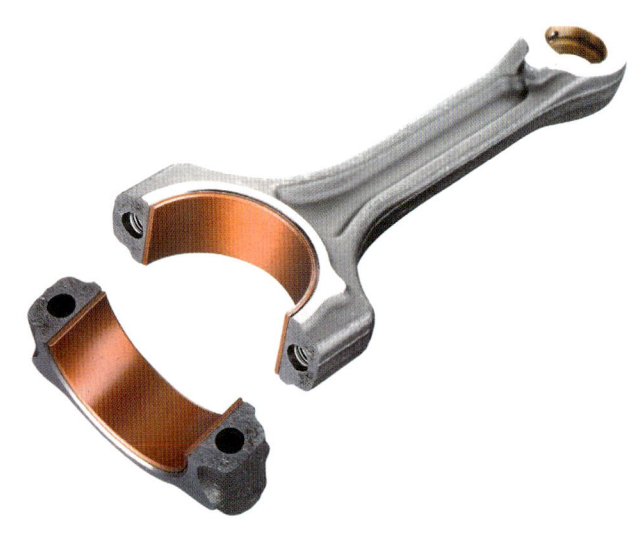

③ 피스톤 헤드의 형상

실린더 헤드 측과 함께 연소실을 형성하는 것이 피스톤의 헤드 면으로 엔지니어링의 관점에서 보면 연소실이 반구형인 것과 마찬가지로 조금 오목한 형상이 이상(오토 사이클의 경우)적이다.

다만 내 노킹성이나 스월 및 턴블 흐름의 생성 및 직접분사 장치와 관련해서 현재는 매우 정교한 형상을 가진 피스톤이 많다

마쯔다 스카이 액티브 G

체적비 14 : 1로 고효율의 운전을 도모하는 스카이 액티브 G. 점화 플러그 주위에 성층 혼합기를 생성하면 사진에 보이는 피스톤 헤드 중앙의 홈에서 화염을 확산시켜 열손실을 최소한으로 한다.

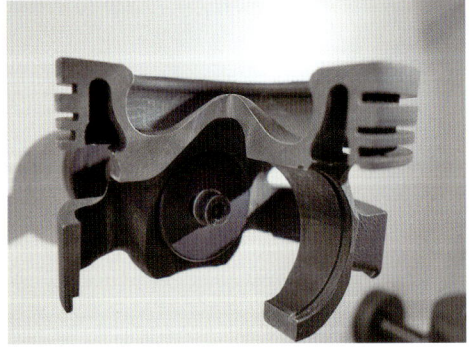

르노의 디젤용 피스톤

고과급 디젤 엔진에서 알루미늄 합금의 두께를 두껍게 하여 강도를 확보한다면 오히려 주철의 두께를 얇게 하겠다는 발상이다. 실린더 라이너와 같은 소재이기 때문에 열 전도성도 뛰어나다

마레의 디젤용 피스톤

디젤 엔진은 높은 체적비를 가지며, 밸브의 설치 각이 0도에 가깝다. 연소실은 피스톤 헤드 면에 설치된다. 피스톤 랜드(링 홈과 홈 사이 두께)가 두꺼운 구조인 점이 두드러진다.

④ 피스톤 링

연소실의 화염과 가스의 누출을 방지하고, 실린더 라이너 벽면에 부착하는 잉여 오일과 그을음 등의 디포짓을 긁어내린다. 피스톤의 상하 변동에 따른 자세를 제어하는 등 기체, 액체, 고체 모든 것을 가리지 않고 많은 기능을 담당하는 것이 피스톤 링이다. 일반적으로는 톱 & 세컨드 링 및 오일 링의 구성이 많다.

오일링은 실린더 벽에 부착된 여분의 오일을 긁어내리는 역할을 한다. 피스톤의 핀 위쪽 면에 파인 피스톤 링 홈에 설치되며, 위에서부터 세 번째 링이다. 가장 위쪽에 배치되는 피스톤 링인 톱 링과 그 아래의 세컨드 링이 하나로 된 구조인데 비해 오일 링은 3개가 1세트의 구조로 되어 있는 것이 일반적이다.

오일을 긁어내리는 역할 속에서 본체라고도 할 수 있는 것은 2개의 얇은 링이지만 얇은 강판에서 잘라낸 것처럼 약하기 때문에 이것만으로는 피스톤 링홈 안에서 형태를 유지할 수가 없다.

익스팬더 링은 이 링들을 올바른 위치에 유지하도록 하면서 실린더 벽에 밀어주는 리테이너와 스프링으로서 기능을 겸비한 3피스 구조의 오일 링을 구성하는 3번째 요소이다. 덧붙이자면 일반적인 피스톤 링의 구성은 우측 사진과 같지만(특히 가솔린 엔진용), 아래쪽 사진 같은 것들도 있다.

이러한 링들은 오일 링이 자율적으로 형상을 유지할 수 있는 구조를 갖기 때문에 익스팬더 링에 요구되는 기능이 오일 링을 안쪽에서 실린더 벽을 향해 밀어주는 스프링 정도의 역할뿐이다. 한편 피스톤 링은 아래쪽부터 끼우는 것이 기본으로 가장 먼저 끼우는 것이 익스팬더 링이다.

왼쪽 사진의 가운데 중앙에 보이는 놋쇠 빛깔의 물결 모양의 링이 익스팬더 링(사진은 2세트)이다. 우측 사진은 익스팬더 링이 피스톤에 설치된 상태로서 익스팬더 링을 가운데에 끼고 있듯이 위 아래로 얇은 오일 링이 피스톤의 가장 아래쪽 링 홈에 설치되어 있는 모습이다.

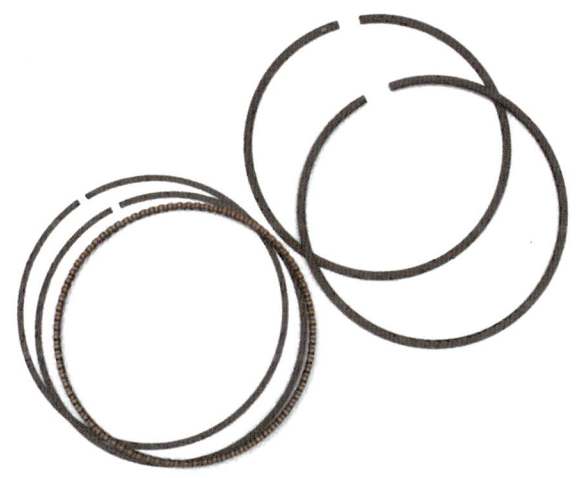 

일반적인 피스톤 링 세트이다(1실린더 분량). 위쪽 2개가 압축가스의 기밀을 유지하는 톱 링과 세컨드 링, 아래 물결 모양(익스팬더 링)을 포함한 3개가 오일 링 세트로서 3개가 한 세트를 이루어야 비로소 기능을 발휘한다.

이 피스톤 링 세트는 오일링을 하나로 줄이는 대신에 약간 두껍게 하면서 두 가지 형태를 하고 있다. 각각의 형상이 전혀 다르지만 오일 링 안쪽에 있는 것은 모두 다 익스팬더 링이다.

Internal combustion engine

06

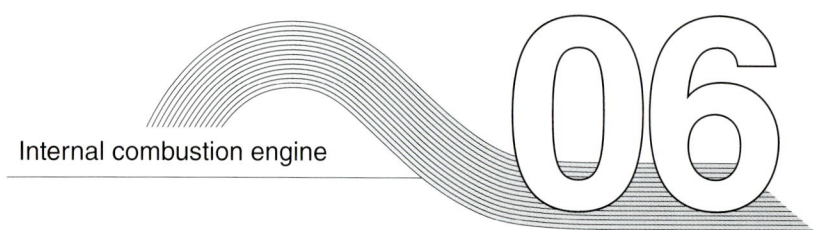

크랭크축

엔진의 운동을 출력하는 축

실린더 헤드 & 연소실에서 발생한 에너지를 최종적인 동력으로서 출력하기 위한 가장 중요한 부분이다.

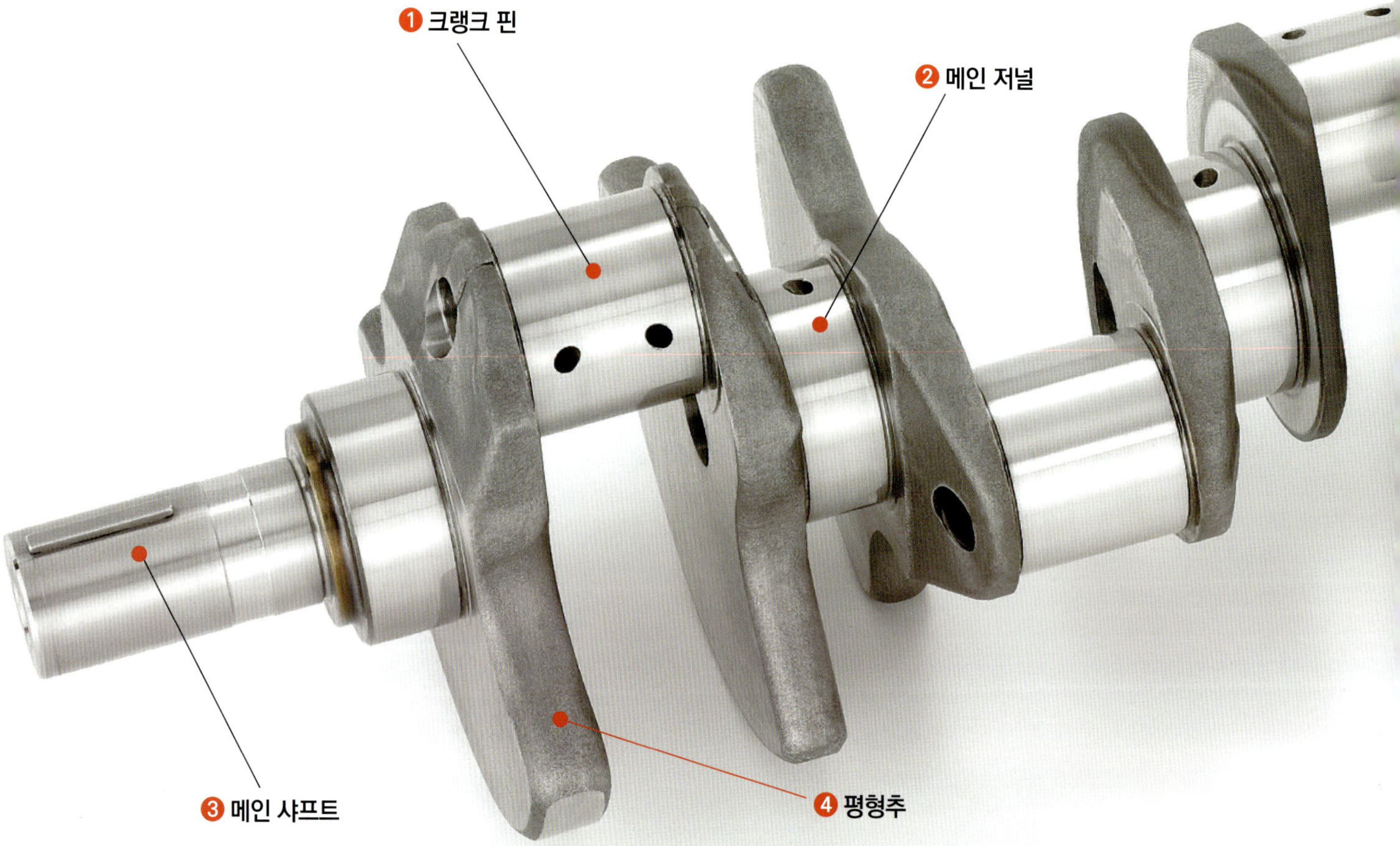

❶ 크랭크 핀
❷ 메인 저널
❸ 메인 샤프트
❹ 평형추

피스톤의 왕복 운동은 커넥팅 로드에 의해서 크랭크축에 전달되어 회전 운동으로 변환된다. 엔진의 제동마력(BHP; Brake Horse Power)을 측정하는 경우에 크랭크축에서 측정하는 것에서 보듯이 엔진의 핵심이 되는 부품이다.

실린더 수와 배치 형식에 의해서 크랭크축의 형상은 다르지만 커넥팅 로드가 결합되는 크랭크 핀(crank pin)과 크랭크 케이스(crank case)에 지지되는 메인 저널(mine journal) 부분이 ㄱ자 모양으로 성형되기 때문에 크랭크축이 회전할 때 비틀림 응력을 받는다.

따라서 크랭크축의 강성을 높이지 않으면 진동의 발생 원인이 되는 회전이 고르지 못하게 된다. 크랭크축의 길이가 길어지는 직렬 엔진에서는 6기통이 한계이며, 다기통화 엔진에서 크랭크축의 구조가 복잡한 것도 길이가 짧아지면 강성을 확보할 수 있는 V형이 이상적이기 때문이다.

V형은 이웃(隣接)한 커넥팅 로드가 하나의 크랭크 핀을 공동으로 이용하지만 V형 6기통 엔진에서 크랭크축의 이상적인 위상각을 120°로 하며, 이외에 점화 간격을 균등하게 하기 위해서 크랭크 핀을 오프셋 한다. 크랭크축 위상각 180° V형과 수평 대향형 엔진은 크랭크축의 형상이 전혀 다르다는 것에 주의하여야 한다.

❶ 크랭크 핀

커넥팅 로드의 빅 엔드를 연결하는 부위이며, 베어링을 사이에 두고 볼트로 체결한다. V형 엔진의 경우 대향하는 뱅크의 실린더와 크랭크 핀을 공동으로 이용하기 때문에 폭이 넓다. 뱅크 오프셋을 조금이라도 해소하기 위해서 크랭크축의 중심과 베어링의 중심을 일치하지 않는 경우도 있다.

❷ 메인 저널

크랭크축을 실린더 블록에 지지하는 부위이며, 한쪽의 베어링 캡을 볼트로 체결하여 고정한다. 검은색 부분의 구멍은 오일을 공급하기 위한 통로이다. 실린더 블록에서 오일이 공급되면 원심력에 의해서 크랭크 핀으로 보낸다. 오일 통로가 비스듬히 뚫려 있기 때문에 저널 표면에서는 타원으로 보인다.

❸ 메인 샤프트

메인 샤프트는 크랭크축 풀리를 장착하는 쪽이다. 풀리가 메인 샤프트에서 회전되지 않도록 고정하기 위한 키 홈이 보인다. 반대쪽은 플라이휠을 고정하기 위한 나사를 가공하기 때문에 큰 원형 블록의 모양을 하고 있다. 동시에 오일 실을 매개로 엔진의 밖으로 뛰어나온 부위이다.

❹ 평형추

크랭크 핀과 반대쪽에 배치된 추이다. 피스톤과 크랭크 핀의 상하 운동에 따른 1차 진동을 상쇄시킨다. 모든 크랭크 암에 평형추(counter weight)가 배치된 풀 카운터, 어느 한쪽을 생략한 것이 하프 카운터 구조가 있으며, 하프 카운터는 회전의 균형이 원래 뛰어난 직렬 6기통 엔진 등에 사용된다.

▶ 트위스트 공법

크랭크축은 제조 방법에 따라 조립식과 일체식으로 구분된다. 일체식의 경우 크로스 플레인 구조로 크랭크 핀이나 평형추가 동일한 위상을 하지 않기 때문에 주형에서 뺄 수 없다. 따라서 단조 직후 열간(고온) 시에 비틀어 핀의 위치를 변경하는 트위스트 공법으로 제작된다.

가공전

가공후

GM의 V6
엔진용 크랭크축

크랭크 웹

메르세데스 벤츠
V6 엔진 크랭크축

크랭크 핀 오프셋

크랭크 핀 오프셋

같은 간격의 점화를 위한 크랭크 핀 오프셋
V형 6기통 엔진을 같은 간격으로 점화하려면
720°÷6=120°라는 숫자를 얻을 수 있지만
시판되는 자동차의 엔진 룸에 장착하려면 뱅
크 각 120°는 넓기 때문에 비현실적이다.
따라서 크랭크 핀을 오프셋 하는 것으로 같은
간격의 점화를 실행하기 위해 뱅크 각을 좁게
설정하는 방법이 일반적이다. 예를 들어 사진
의 GM의 뱅크 각 60°의 경우는 크랭크 핀의
배치를 60° 오프셋 시킬 필요가 있어 크랭크
핀 간에 크랭크 웹을 통해서 실행하고 있다.
메르세데스는 뱅크 각 90°(30° 크랭크 핀 오
프셋) 구조이다.

베어링 캡

실린더 블록에 크랭크축을 장착할 때 베어링
캡을 하나씩 설치하지 않고 일체형의 래더 빔
(ladder beam)으로 고정함으로써 크랭크축
의 우력(偶力 ; 물체에 작용하는 크기가 같고
방향이 서로 반대인 평행한 두 힘)을 최소한
으로 억제하는 것이 진동에 유리하다.
사진의 쉐보레, 코르벳용의 실린더 블록은 5
개의 베어링을 이용하는 구조로 당연히 지지
하는 수가 많은 쪽이 유리하지만 염가로 판
매하는 엔진에서는 왼쪽 오른쪽 및 중심부만
지지하는 3개의 베어링을 사용하는 구조의
엔진도 존재한다.

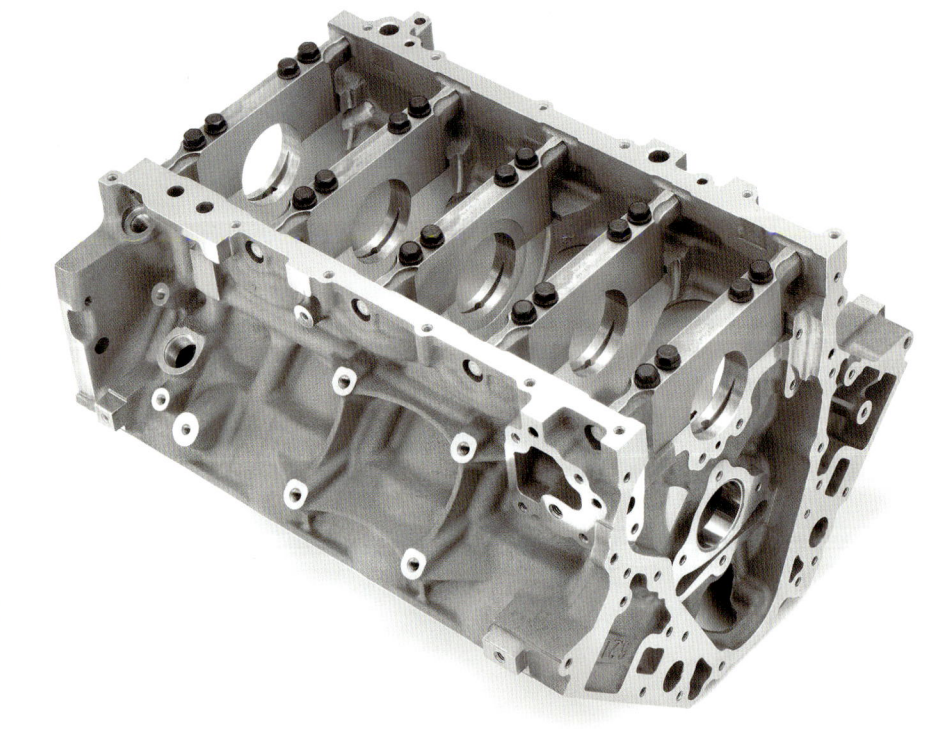

엔진 베어링

유막을 보호 지지하고 금속의 접촉을 방지

회전 부품인 크랭크축에는 베어링이 필요하다.
이전에는 복잡한 롤러 베어링도 사용했지만 현재로서는 매우 간단한 플레인 베어링이 용도를 불문하고 사용된다.

자동차업계에서는 "메탈"이라고 부르는 것이 많지만 정확히는 미끄럼 베어링(plane bearing)이다. 현재는 크랭크축 제조의 품질과 엔진 오일의 성능 향상으로 유막(oil film)에 의해서 지지되는 플로팅 마운트의 작동 원리가 간단한 크랭크축 메탈이 일반적이다.

그러나 강성이 높은 일체형 크랭크축의 제조가 어려웠던 시대에는 저널 사이를 분할하는 분할 크랭크축이 많이 사용되었으며, 제2차 대전 이전에는 항공기용 대출력 엔진 등에는 롤러 베어링(구름 베어링)이 채용되었었다. 중량의 증가와 고비용은 불가피하지만 마찰이 적으며, 내구성의 문제만 해결되면 승용차용으로 다시 채용될 가능성이 있다.

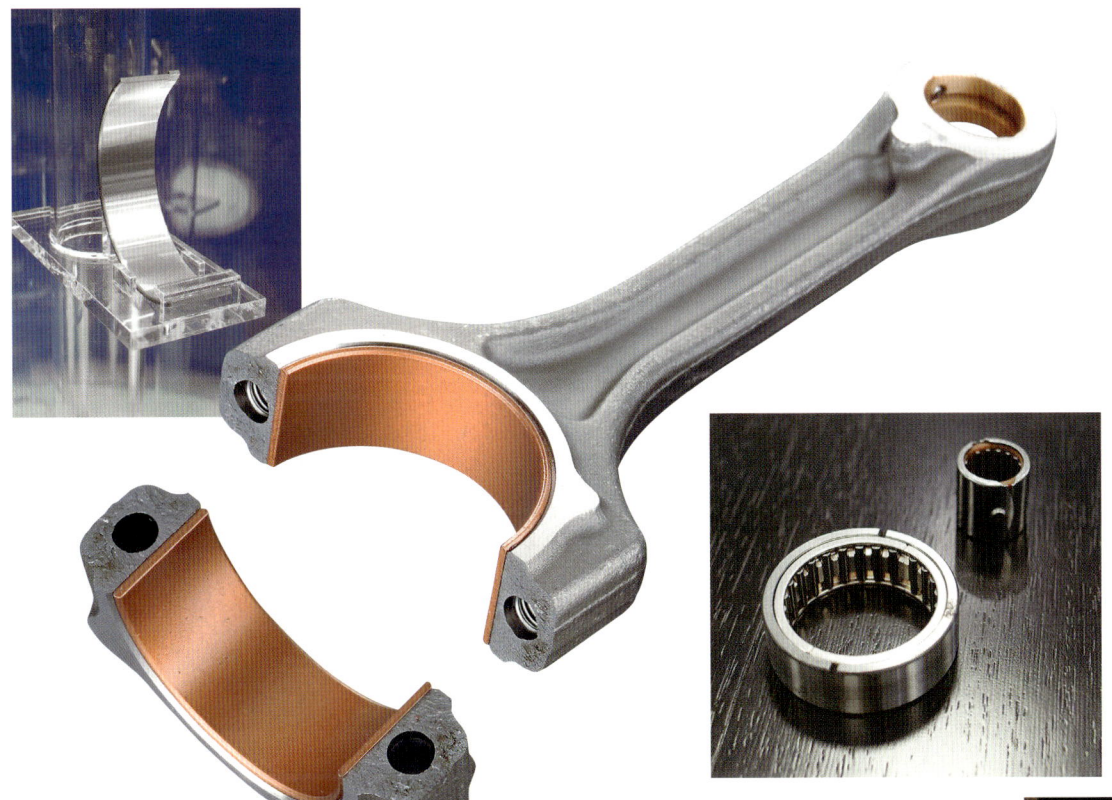

평면 베어링

소재로는 구리 합금 및 알루미늄 합금이 주류를 이루며, 그리고 비용이 소요되는 제품은 표면에 마찰을 적게 하기 위하여 수지 코팅을 실시하는 것이 최근의 크랭크축 베어링의 추세이다. 구리 합금의 경우는 무연의 재료 개발이라는 방향성도 보인다.

구름 베어링의 가능성

미끄럼 베어링을 구름 베어링으로 대체하면 기동 회전력에서 90%, 회전 토크는 50% 저감할 수 있다. 과제는 신뢰성이다. 미끄럼 베어링이 유막을 유지하고 있으면 반영구적으로 사용하는 것에 비해 구름 베어링은 수명에 문제가 있으며, 현 상황에서는 비용도 큰 차이가 있다. 단, 캠 저널과 균형 축의 베어링은 이미 실용화 되었으며, 앞으로 마찰을 더 감소시키겠다는 요구에 얼마나 부응할지 기대가 된다.

밸브 & 가변 밸브 기구

IV

Chapter 01

밸브 기구의 구성

실린더 헤드 및 밸브 계통의 구조와 최신 사례

엔진이 점차로 고성능화(Potential up) 되어가는 경향이 뚜렷하다. 지금까지의 상식을 뛰어넘는 신기술이나 신소재가 도래한 것은 아니지만 가능한 범위 내에서 조금씩 그리고 착실하게 거듭하면서 엔진의 진화는 계속되고 있다.

개량에 있어서 많은 부분을 떠받고 있는 곳은 밸브 기구이다. 연소실에서 출입 통로의 개폐를 담당하는 복잡한 구조가 실린더 내의 연소를 컨트롤하고 있다. 그 「복잡한 구조」는 어떻게 작동되고 있는 것일까? 최근의 「가변기구」란 도대체 무엇을 하는 것일까? 이 기구들은 엔진이나 자동차 그리고 운전자에게 무엇을 초래하는 것일까? 밸브 기구를 여러 가지 관점에서 생각해보자.

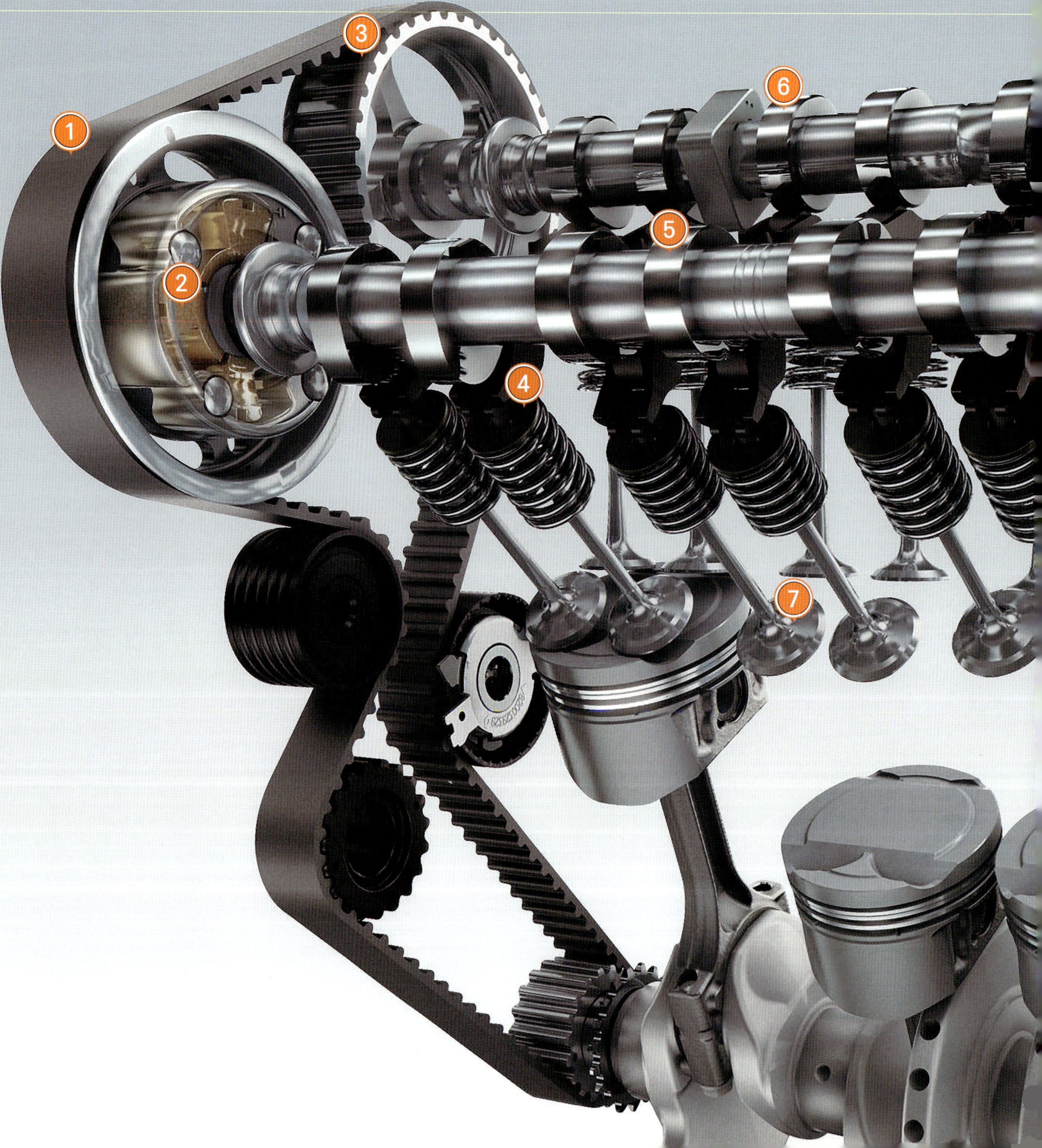

❶ 타이밍 벨트(Timing belt)

크랭크축의 회전을 밸브 기구에 전달하는 부품이다. 보강을 한 수지제의 제품으로서 내측에 요철(凹凸)의 톱니로 처리되어 있어 크랭크축 및 캠축 스프로킷(Sprocket)의 톱니와 서로 맞물리는 구조이다. 요철의 톱니 간격이 하나라도 틀려지면 밸브와 피스톤이 충돌할 위험성이 있기 때문에 톱니의 수와 장력은 철저하게 관리된다. 최근에는 체인식이 주류이다.

❷ 흡기 캠 스프로킷(VVT 부착)

타이밍 벨트의 회전을 받는 기어로 캠축에 직접 결합된다. 즉, DOHC는 캠축이 2개이므로 캠축 스프로킷도 2개이다. 엔진 회전수의 1/2로 감속되어 캠축을 작동시킨다. 그림에서는 밸브의 개폐시기를 가변시키는 VVT(Variable Valve Timing)가 설치되어 있다.

❸ 배기 캠축 스프로킷

마찬가지로 배기 캠축을 회전시키기 위한 기어이다. 그림은 고정식 스프로킷이지만 최근에는 흡기 및 배기 모두 밸브 가변기구(VVT)를 설치하여 배기가스 재순환(EGR ; Exhaust Gas Recirculation)이나 소기(scavenging) 등을 실행시킴으로써 엔진의 효율 향상에 기여하는 엔진도 등장하고 있다.

❹ 흡기 로커 암

캠축으로부터 입력을 받아 그 힘을 밸브의 개폐로 변환하는 시소(seesaw) 형상의 부품이다. 지지점 측에는 래시 어저스터(Lash adjuster : 밸브 간극을 자동으로 조정하는 부품), 힘을 가하는 점에는 저항을 감소시키기 위한 롤러를 설치하는 것이 현재의 흐름이다. 그림에서는 보이지 않지만 배기 측에도 물론 설치된다.

❺ 흡기 캠 로브(cam lobe)

흡기 밸브를 개폐시키기 위해 흡기 캠축에 설치된 「돌기(凸)」부분이다. 회전하는 축에 돌기를 설치하여 회전 운동을 왕복 운동으로 변환시킨다. 「확 열리고 딱 닫힌다」는 것이 이상적이지만 밸브의 개폐에 따른 충격을 완화시키기 위하여 돌기의 형상에는 많은 연구가 응축되어 있다.

❻ 배기 캠 로브

배기 밸브를 개폐시키기 위해 배기 캠축에 설치된 「돌기(凸)」부분이다. 돌기를 높게 만들면 밸브의 양정(lift)이 증가하며, 돌출부의 길이가 길면 밸브가 열려있는 시간이 증가된다. 엔진의 부하 상황에 따라 돌기의 높이나 형상이 변화하는 것이 이상적이지만 그것은 불가능한 것이므로 밸브 양정 가변기구(VVL ; Variable Valve Lift)가 고안되었다.

❼ 흡기 밸브

혼합기 또는 새로운 공기나 연료가 연소실에 유입되는 것을 제어하는 밸브이다. 고속으로 왕복 운동을 하기 때문에(엔진의 회전수가 2000rpm 이라면 매분 1000회의 개폐) 경량인 것이 바람직하지만 연소의 압력을 받고 동시에 확실하게 밀폐시키기 위해서는 강도도 요구된다.

❽ 배기 밸브

연소할 때의 열을 어떻게 실린더 헤드 쪽으로 잘 전달하여 방열시킬까 하는 점도 밸브에 요구되는 하나의 과제이다. 배기 밸브는 스템부를 중공의 구조로 하여 내부에 나트륨 등을 충전시켜 효율적으로 밸브 헤드부의 열을 흡수하도록 하는 구조가 증가 되어 왔다.

❾ 흡기 캠축

파이프 형상의 주조품을 절삭 가공하는 것이 일반적인 제조 방법이지만 한편으로는 캠 로브를 축에 고정하는 방법이나 중공의 축에 캠 로브를 세트시키고 내측에서 고압을 가하여 고정하는 방법 등 새로운 제조 방법으로의 접근도 등장하기 시작하였다.

❿ 배기 캠축

개폐시킬 밸브의 수만큼 캠 로브를 설치한 막대 형상의 부품이다. 4기통 4밸브라면 8개의 캠 로브가 설치된다. 엔진 회전수의 절반(1/2)으로 회전한다. 실린더의 수, 실린더의 내경 등에 의하여 전체 길이가 결정되는데 길어지면 회전 할 때에 비틀림이 발생하기 쉽다.

밸브 가이드(Valve Guide)

실린더 헤드에 설치된 밸브를 지지해 주는 관이다. 동(銅) 제품으로 밸브의 열을 헤드로 전달하여 방열시키는 역할도 담당한다.

배기 포트 (Exhaust Port)

실린더 헤드에 설치되어 배기가스가 흐르는 통로이다. 배기 다엔진으로 연결된다.

배기 밸브 시트 (Exhaust Valve Seat)

배기 밸브가 실린더 헤드에 밀착되는 부위이다. 특수 합금을 소결성형하여 실린더 헤드에 박아 넣는다.

흡기 밸브 시트(Intake Valve Seat)

이전에는 연료에 함유된 납의 성분으로 윤활 하였지만 무연화 이후에는 재료의 질을 개량하여 내구성을 현저하게 향상시켰다.

흡기 포트(Intake Port)

실린더 헤드 내의 혼합기 또는 새로운 공기의 통로이다. 흡기 다엔진으로부터 접속되는 부위이다.

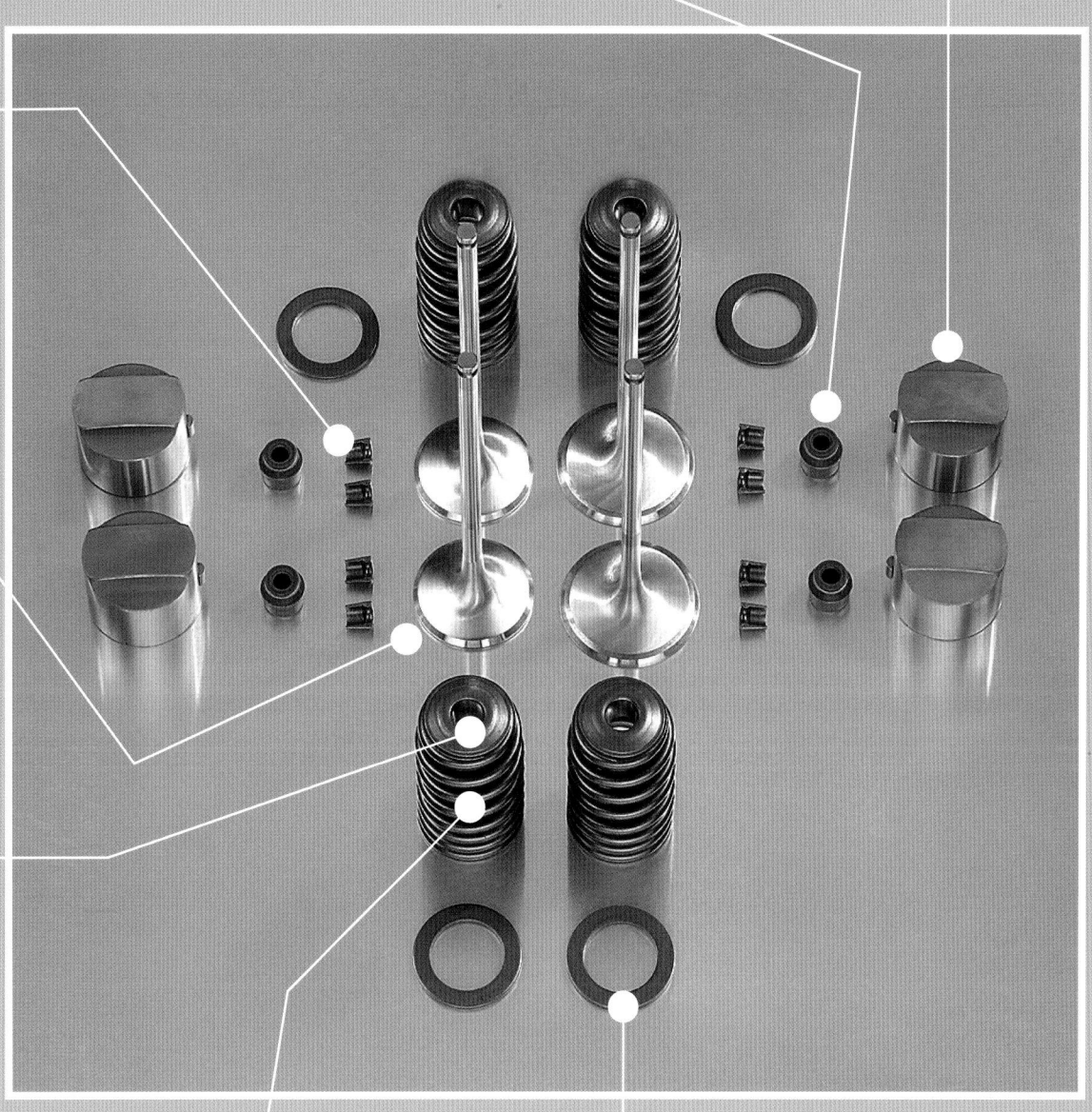

스템 실(Stem Seal)

실린더 헤드 내의 오일이 연소실로 들어가는 것을 방지하는 수지제의 부품이다. 밸브 스템에 설치된다.

버킷 태핏(Bucket Tappet)

직접 구동식(Direct type)에서 캠 로브의 입력을 받는 부품이다. 밸브 스템에 덮어씌우는 모양으로 설치된다.

코터(Cotter)

어퍼 스프링 시트를 밸브 스프링 위에 결합시키기 위한 쐐기형의 부품이다. 스템에 끼워 넣는다.

밸브(Valve)

혼합기나 연소가스 등의 유입과 유출을 담당하는 밸브이다. 왕복 피스톤 엔진(Reciprocating Engine)에서는 원형+축의 버섯 모양의 형상이 일반적이다.

어퍼 스프링 시트 (Upper Spring Seat)

밸브 스프링을 실린더 헤드에 결합하기 위한 부품이다. 코터로 위치를 고정한다.

밸브 스프링(Valve Spring)

밸브의 개폐에서 특히 닫는 동작을 담당하는 부품(열리는 동작은 캠 로브가 밸브 스템을 밀어주는 힘)이다. 이상적인 것은 가볍고 진동하지 않는 특성을 갖는 것이다.

로워 스프링 시트(Lower Spring Seat)

밸브 스프링과 실린더 헤드 사이에 배치되는 부품이다. 실린더 헤드 측의 마모를 방지하는데 기여한다.

가장 초기의 밸브 기구는 사이드 밸브(SV ; Side Valve)이다. 그 명칭대로 흡·배기 밸브는 연소실과 나란히 배치되고 밸브의 방향도 지금과는 반대인 밸브 헤드가 위로 향하도록 설치하는 설계였다.

실린더 헤드가 단순한 「덮개」에 머무는 간단함과 더불어 연소실이 옆으로 길게 되어 열손실이 크고, 연소실이 편평하여 압축비를 높이기 어려우며, 혼합기가 'ㄷ'자를 그리면서 흘러 효율이 부족한 점 …… 등의 결점으로부터 밸브를 실린더 상부에 설치하는 오버 헤드 밸브(OHV ; Over Head Valve)가 고안되었다.

OHV는 SV기구를 진화시킨 것이므로 캠축은 예전 그대로 크랭크축 부근에 세트되었다. 밸브의 방향이 반대(밸브 헤드가 아래)로 되고 캠이 직접 밸브 스템을 밀 수 없게 되었기 때문에 푸시로드를 사용하고 그 위에 로커 암(시소 형상의 부품)으로 밸브 스템을 미는 구조가 고안되었다.

시대가 흐름에 따라 가일층의 고속 회전화가 진행되면서 무거운 푸시로드의 추종성이 문제가 되었다. 그래서 캠축을 실린더 헤드에 배치하고 크랭크축의 회전을 체인 등의 전달기구에 의하여 캠축에 전달하는 구조가 고안되었다. 이것이 오버 헤드 캠축(OHC ; Over Head Camshaft)이다.

또한 흡·배기 각각에 캠축을 설치하여 고속회전·고출력에 대응한 DOHC(Double Over Head Camshaft)가 나타나 현재 엔진의 표준으로서 정착되었다.

푸시로드를 배치한 밸브 기구

사이드 밸브(SV)가 크랭크축 옆에 설치된 캠축이 위쪽에 배치된 포핏 밸브를 직접 미는 기구(밸브 태핏)가 설치되어 있는 결점을 불식시키는 OHV가 고안되었다. 그림에서 볼 수 있듯이 로커 암과 밸브 주변 부품을 실린더 헤드 안에 설치하고 캠축의 작동은 실린더 블록 안을 통과하는 푸시로드의 상하 운동으로 전달하는 구조이다.

이에 따라 연소실의 형상을 실린더 내경의 원(circle) 안으로 넣게 됨으로써 콤팩트한 연소실에 의해 고압축비, 원활한 가스의 흐름 등을 실현하고 있다. 더욱이 흡·배기 포트의 설계, 밸브의 배치 등 OHV의 발명은 실린더 헤드의 복잡 고도화를 전진시키게 되었다.

Chevrolet Corvette

Chevrolet Corvette의 V형 8기통 엔진은 현재도 계속해서 OHV를 유지하고 있다. 고속회전을 추구하는 것이 아니라 배기량이 크고 토크가 큰 상태로 주행한다면 OHC와 비교하여 간소한 실린더 헤드인 OHV의 낮은 중심과 높은 정비성은 오히려 장점이 되기 때문이다.

실린더 헤드가 아닌 크랭크축에 근접한 실린더 블록 내에 캠을 배치하고 캠 로브가 푸시로드를 누름으로 실린더 헤드에 설치되어 있는 로커 암을 구동하는 방식이다.
흡·배기용 두 개의 푸시로드가 각각의 두 밸브를 로커 암과 연결된 암에 의하여 작동된다. 푸시로드가 기계적으로 접속되어 있지 않기 때문에 말하자면 로커 암과 캠 사이에 끼어있는 상태일 뿐이기 때문에 고속으로 회전할 때에는 따라서 움직이는 추종이 되지 않는 단점이 있다.

캠축을 실린더 헤드에 배치

OHV는 구조상 고속회전이 되면 푸시로드가 캠에 추종할 수 없어 로커 암을 정확히 작동시킬 수 없는 증상이 나타난다. 따라서 푸시로드를 폐지하고 캠축을 실린더 헤드에 배치하여 직접 로커 암을 작동시키는 OHC가 나타났다.

캠축이 OHV의 경우 기어에 의해 구동 되었지만 OHC의 경우 축 사이가 떨어져 있기 때문에(크랭크 케이스와 실린더 헤드) 일반적으로는 체인에 의한 구동이 선택되고 있다.

이로써 모든 영역에서 매우 정확한 밸브 타이밍이 얻어지게 되고 고속 회전화에 크게 기여하게 되었다. 로커 암을 통하여 밸브를 구동하는 구조인 것에 비하여 태핏(tappet)을 이용하여 직접 캠축이 밸브를 미는 직접 구동식이 나타난 것도 OHC이기 때문이다.

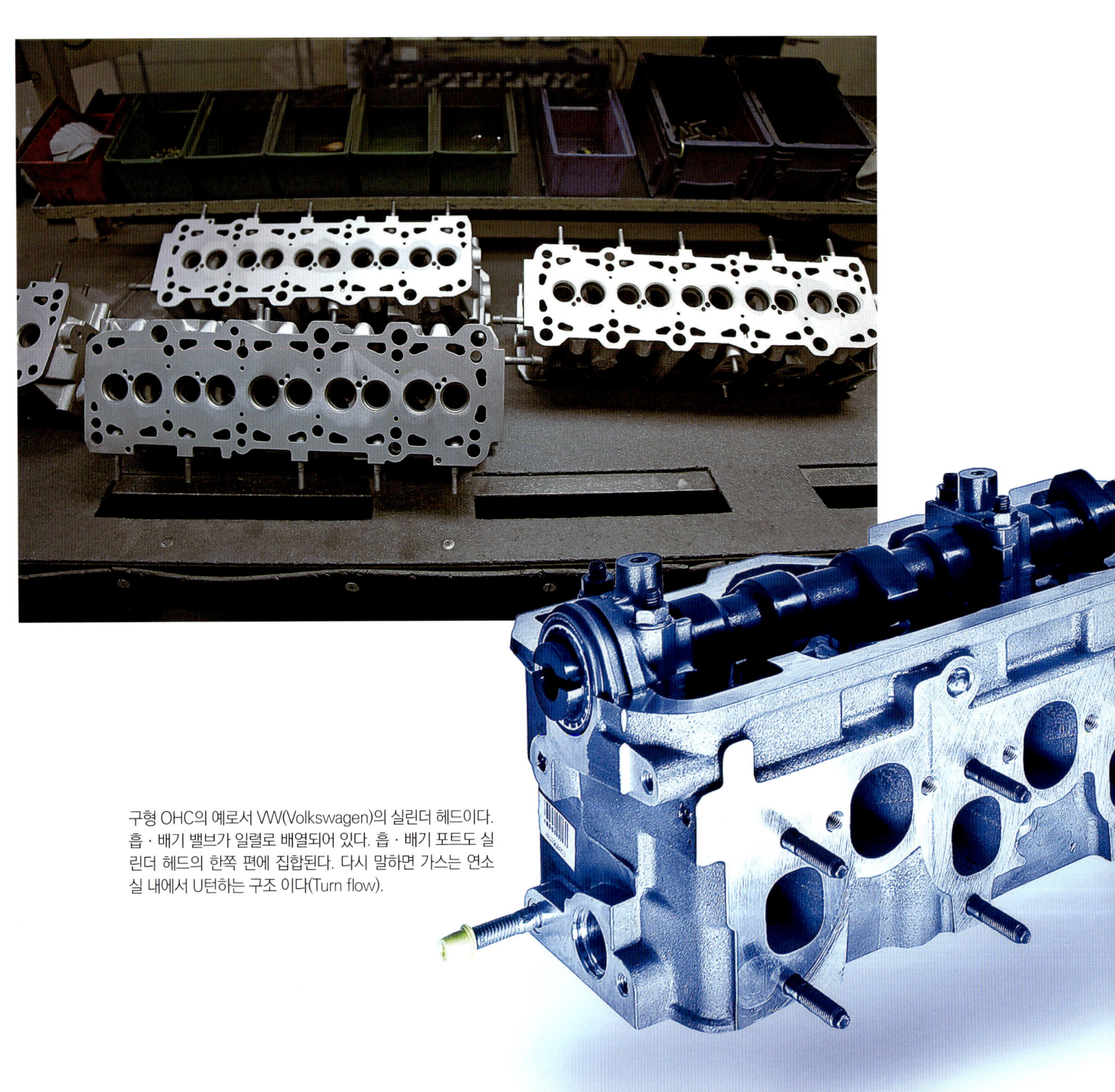

구형 OHC의 예로서 VW(Volkswagen)의 실린더 헤드이다. 흡·배기 밸브가 일렬로 배열되어 있다. 흡·배기 포트도 실린더 헤드의 한쪽 편에 집합된다. 다시 말하면 가스는 연소실 내에서 U턴하는 구조 이다(Turn flow).

체인 구동

밸브를 고속회전 영역에서도 정확히 구동시키기 위해서 캠을 실린더 헤드에 배치하였으며, 체인을 통해 크랭크축의 동력을 캠축에 전달한다. 정확함만을 취하면 기어 구동이라고 하는 방법도 있지만 실린더 블록및실린더 헤드의 온도 변화로 정확도가 영향을 받는 것과 노이즈의 면에서 시판 자동차는 체인을 사용하는 것이 일반적이다.

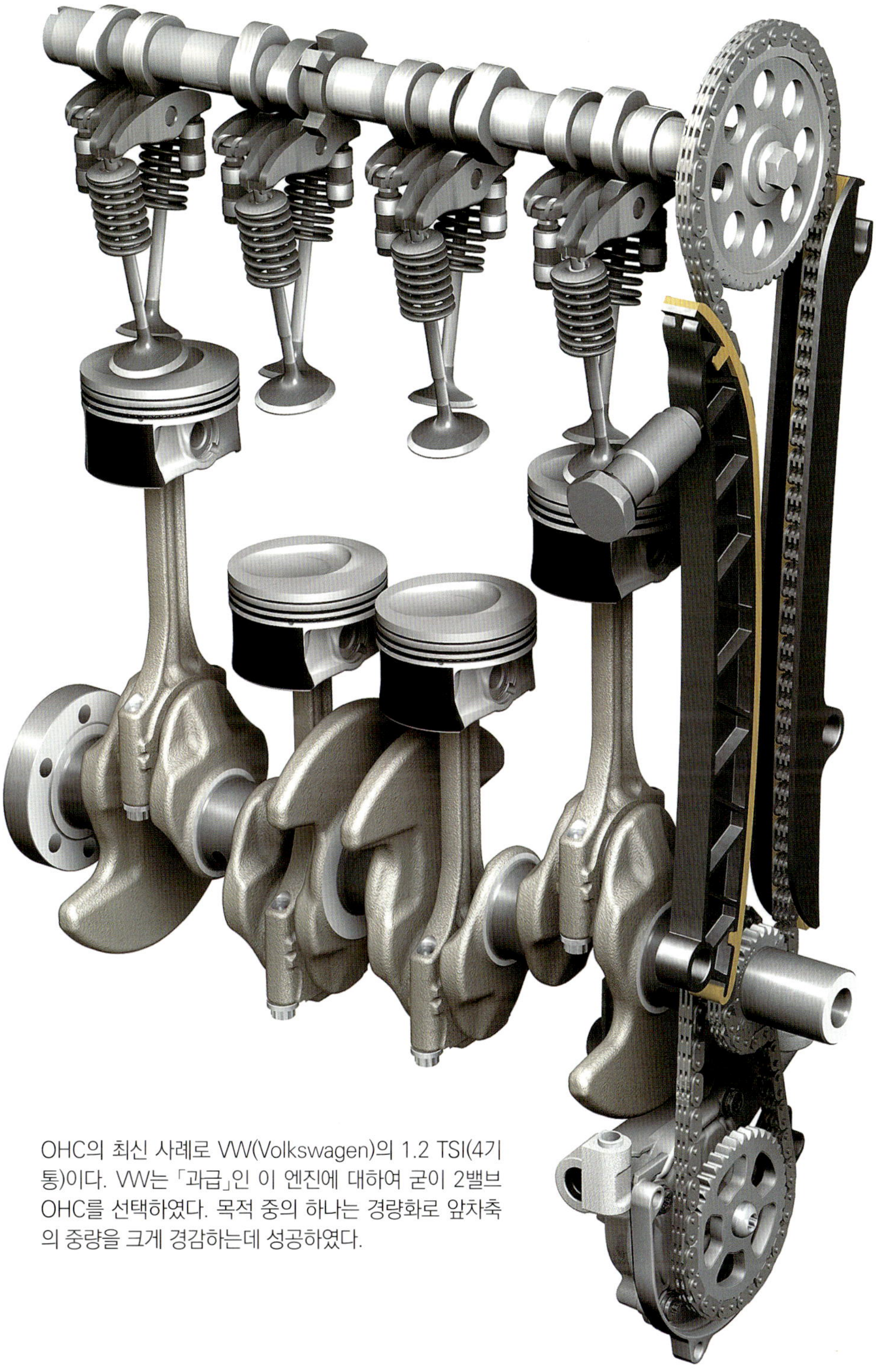

OHC의 최신 사례로 VW(Volkswagen)의 1.2 TSI(4기통)이다. VW는 「과급」인 이 엔진에 대하여 굳이 2밸브 OHC를 선택하였다. 목적 중의 하나는 경량화로 앞차축의 중량을 크게 경감하는데 성공하였다.

흡기와 배기에 각각의 캠축을 배치

OHC의 변종(variation)인 DOHC는 흡기와 배기 각각에 캠축을 설치하는 구조이다. 그에 따라 OHC는 「SOHC(Single Over Head Camshaft)」라고 부르는 경우도 많아졌다.
고속회전 영역에서 흡·배기 효율을 높이는 요구에서 멀티 밸브화를 시도한다면 밸브 협각의 선정이나 연소실의 형상에 자유도가 높은 DOHC가 주목(spotlight)을 받게 된다.

DCHC 특징상 강성이 높고 구조를 간단하게 할 수 있는 직접 구동식이 많이 채용되었었지만 최근에는 기계효율의 향상을 위하여 롤러를 갖춘 로커 암을 통하여 밸브를 구동하는 엔진이 증가되고 있다. 그리고 흡·배기 각각에 VVT(Variable Valve Timing)나 VVL(Variable Valve Lift) 등 고도의 제어가 가능한 것도 DOHC의 장점이다.

최근의 일반적인 DOHC의 예로서 Daimler의 4기통이다. 캠축과의 접촉면에 롤러를 갖춘 로커 암을 설치하여 밸브를 구동시키는 방법이다. 로커 암의 지지점 측에는 유압식 래시 어저스터(Lash adjuster)를 장착한다.

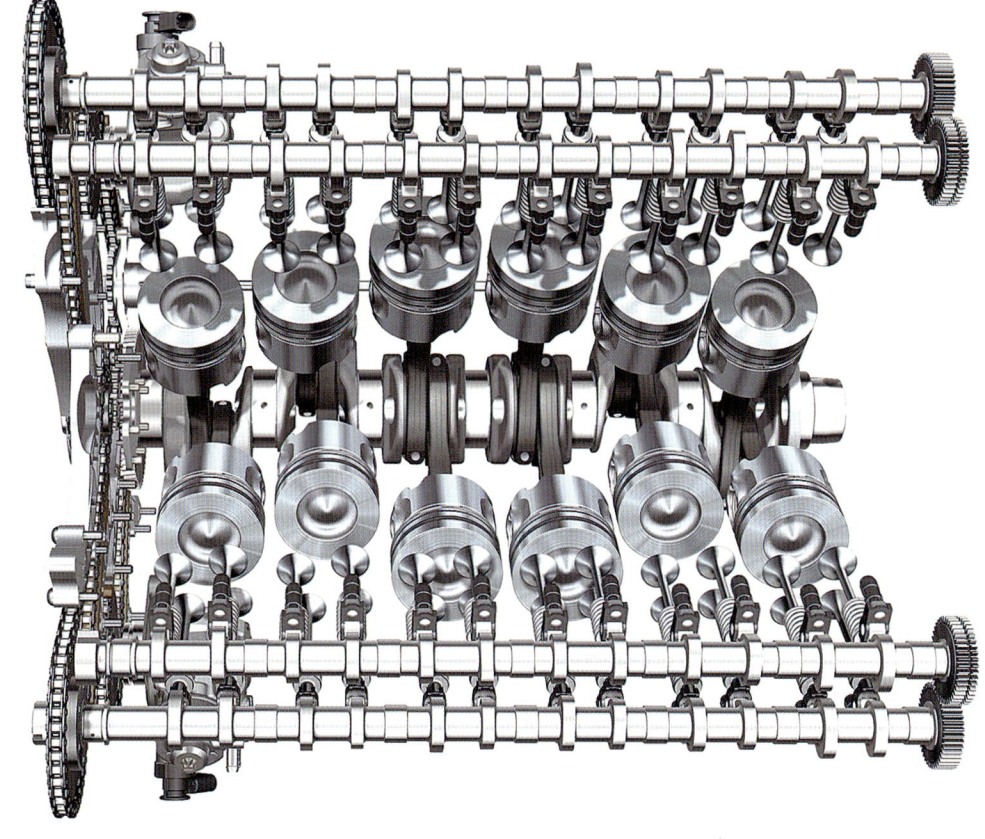

기이한(Eccentric) DOHC의 예로서 AUDI의 V형 12기통 디젤 엔진이다. DOHC가 아니면 볼 수 없는 복잡한 밸브의 배치이다. 4밸브 화는 실린더 중앙에 인젝터(가솔린 엔진이라면 점화 플러그)를 배치하는 것이 가능한 장점이 있다.

까다로운(tricky) DOHC의 예로서 BMW의 이륜차용이다. 보통이라면 상단 · 하단으로 흡 · 배기 밸브를 배치하지만 이 엔진은 우측 열 : 흡기, 좌측 열 : 배기로, 90° 회전시키면 된다. 그러므로 1개의 캠축에 흡기 및 배기 로브(Lobe)가 혼재되어 있다.

캠축(Camshaft)

Chapter 02

엔진은 작동 행정으로 「흡기」와 「배기」를 실행한다. 다시 말하면 공기를 내보내고 넣는 일종의 펌프이다. 펌프로서의 효율을 높이기 위해서는 가급적 공기를 빨아들이기 쉽고, 배출하기 쉬운 구조가 바람직하다. 한편 동력의 발생에 직접 관계하는 「압축」 및 「연소와 팽창」행정의 효율 향상을 위해서는 실린더 내의 밀폐도를 가급적 높여야 한다. 이 모순되는 요소를 양립시키기 위하여, 여러 가지의 「밸브」기구를 이용한다.

흡기 및 배기 행정의 기간은 흡엔진과 배엔진을 대기와 통하게 하며, 압축·연소 및 팽창 행정의 기간은 실린더 내를 밀폐시킨다. 일반적인 자동차용 엔진은 버섯 형상의 「포핏 밸브」를 「평면의 캠」에 의하여 개폐하는 것으로 그 행정을 실현하고 있다.

캠이란 무엇인가 여기에서는 「회전운동을 하면서 자기의 윤곽 곡선이나 홈의 형상에 의하여 직접 접촉하는 물체를 소정의 주기로 운동시키는 기계요소」라고 정의한다. 자동차용 엔진에 사용되는 캠은 계란형의 두꺼운 금속판(thick plate)이 기본이며, 회전하는 축에 일체화한 것으로 작용 대상과의 거리를 주기적으로 변동시키면서 구동한다.

캠의 형상에 따라 결정되는 흡·배기 밸브의 개폐시기는 엔진의 성능을 크게 좌우하는 요소이다. 포트분사(PFI ; Port Fuel Injection) 엔진의 경우는 연료의 충전 효율도 캠의 형상으로 결정된다. 그리고 이전에는 한 가지 의미로서 캠의 특성(=엔진의 흡·배기 기간)이 운전 상황에 따라 최적화되면서 밸브로 전달되기 위한 기구로 가변 밸브 타이밍 기구가 된 것이다.

① 캠축의 구조

기초원(Base circle) 부분은 캠이 밸브에 대하여 작용하지 않는 범위이다. 작용이 미치는 「캠의 돌기」부분은 캠 로브(Lobe)라고 한다. 캠 로브의 정점부분을 「캠 노즈」, 베이스 서클에서 노즈까지의 높이를 「캠 양정(Lift)」이라고 한다.

캠 로브 노즈(Nose) 캠 양정 기초원

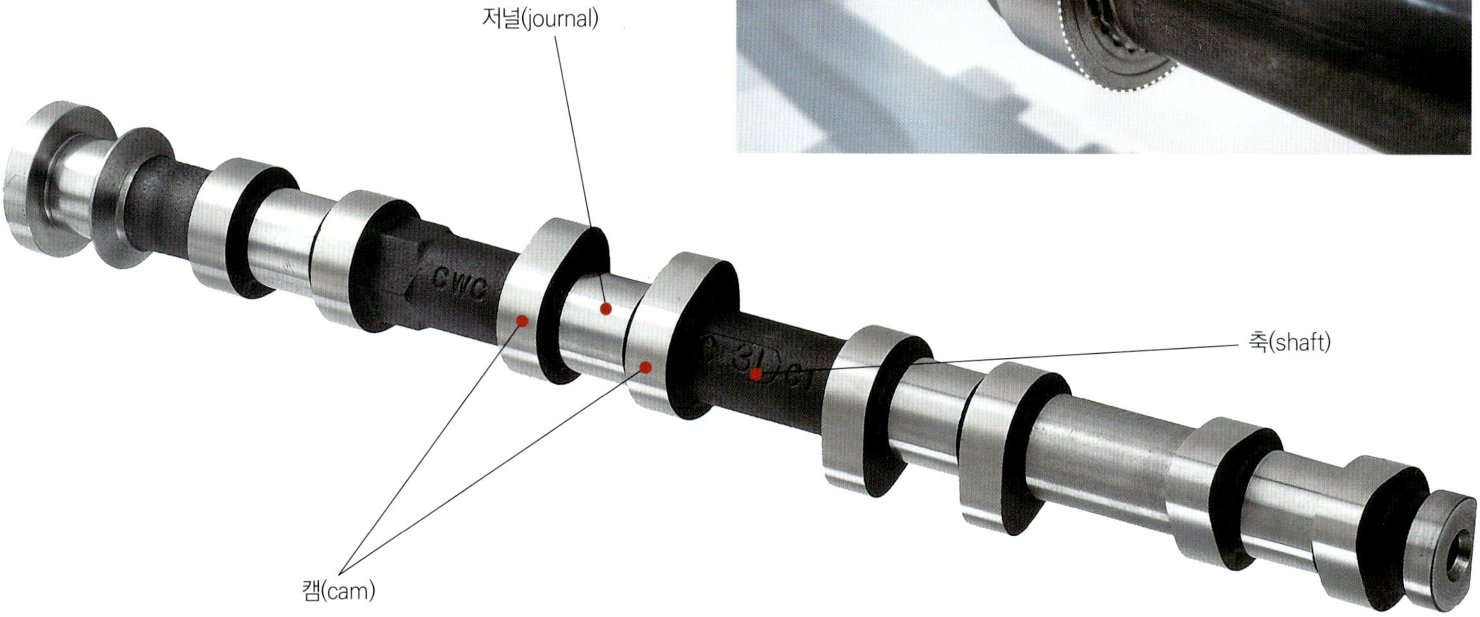

저널(journal) 축(shaft) 캠(cam)

캠과 일체로 되어 회전운동을 실행하는 것이 캠축이다. 밸브의 구동기구가 SV나 OHV인 경우는 푸시로드를, SOHC나 DOHC인 경우는 태핏(tappet)이나 로커 암을 구동하여 엔진의 흡·배기를 담당한다.

중공(blank) 구조의 조립식 캠축

기본의 축을 가공하여 만드는 것이 아니라 캠 로브와 축을 별도로 만들어 조립하는 방법이다. 중공의 축과 더불어 경량화와 강성의 배분이 가능하다. 더 나아가서는 캠 홀더를 분할하지 않고 엔진을 조립할 때 액체 질소를 이용한 냉각 결합을 통해 하나로 고정하는 합리화 방법도 등장하였다.

롤러 캠

로커 암이 아니라 캠 로브의 정점에 롤러 베어링을 사용하는 방법이다. 이 캠을 사용하면 직접 작동 방식이라도 마찰의 손실을 줄일 수 있다. 아무래도 고속회전을 많이 사용하는 경자동차용 엔진에 무겁고 복잡한 로커 암을 사용하지 않고 경량화를 위해 개발된 제품이다. DLC(diamond like carbon)를 실시하면 가격도 더 낮출 수 있는 것 같다.

오목(凹) 캠

평면 또는 그에 가까운 형상으로 캠축과 접촉하는 슬리퍼나 태핏에 대해 지름이 작은 롤러로 캠축을 따라 작동하는 롤러 로커 암에서는 중간이 파인 형태의 캠을 사용할 수 있다. 일반적으로 닫히는 쪽에는 이 형상이 필요 없기 때문에 캠 로브는 좌우 비대칭이 된다.

캠의 형상은 「시작」과 「끝」이 중요

보통 캠축은 크랭크축의 회전에 연동시키기 때문에 크랭크축에 접속한 스프로킷과 고무벨트 또는 체인 등의 기구에 의해서 구동 된다. 4행정 사이클 엔진의 경우 배기측, 흡기측 모두 크랭크축이 720° 회전하는 사이에 캠축은 360° 회전하는 설정이다. 다시 말하면 크랭크축 회전수의 1/2로 고속 회전하면서 태핏이나 암 및 롤러에 작용하고 있다.

엔진 회전수가 3000rpm이라면 1초간에 25회 밸브를 개폐시키고 있는 것이다. 그런대로 질량을 갖고 있기 때문에 이 만큼의 속도로 밸브에 작용하기 위하여 캠 로브의 시작과 끝의 윤곽 곡선을 설정할 때는 세심한 주의를 기울여야 한다.

시작의 부분은 직접 접촉하는 롤러나 태핏에 「강하게 접촉」되지 않고 동시에 확실하게 밸브 스프링의 장력에 대응할 수 있다. 끝 부분은 밸브 스프링의 장력에 의하여 밸브의 헤드 부분이 밸브 시트에 「강하게 접촉」되지 않도록 하기 위한 배려가 필요하다.

1 완충 영역은 직선적으로 설정

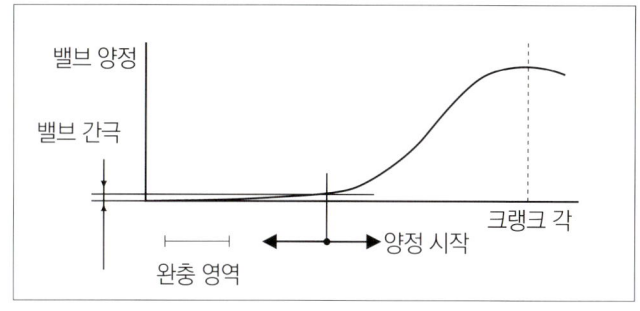

1 캠 로브가 롤러나 태핏에 강하게 접촉되지 않도록 하기 위해서는?

2 밸브가 밸브 시트에 강하게 접촉되지 않도록 하기 위해서는?

엔진의 운전 중에는 열을 받아 아주 조금씩 팽창된다. 그 상태에서 최적의 양정 (lift)을 유지시키기 위하여 캠과 작용점 사이에 설정되는 틈새가 「밸브 간극」이다. 캠이 작용점이나 밸브 시트에 강하게 접촉되지 않도록 하기 위해서는 밸브 간극 부분을 잘 이용하면서 기초원에서 캠 로브가 시작하는 부분의 윤곽을 가급적 직선적으로 설정하는 것이 이론(theory)이다.

solution

2 기하학적으로 적정화된 양정 곡선의 예

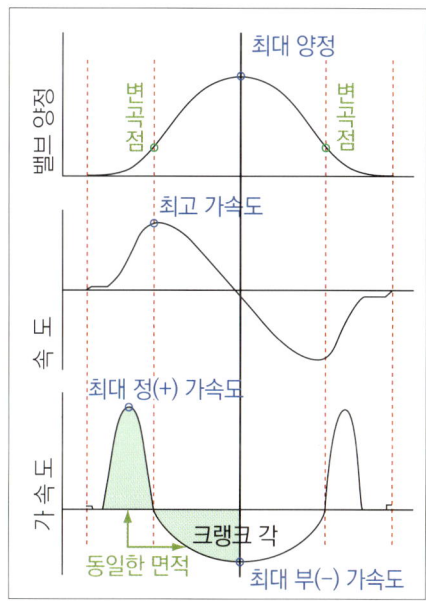

Polynomial cam의 밸브 양정 특성

완충 영역의 윤곽 설정에 대한 요구를 충족시키기 위하여 밸브 양정(lift)의 곡선을 소정의 다항식(Polynomial)으로 도출한 캠 윤곽(Cam Profile)과 그것에 의해 실현되는 밸브의 작동속도 및 가속도의 관계이다. 속도와 가속도의 시점·종점에 주목하면 완충 영역에서는 양쪽 모두 직선적인 작동이 실현되고 있는 것을 이해할 수 있다. 완충 영역에서 변곡점까지와 그 이후의 가속도가 나타내는 면적은 동일하다.

밸브 구동 기구

Chapter 03

캠축의 회전 운동을 밸브의 직선 운동으로 바꾼다.
그 구조로 대표적인 것은 「직접 구동」과 「로커 암 구동」이다.

캠축의 회전운동을 밸브에 전달하는 기구로서 가장 간단한 것은 「직접 구동식」이다. 밸브 측에 설치되어 있는 태핏(bucket tappet)을 캠 돌기가 직접 밀어 넣어 밸브를 연다.

캠과 밸브 사이에 관여하는 요소가 없으므로 밸브는 캠 윤곽대로 직선적(Linear)으로 상하로 움직이고 고속회전의 영역에서 추종성이 뛰어나기 때문에 고속회전의 고출력형 엔진에서 채용하는 예가 많다. 밸브 간극은 태핏에 있는 래시 어저스터로 자동 조절하는 것이 일반적이다.

반면에 캠의 돌기가 암을 통하여 밸브를 구동하는 구조를 넓은 의미에서의 「로커 암 구동식」이라고 한다. 밸브 구동용 암은 지지점, 가압점, 작용점이 있으며, 캠의 돌기가 가압점을 밀면 작용점이 밸브를 밀어 넣도록 움직인다. 암의 레버 비에 따라 양정(lift)을 조정하기 쉬운 이점이 있다.

정확하게는 지지점이 끝부분에 있어 반대측의 끝부분이 작용점이 되는 것을 「스윙 암(swing arm)」, 지지점이 중간부분에 있는 것을 「로커 암」이라고 한다. 최근에는 가압점에 니들(needle) 베어링이 내장된 롤러를 배치하는 「롤러 로커 암」에 의한 것이 대부분이다.

롤러는 캠 추종(cam follower)으로서 기능을 하고 캠 돌기에 밀리면서 회전하여 접촉면의 저항을 경감시켜 주기 때문에 마찰 손실의 저감에 기여한다. 롤러 로커 암 중에 길이가 매우 짧고 레버비보다 롤러의 효과를 최우선으로 하는 구조인 「롤러 핑거 팔로워(Roller Finger Follower)」라는 것도 있다.

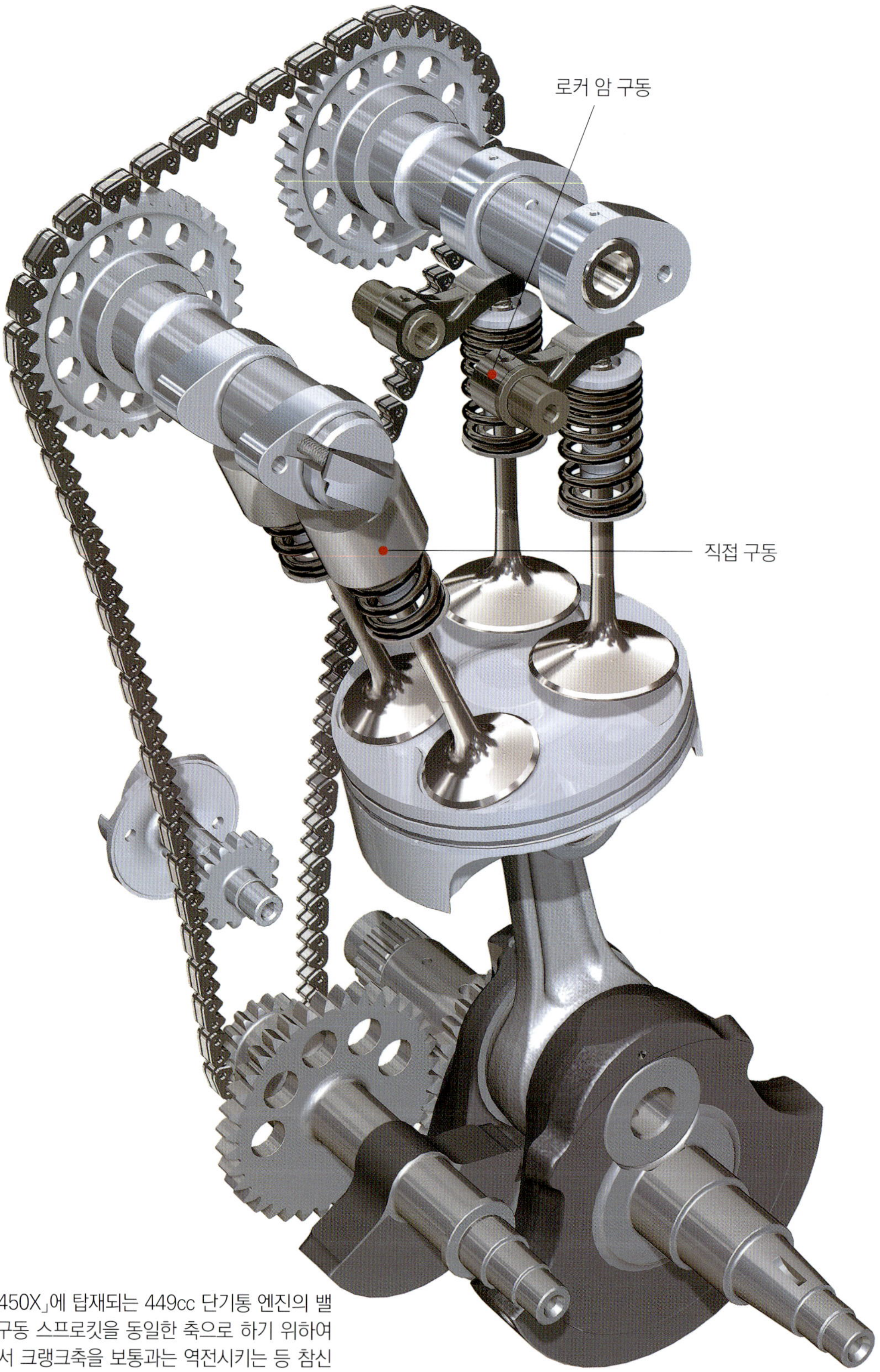

로커 암 구동

직접 구동

일러스트는 BMW Motorrad의 본격 Enduro 모델인 「G 450X」에 탑재되는 449cc 단기통 엔진의 밸브 트레인 부위이다. 스윙 암 피벗(Swing arm pivot)과 구동 스프로킷을 동일한 축으로 하기 위하여 변속기(Transmission)의 전후 길이를 단축시킬 목적으로서 크랭크축을 보통과는 역전시키는 등 참신한 설계를 도입하였다. 밸브 트레인 주위도 흡기 측은 양정을 확보하기 위하여 로커 암(스윙 암) 구동, 배기 측은 직접 구동하는 보기 드문 구성을 채용하고 있다.

① SOHC + 로커 암 구동식

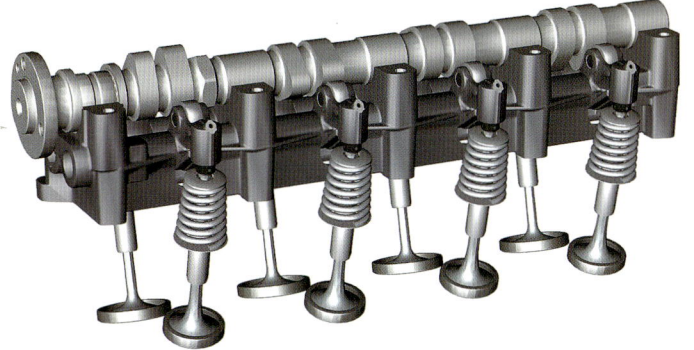

1개의 캠축으로 흡기 측·배기 측 각각 1개의 밸브를 구동하기 위하여 캠축에는 양측에 대응하는 캠 로브가 배치되어 있다. 직접 구동이 불가능한 것은 아니지만 캠 양정(lift)이 너무 크게 되는 등의 문제에서 현실적이지 않다. 그래서 로커 암을 통하여 구동하게 된다. 일러스트는 Mercedes Benz A Class용 엔진의 밸브 트레인 부위이다.

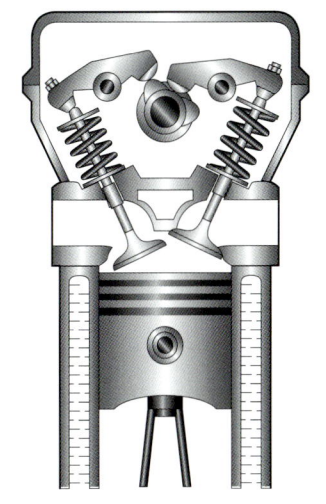

SOHC + 로커 암에 의한 실린더 헤드의 구성을 옆에서 본 경우의 대표적인 배치이다. 일러스트에서는 좌측의 밸브가 로커 암에 의하여 눌려 밑으로 내려가 열려 있는 상태이다. 암의 지지점 위치를 바꾸면 레버 비를 변경할 수 있으며, 밸브 양정을 조정할 수 있는 장점도 있다. 로커 암이나 스윙 암 또는 롤러 팔로워(Roller Follower) 등 어느 것으로도 대응이 가능하다.

② DOHC + 직접 구동식

DOHC 실린더 헤드의 경우 캠축을 밸브에 가깝게 배치하는 것이 가능하기 때문에 일부러 로커 암을 조합하지 않더라도 캠 로브(cam love)로 직접 밸브를 밀어 내리는 직접 구동식(direct drive type)을 채용하기 쉽다. 특히 밸브의 협각이 큰 엔진에서는 직접 구동식으로 하는 것이 실린더 헤드 주변의 치수를 작고 경제적으로 기여하는 면도 있다.

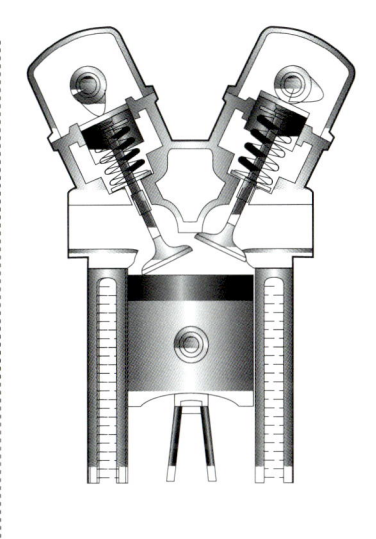

일러스트 좌측의 밸브가 캠 노즈에 의하여 밀려 내려가 열려 있는 상태이다. 밸브 양정(lift) 곡선은 캠 윤곽 곡선과 직선적(Linear)인 관계가 된다. 고속 회전 고출력형 엔진에는 없지만 가변 흡기 타이밍 등의 실현을 위하여 DOHC를 채용한 실용 엔진에서는 실린더 헤드 주변의 콤팩트(compact)화와 부품수를 줄일 목적으로서 직접 구동식을 채용하는 경우도 있다.

③ DOHC + 로커 암 구동식

현재의 주류가 되고 있는 것이 이 타입이다. 밸브의 협각화를 실현하기 위하여 매우 짧은 롤러 로커 암을 통하여 밸브를 구동하고 롤러의 회전에 의해 저항의 저감 효과를 이용하여 마찰에 의한 기계손실을 낮추어 효율을 높인다. 일러스트는 밸브트로닉을 채용한 BMW의 N52형 직렬 6기통 엔진이다.

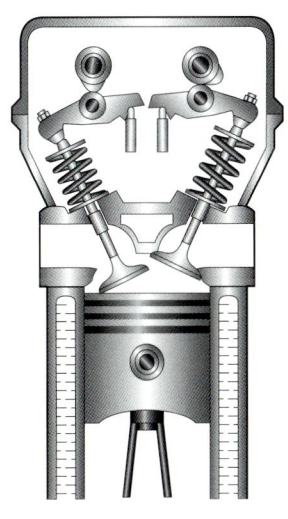

일러스트 좌측의 밸브가 롤러 로커 암의 작용점에 의하여 눌려 밑으로 내려가 열려 있는 상태이다. 일러스트의 로커 암은 레버 비의 설정 폭을 넓게 한 타입의 형상으로 그 만큼 캠 양정을 작게 할 수 있는 이점도 있다. 레버 비를 거의 기대할 수 없는 핑거 롤러 팔로워(Finger Roller Follower)를 사용하고 있는 경우의 주목적은 마찰 저항의 저감에 있다고 생각하면 된다.

밸브 개폐시기 (Valve Timing)

Chapter 04

① 일반적인 엔진 밸브 개폐시기

엔진에 사용되는 밸브는 정확히 상사점이나 하사점에서 열리지 않고 가스 흐름의 관성을 이용하기 위해서 상사점 전후 또는 하사점 전후에서 열리고 닫힌다. 밸브의 열림 각도는 SOHC 엔진의 경우 236°정도이고, DOHC 엔진의 경우는 256~312°정도이며, 밸브 개폐시기를 표시하는 그림을 밸브 개폐시기 선도라 한다.

● 흡기 밸브 개폐시기

흡기 밸브는 체적 효율을 향상시키기 위해 상사점 부근에서는 초기에 가스 흐름의 관성이 늦어지므로 상사점 전 10~30°에서 열리고, 하사점 부근에서는 가스 흐름의 관성을 충분히 이용하기 위해 하사점 후 45~60°에서 닫힌다. 고속용 엔진의 경우 흡기 밸브의 열림 시기를 빠르게 하여 배기가스 흐름의 관성으로 흡입이 가능하지만 지나치게 빠르면 저속 회전에서 흡·배기 효율이 저하되어 저속이 불안정하게 된다.

● 배기 밸브 개폐시기

배기 밸브는 배기 효율을 향상시키기 위해 하사점 부근에서는 동력 행정에서의 잔류 압력으로 배출하기 위해 하사점 전 45~60°에서 열리고, 상사점 부근에서는 배기 통로가 좁아짐과 동시에 배기가스의 관성을 이용하기 위해 상사점 후 10~30°에서 닫힌다. 고속용 엔진의 경우 배기 밸브의 열림 시기가 지나치게 빠르면 배기 손실이 증대되어 엔진의 출력이 저하된다.

● 밸브 오버랩

흡기 밸브는 상사점 전 10~30°에서 열리고 배기 밸브는 상사점 후 10~30°에서 닫히기 때문에 상사점에서는 흡기 밸브와 배기 밸브가 동시에 열려 있게 되는데 이것을 밸브 오버랩이라 하며, 밸브의 오버랩은 공기나 혼합기가 배기가스 흐름의 관성을 충분히 이용하여 흡입 및 배기 효율을 향상시키기 위함이다.

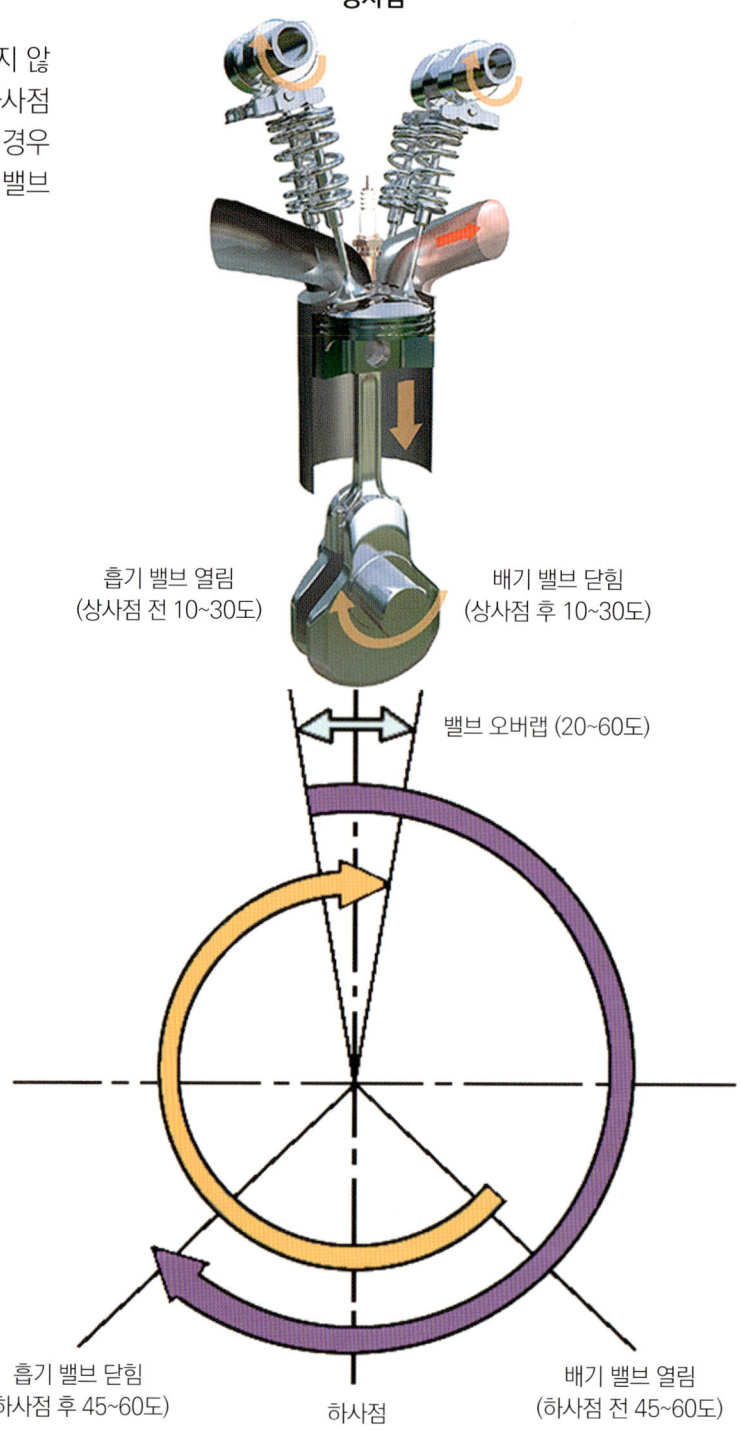

상사점

흡기 밸브 열림
(상사점 전 10~30도)

배기 밸브 닫힘
(상사점 후 10~30도)

밸브 오버랩 (20~60도)

흡기 밸브 닫힘
(하사점 후 45~60도)

하사점

배기 밸브 열림
(하사점 전 45~60도)

흡·배기 밸브의 그래프를 원형(크랭크 각)으로 한 것이 밸브 개폐시기 선도(그림은 이미지)이다. 언제 흡기 밸브가 열리고 닫히는지 「어느 정도 무거워졌는지」가 일목요연하여 가변 밸브 타이밍을 선도로 하면 보다 이해하기 쉬워진다.

● 이 캠 프로파일을 다이어그램으로 표시해 보면………

흡·배기 밸브의 그래프를 원형(크랭크 앵글)으로 한 것이 밸브 타이밍 다이어그램(그림은 이미지)이다. 「언제 흡기 밸브가 열리고 닫히는지」 「얼마나 겹치고 있는지」가 일목요연하여 가변 밸브 타이밍을 다이어그램으로 하면 보다 이해하기 쉬워진다.

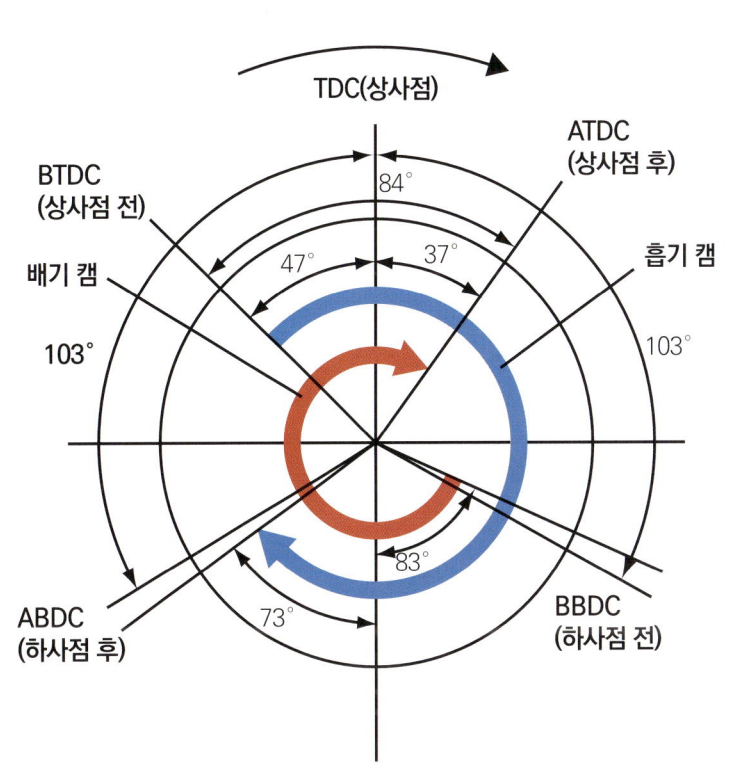

TDC는 Top Dead Center
BDC는 Bottom Dead Center의 약어.

두 행정 사이에서 밸브가 작동한다.

가로축을 크랭크 각, 세로축을 밸브 양정으로 하여 4행정 사이클을 그래프화 하였다. 빨간 선이 배기 밸브, 파란 선은 흡기 밸브의 작동이다. 그리고 실선은 각각의 행정 내에서 캠 양정의 개폐 작동을 완료한 것, 점선은(양정을 포함하여) 개폐의 영역을 넓힌 그래프이다.

밸브가 열리는 것은 「배기」와 「흡기」로 「압축」과 「팽창」에 있어서는 밸브가 작동하지 않으며, 흡·배기 포트를 밀폐하여 연소실의 압력을 높이고 있다. 실제의 작동에서는 점선에 나타난 것처럼 밸브 양정이 실행되고 있다.

밸브가 열리고 나서 유입이 시작될 때까지에는 타임 래그(time lag)가 있는데 거기로부터 역산하면 목표로 하는 시기의 충전 효율을 최대로 하기 위해서 빨리 열고 늦게 닫을 필요가 있기 때문이다.

상사점

하사점

상사점

팽창
(폭발)

배기

배기 밸브는 실제로 점선으로 표시된 것처럼 하사점 전에 열리기 시작한다. 빨리 열리면 배기가스 자체의 압력 때문에 배기 포트로 유입됨과 동시에 열려있는 시간을 보다 길게 함으로써 잔류 가스를 완전히 배출시킬 수 있다.

(Crank Angle)

360°

540°

720°/0°

상사점에서는 배기 밸브와 흡기 밸브가 함께 열려있는 기간이 있는데 이것을 「밸브 오버랩」이라고 한다. 배기가스가 배기 포트로 한참 배출되고 있는 도중에 흡기 밸브를 열어줌으로써 배기 포트의 맥동에 의한 부압을 이용하여 혼합기를 실린더 내로 끌어들이는 관성 효과를 꾀한다.

BDC(하사점)

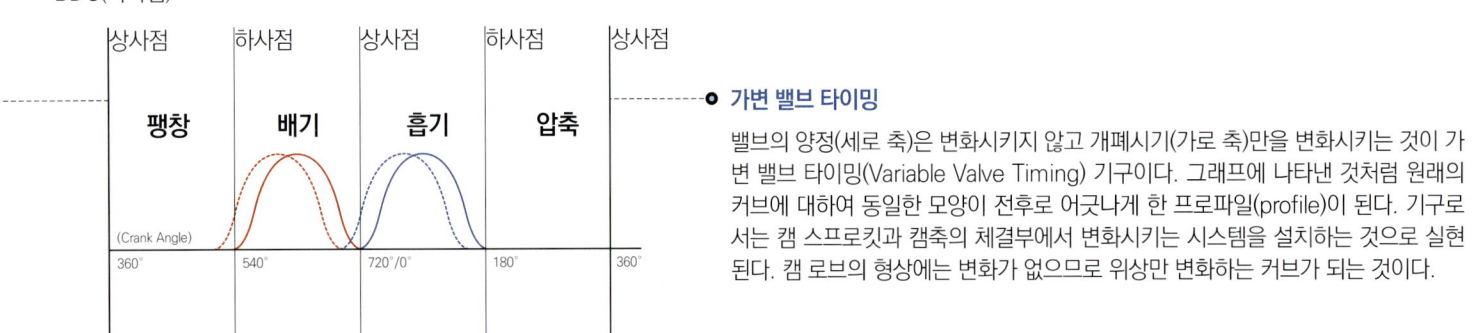

상사점　하사점　상사점　하사점　상사점

| 팽창 | 배기 | 흡기 | 압축 |

(Crank Angle)

360°　540°　720°/0°　180°　360°

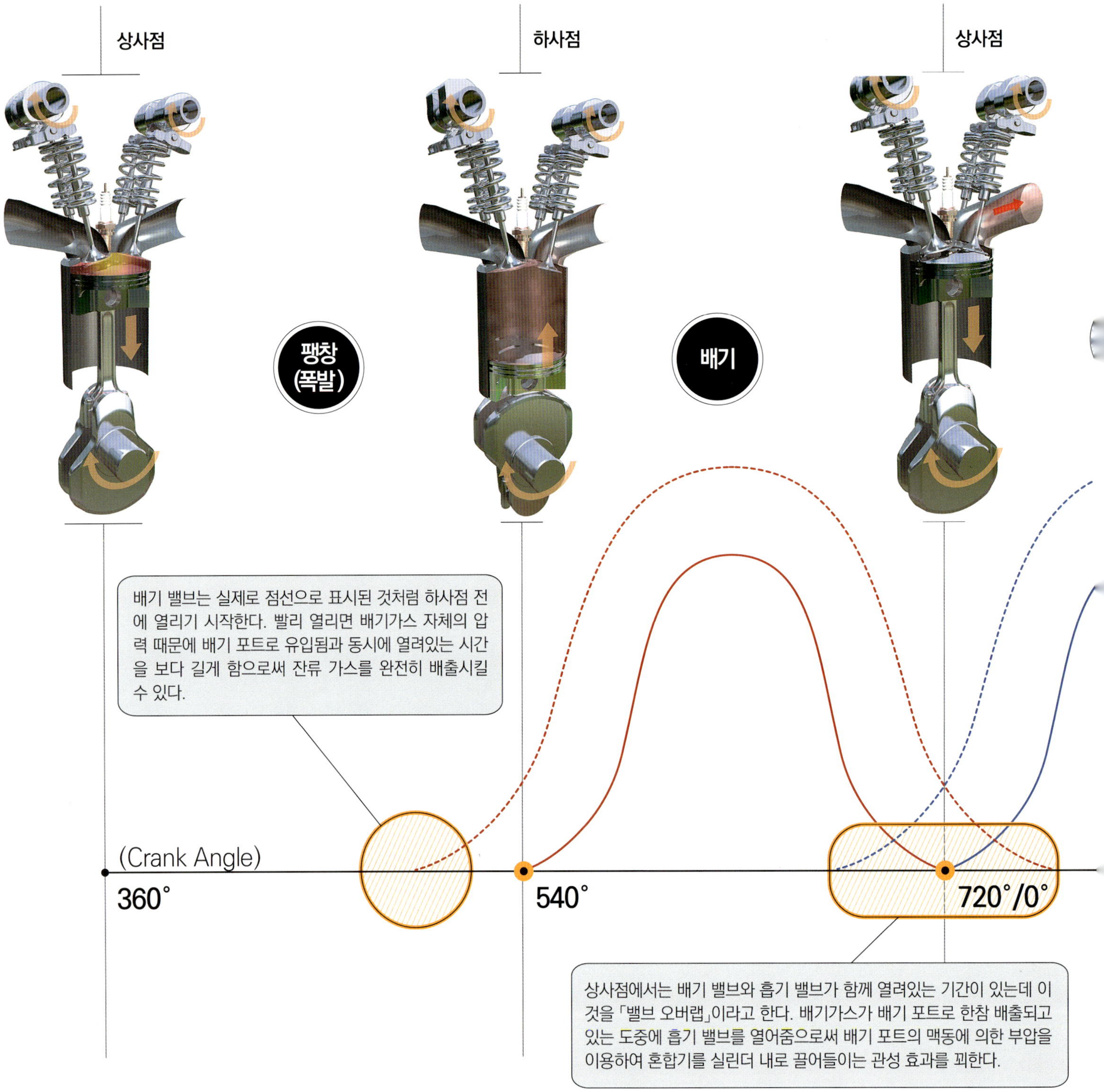

가변 밸브 타이밍

밸브의 양정(세로 축)은 변화시키지 않고 개폐시기(가로 축)만을 변화시키는 것이 가변 밸브 타이밍(Variable Valve Timing) 기구이다. 그래프에 나타낸 것처럼 원래의 커브에 대하여 동일한 모양이 전후로 어긋나게 한 프로파일(profile)이 된다. 기구로서는 캠 스프로킷과 캠축의 체결부에서 변화시키는 시스템을 설치하는 것으로 실현된다. 캠 로브의 형상에는 변화가 없으므로 위상만 변화하는 커브가 되는 것이다.

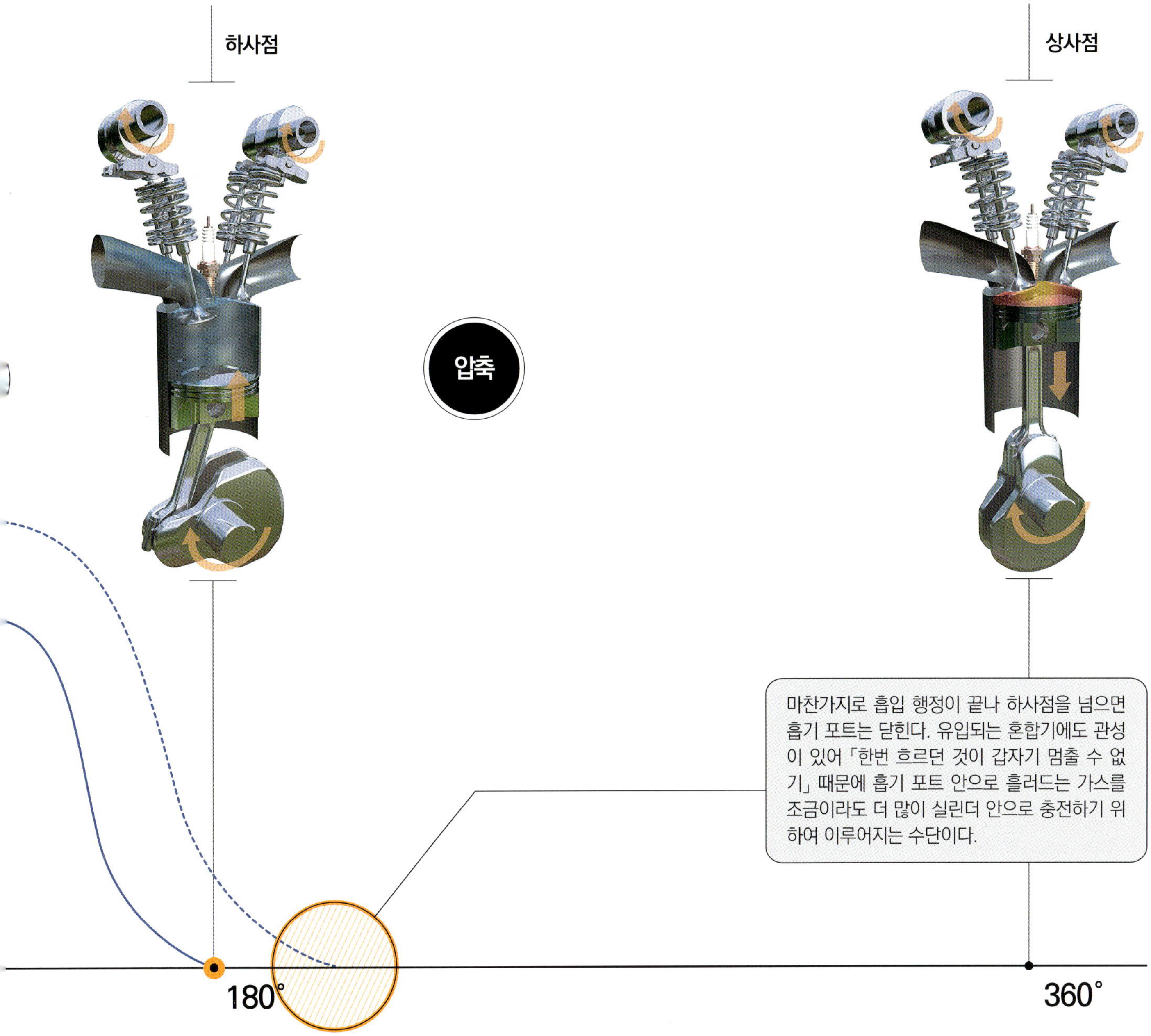

하사점

상사점

압축

마찬가지로 흡입 행정이 끝나 하사점을 넘으면 흡기 포트는 닫힌다. 유입되는 혼합기에도 관성이 있어 「한번 흐르던 것이 갑자기 멈출 수 없기」 때문에 흡기 포트 안으로 흘러드는 가스를 조금이라도 더 많이 실린더 안으로 충전하기 위하여 이루어지는 수단이다.

180° 360°

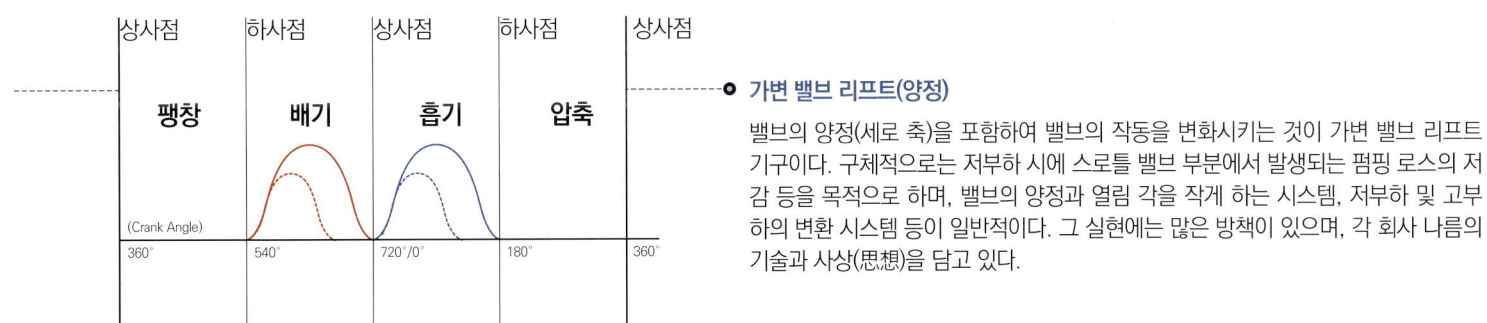

상사점	하사점	상사점	하사점	상사점
팽창	배기	흡기	압축	
(Crank Angle)				
360°	540°	720°/0°	180°	360°

가변 밸브 리프트(양정)

밸브의 양정(세로 축)을 포함하여 밸브의 작동을 변화시키는 것이 가변 밸브 리프트 기구이다. 구체적으로는 저부하 시에 스로틀 밸브 부분에서 발생되는 펌핑 로스의 저감 등을 목적으로 하며, 밸브의 양정과 열림 각을 작게 하는 시스템, 저부하 및 고부하의 변환 시스템 등이 일반적이다. 그 실현에는 많은 방책이 있으며, 각 회사 나름의 기술과 사상(思想)을 담고 있다.

❸ Mazda SKYACTIV-G2.0의 밸브 타이밍 변화와 목적

SKYACTIV-G는 「압축비 14」 「4-2-1 집합 배기 다기관」 「cavity가 있는 피스톤」 등이 상징적인 기술로서 소개되는 경우가 많은데 고도의 가변 밸브 제어를 실행하여 연비 및 출력 성능의 개선에 크게 기여하고 있다.

흡기 측에서는 엔진을 시동한 순간부터 기능을 하고 또한 반응 속도가 빠른 전동 VVT(MAZDA의 표기로는 S-VT)를 투입하여 흡기 밸브가 늦게 닫히는 밀러 사이클(Miller cycle) 운전 영역을 큰 폭으로 확대하여 펌프의 손실을 줄이고 있다. 배기 측에서는 유압식 VVT(Variable Valve Timing)를 채용하고 흡기 측의 밸브 개폐 타이밍과 아울러 내부 EGR의 촉진 등 효능을 얻고 있다.

흡기 밸브를 늦게 닫는 타이밍은 보통 기껏해야 하사점 후 50°에서 60° 정도이지만 스카이액티브-G 2.0에서는 최대 110°까지 되고 있다. 압축비를 12 : 1로 높게 설정할 수 있기 때문에 이 정도로 넓은 영역에서 배기 밸브를 늦게 닫는 운전의 실현이 가능하고 연비의 향상과 출력의 성능 향상에 공헌하고 있다.

그러면 구체적으로는 어떻게 밸브 타이밍을 제어하고 있는 것일까? 주행의 조건과 목적마다 세세하게 제어되고 있는 밸브 타이밍의 변동을 설명하려 한다. 그림은 좌측이 4행정 사이클의 각 행정을 나타내고 「흡·배기 밸브 개폐」 「연료 분사」 「점화」가 어느 행정의 어느 시기에 실행되고 있는지를 나타내고 있다.

밸브 타이밍 행정 그림 위에 있는 반원은 밸브의 양정을 이미지하고 있다고 생각하길 바라며, 적색이 배기 밸브, 청색이 흡기 밸브를 나타내고 있다. 우측의 밸브 타이밍 다이어그램은 시계방향으로 역시 적색이 배기, 청색이 흡기를 가리킨다. 밸브 타이밍 행정 그림 위에 있는 화살표로 표시한 범위는 다이어그램에 따른 화살표와 같은 의미로 개폐 타이밍의 조정 폭을 나타내고 있다.

다이어그램을 보는데 익숙하지 않으면 작동 상황을 이미지하기가 어렵지 않을까 라는 생각도 들지만 귀중한 자료이므로 꼭 꼼꼼히 잘 읽어 이해하여 현재의 엔진이 얼마나 복잡한 흡·배기 제어를 실행하고 있는지를 이해하길 바란다.

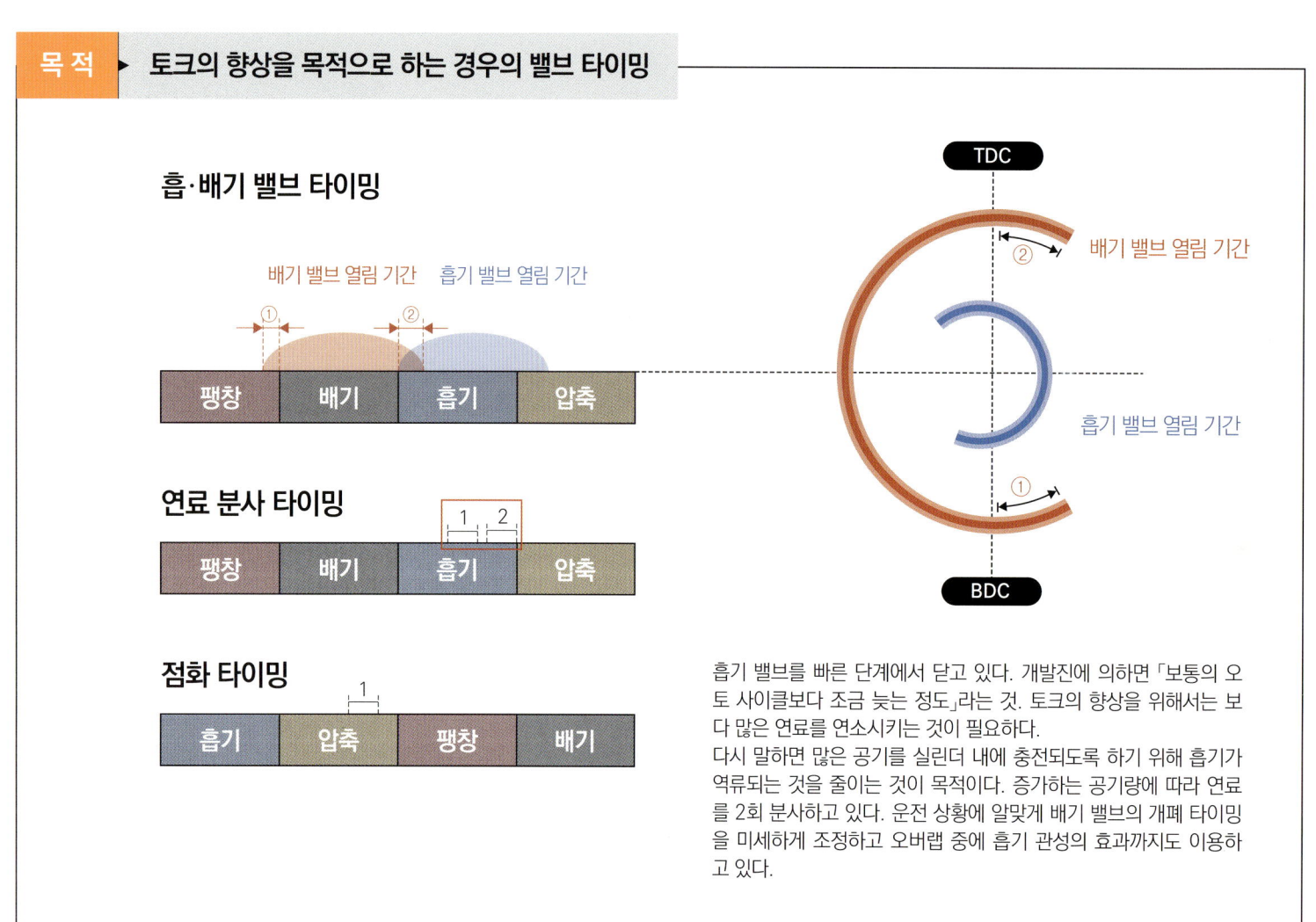

목적 ▶ **토크의 향상을 목적으로 하는 경우의 밸브 타이밍**

흡기 밸브를 빠른 단계에서 닫고 있다. 개발진에 의하면 「보통의 오토 사이클보다 조금 늦는 정도」라는 것. 토크의 향상을 위해서는 보다 많은 연료를 연소시키는 것이 필요하다.

다시 말하면 많은 공기를 실린더 내에 충전되도록 하기 위해 흡기가 역류되는 것을 줄이는 것이 목적이다. 증가하는 공기량에 따라 연료를 2회 분사하고 있다. 운전 상황에 알맞게 배기 밸브의 개폐 타이밍을 미세하게 조정하고 오버랩 중에 흡기 관성의 효과까지도 이용하고 있다.

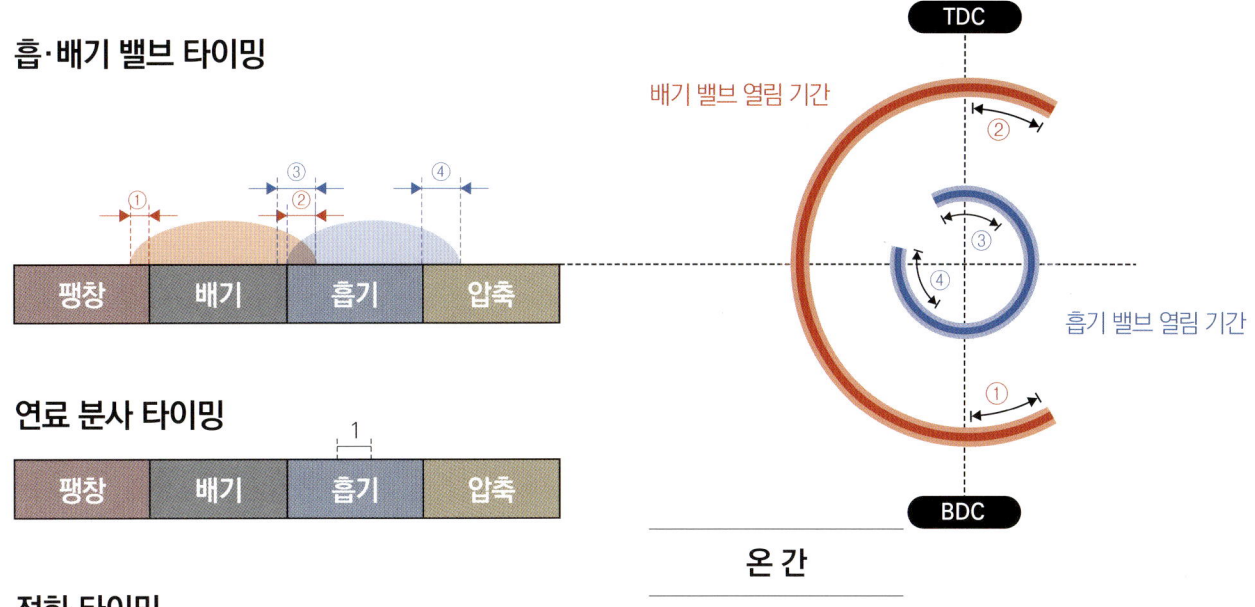

흡·배기 밸브 타이밍

| 팽창 | 배기 | 흡기 | 압축 |

연료 분사 타이밍

| 팽창 | 배기 | 흡기 | 압축 |

점화 타이밍

| 흡기 | 압축 | 팽창 | 배기 |

배기 밸브 열림 기간

흡기 밸브 열림 기간

온 간

스카이액티브-G2.0이 흡기 밸브를 가장 늦게 닫는 운전 상황으로서 다이어그램을 보더라도 알 수 있듯이 최대로 흡기 하사점 후 90° 이상, 110° 부근까지 흡기 밸브를 열고 있다. 목적은 물론 연비의 향상을 위한 펌프 손실의 저감이다.

실제 흡입량이 감소하기 때문에 연료의 분사는 1회. 배기(Emission) 성능의 확보를 위하여 배기 밸브의 개폐시기를 조정함으로써 오버랩 량을 미세하게 조정하고 내부 배기가스 재순환(EGR ; Exhaust Gas Recirculation)의 양을 최적화하고 있다.

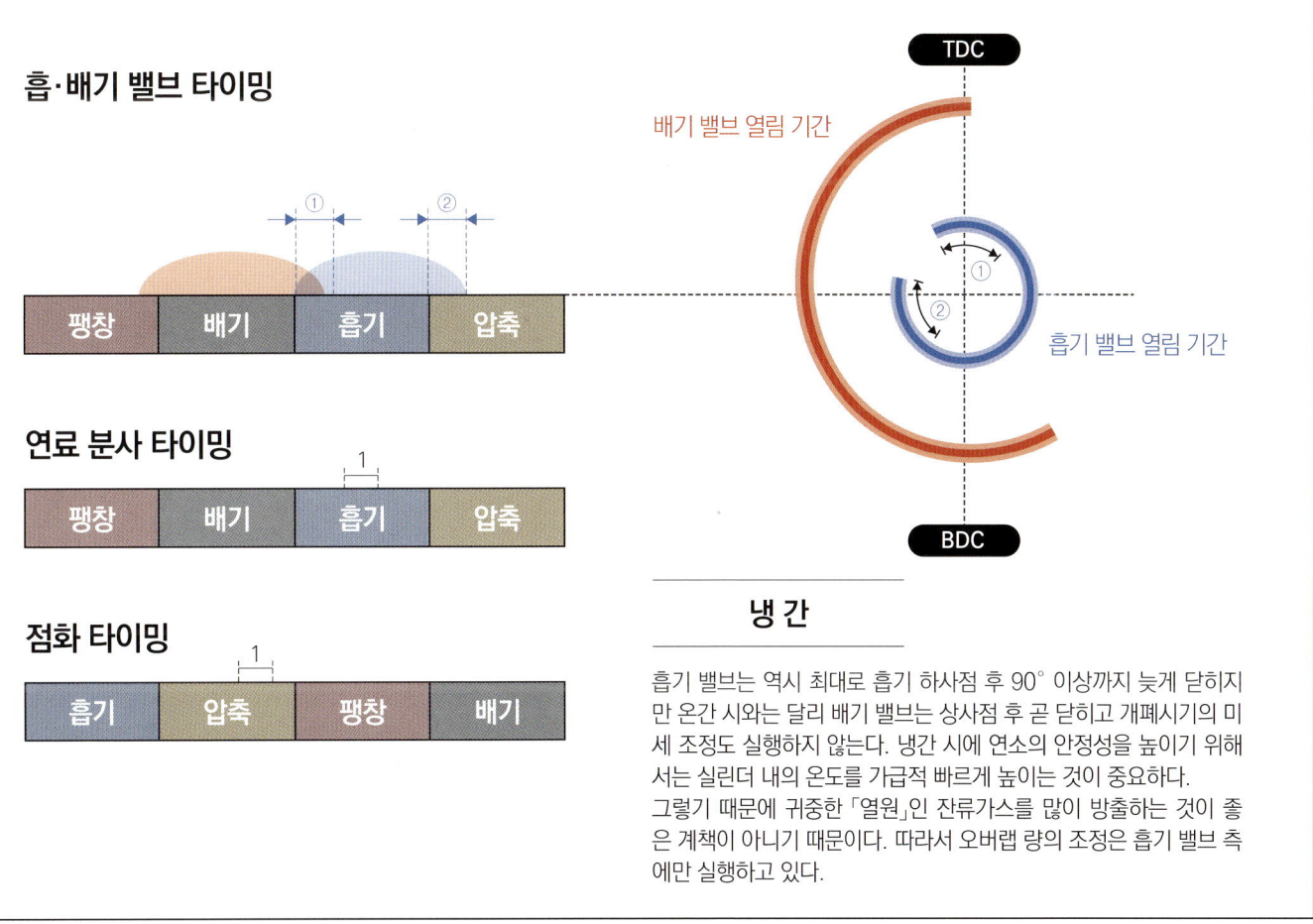

흡·배기 밸브 타이밍

| 팽창 | 배기 | 흡기 | 압축 |

연료 분사 타이밍

| 팽창 | 배기 | 흡기 | 압축 |

점화 타이밍

| 흡기 | 압축 | 팽창 | 배기 |

배기 밸브 열림 기간

흡기 밸브 열림 기간

냉 간

흡기 밸브는 역시 최대로 흡기 하사점 후 90° 이상까지 늦게 닫히지만 온간 시와는 달리 배기 밸브는 상사점 후 곧 닫히고 개폐시기의 미세 조정도 실행하지 않는다. 냉간 시에 연소의 안정성을 높이기 위해서는 실린더 내의 온도를 급격히 빠르게 높이는 것이 중요하다.

그렇기 때문에 귀중한 「열원」인 잔류가스를 많이 방출하는 것이 좋은 계책이 아니기 때문이다. 따라서 오버랩 량의 조정은 흡기 밸브 측에만 실행하고 있다.

공회전(Idle)시

흡·배기 밸브 타이밍

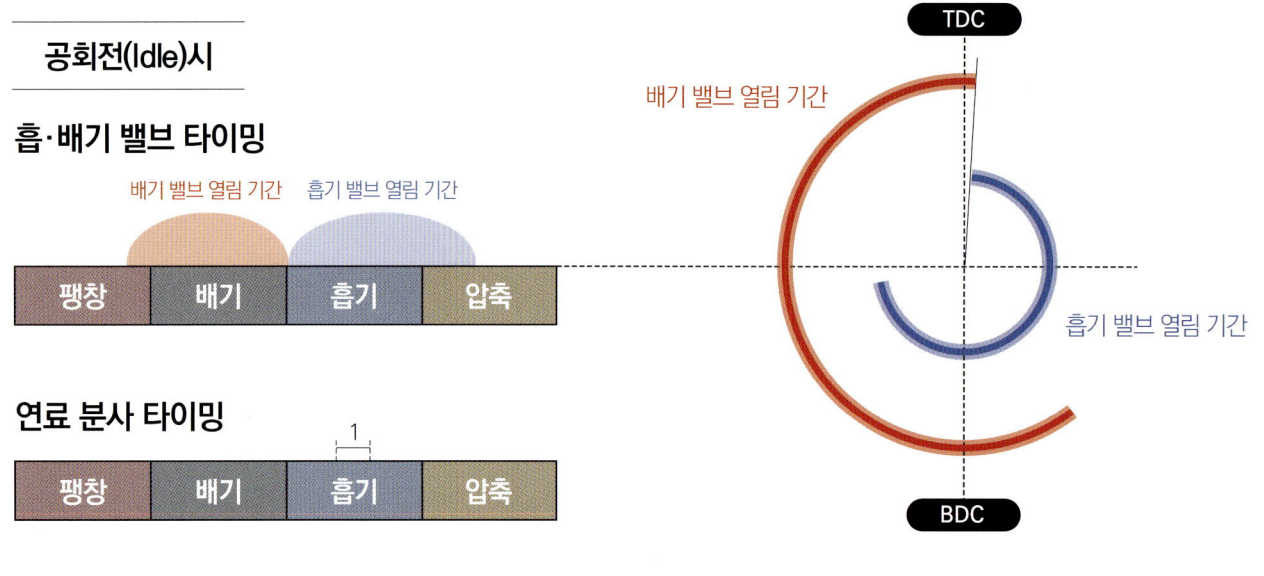

배기 밸브 열림 기간   흡기 밸브 열림 기간

| 팽창 | 배기 | 흡기 | 압축 |

연료 분사 타이밍

| 팽창 | 배기 | 흡기 | 압축 |

점화 타이밍

| 흡기 | 압축 | 팽창 | 배기 |

TDC

배기 밸브 열림 기간

흡기 밸브 열림 기간

BDC

이 장면은 구체적으로 냉간 시동(Cold start) 직후라고 생각하면 된다. 냉간 시에 연소의 안정성을 높이기 위해서는 실린더 내의 온도를 빨리 높이는 것이 중요하다.

따라서 열원이 되는 잔류가스의 양을 증가시키기 위하여 배기 상사점을 지나면 배기 밸브를 곧 닫고 흡기 밸브와의 오버랩도 제로로 한다. 한편으로 기계손실을 줄이기 위하여 흡기 밸브는 흡기 하사점 후 80° 근처까지 늦춰 닫는다.

주행 시

흡·배기 밸브 타이밍

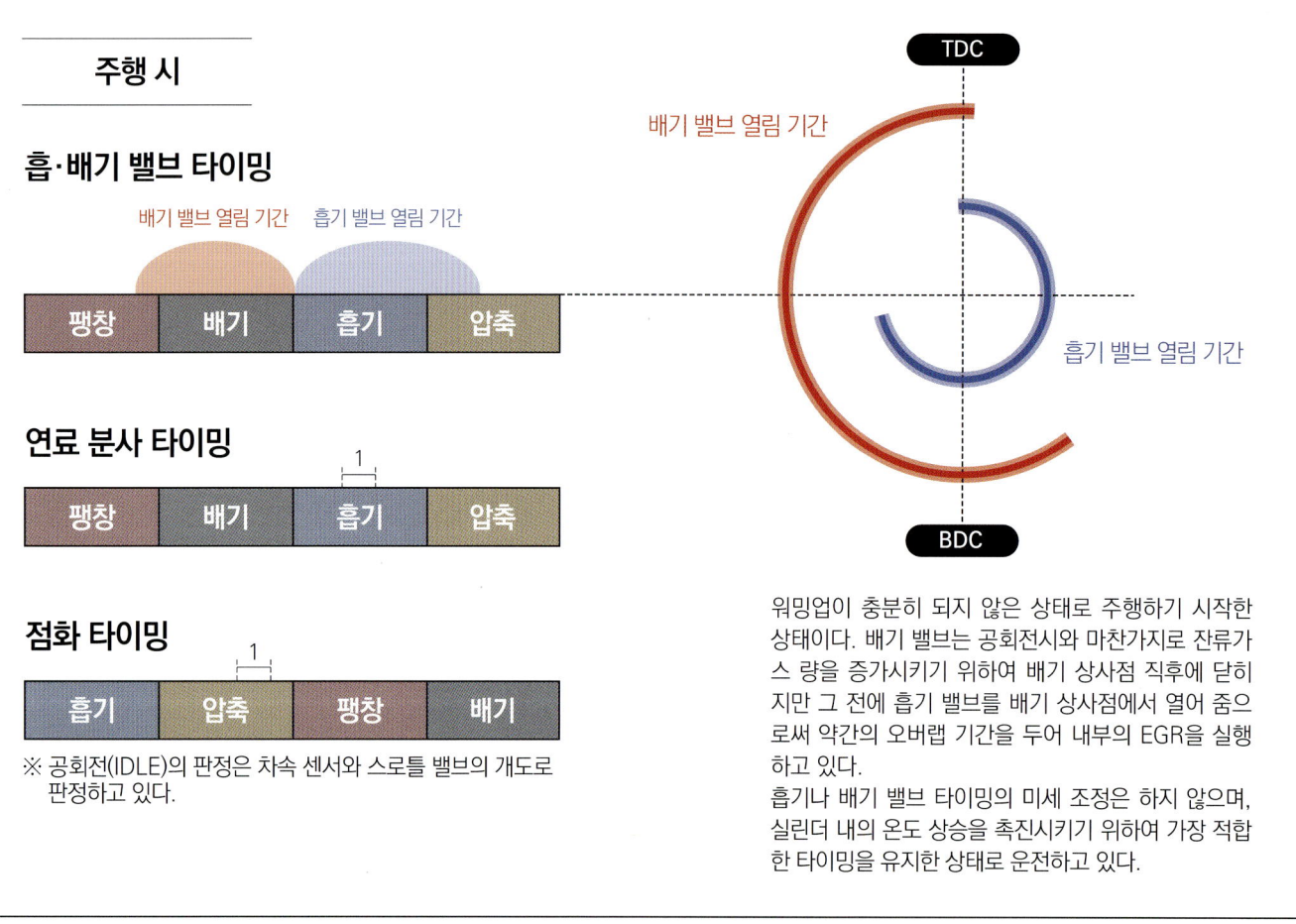

배기 밸브 열림 기간   흡기 밸브 열림 기간

| 팽창 | 배기 | 흡기 | 압축 |

연료 분사 타이밍

| 팽창 | 배기 | 흡기 | 압축 |

점화 타이밍

| 흡기 | 압축 | 팽창 | 배기 |

※ 공회전(IDLE)의 판정은 차속 센서와 스로틀 밸브의 개도로 판정하고 있다.

TDC

배기 밸브 열림 기간

흡기 밸브 열림 기간

BDC

워밍업이 충분히 되지 않은 상태로 주행하기 시작한 상태이다. 배기 밸브는 공회전시와 마찬가지로 잔류가스 량을 증가시키기 위하여 배기 상사점 직후에 닫히지만 그 전에 흡기 밸브를 배기 상사점에서 열어 줌으로써 약간의 오버랩 기간을 두어 내부의 EGR을 실행하고 있다.

흡기나 배기 밸브 타이밍의 미세 조정은 하지 않으며, 실린더 내의 온도 상승을 촉진시키기 위하여 가장 적합한 타이밍을 유지한 상태로 운전하고 있다.

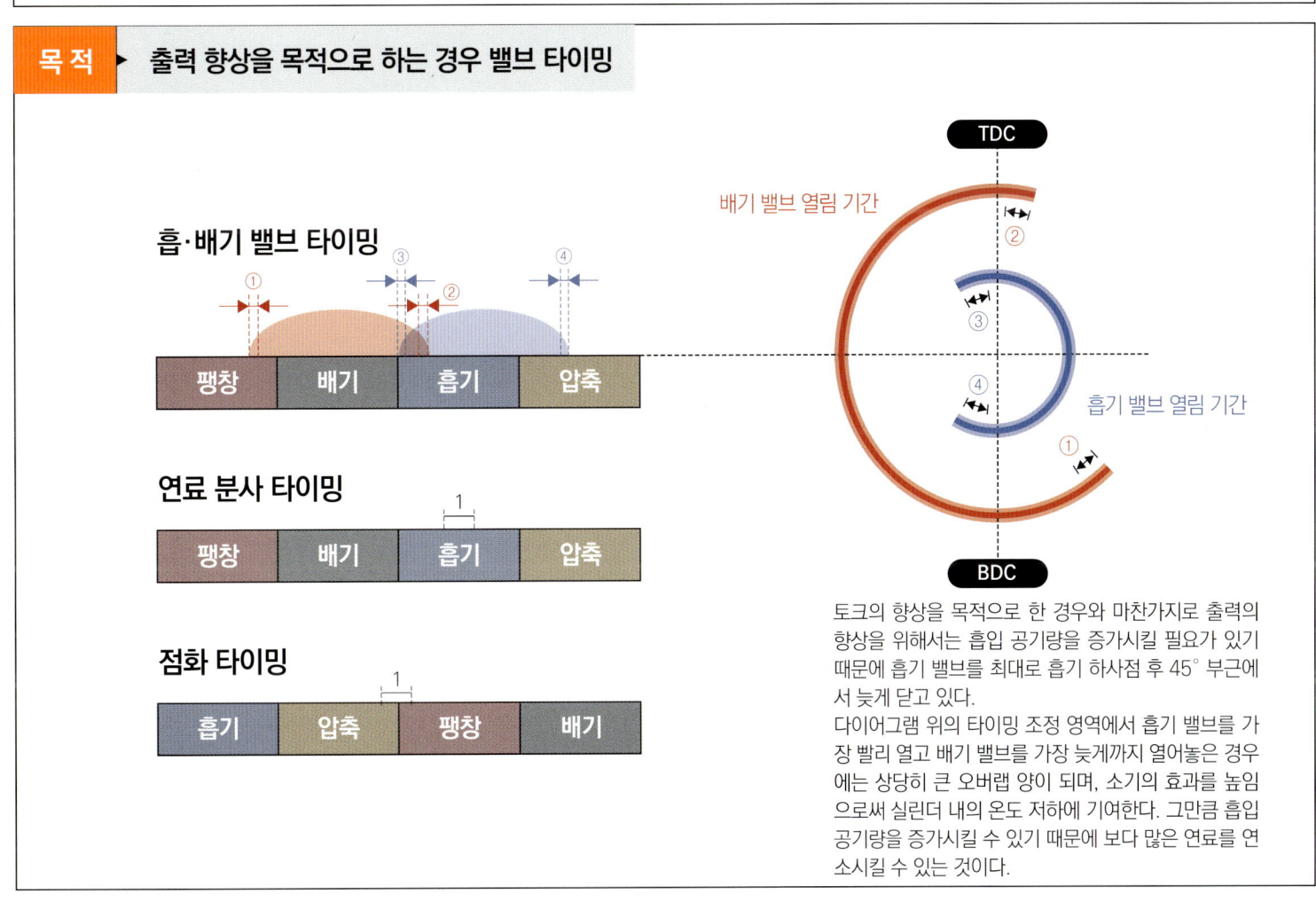

TDC

배기 밸브 열림 기간

흡기 밸브 열림 기간

BDC

흡·배기 밸브 타이밍

배기 밸브 열림 기간　흡기 밸브 열림 기간

팽창	배기	흡기	압축

연료 분사 타이밍

1　2

팽창	배기	흡기	압축

점화 타이밍

1

흡기	압축	팽창	배기

※ 옥탄가, 습도(카본 퇴적)는 KCS 학습량에 사용.

흡기 밸브 타이밍의 조정 폭을 크게 하고 실제의 압축비를 미세하게 제어함으로써 조기 점화(Pre-ignition)의 발생을 억제하고 있다. 상태에 따라서는 오버랩 량을 증가시켜 소기 또는 내부 EGR의 효과도 높인다.
연료 분사를 2회 실행하고 있는 것은 한 번에 분사하는 연료의 양을 감소시켜 조기 점화가 발생하기 쉬운 실린더의 경계부에 혼합기가 도달하는 것을 피하고 동시에 연료의 혼합을 촉진시켜 혼합기의 균질화를 추구하는 것이 목적이다.

목 적 ▶ **출력 향상을 목적으로 하는 경우 밸브 타이밍**

TDC

배기 밸브 열림 기간

흡기 밸브 열림 기간

BDC

흡·배기 밸브 타이밍

③　④　①　②

팽창	배기	흡기	압축

연료 분사 타이밍

1

팽창	배기	흡기	압축

점화 타이밍

1

흡기	압축	팽창	배기

토크의 향상을 목적으로 한 경우와 마찬가지로 출력의 향상을 위해서는 흡입 공기량을 증가시킬 필요가 있기 때문에 흡기 밸브를 최대로 흡기 하사점 후 45° 부근에서 늦게 닫고 있다.
다이어그램 위의 타이밍 조정 영역에서 흡기 밸브를 가장 빨리 열고 배기 밸브를 가장 늦게까지 열어놓은 경우에는 상당히 큰 오버랩 양이 되며, 소기의 효과를 높임으로써 실린더 내의 온도 저하에 기여한다. 그만큼 흡입 공기량을 증가시킬 수 있기 때문에 보다 많은 연료를 연소시킬 수 있는 것이다.

엔진을 장행정으로 설계하면 그 기하학적 설계만으로도 연비의 절약에 기여한다. 더욱이 가변 밸브 기구를 추가하여 밸브 개폐의 타이밍을 제어하면 새로운 세계가 열린다. 그 하나가 밀러 사이클의 효과인데 가변 기구만큼의 비용을 감안하여도 충분히「값을 치르고도 남을」만 하다.

※ 흡기 밸브가 늦게 닫히는 밀러 사이클

오토 사이클 엔진은 실린더 내의 압축비와 팽창비가 같은「등량 사이클」이다. 이에 비하여 팽창비가 압축비보다도 높아지는 이론 사이클을 고안자의 이름을 따서「아트킨슨 사이클(Atkinson cycle)」이라고 부른다.

아트킨슨이 고안한 엔진은 크랭크에 링크 기구를 조합하여 행정마다 실제의 행정을 변화시키는 것이지만 흡기 밸브를 일찍 또는 늦게 닫히도록 함으로써 같은 효과를 얻는 기구를 역시 고안자의 이름을 따서「밀러 사이클(Miller cycle)」이라고 부른다.

오토 사이클

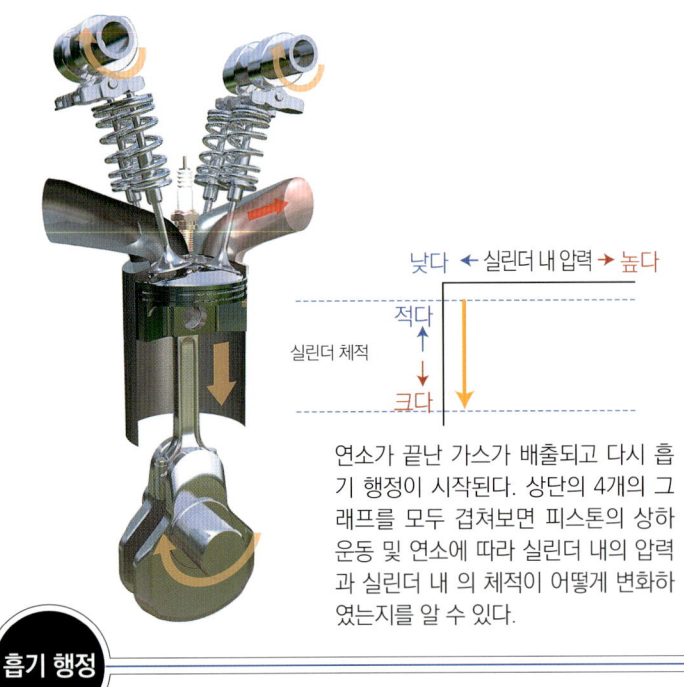

낮다 ← 실린더 내 압력 → 높다

적다
실린더 체적
크다

연소가 끝난 가스가 배출되고 다시 흡기 행정이 시작된다. 상단의 4개의 그래프를 모두 겹쳐보면 피스톤의 상하운동 및 연소에 따라 실린더 내의 압력과 실린더 내 의 체적이 어떻게 변화하였는지를 알 수 있다.

TDC(상사점)
흡입 **9**
실린더 체적
BDC(하사점)

낮다 ← 실린더 내 압력 → 높다
적다
크다

흡기 행정의 하사점에서 열려 있는 흡기밸브는 피스톤의 상승이 시작된 조금 후에 닫힌다. 새로운 공기의 도입(導入)이 멈추고 실린더 내에 공기를 밀폐시켜 체적을 서서히 작아지게 한다. 그것에 비례하여 실린더 내의 압력은 높아진다.

흡기 행정

흡기 행정은 길지만, 압축 행정에서 흡기를 되밀기 때문에 흡입 량은 오토 사이클과 변함이 없다. 다시 말하면 큰 배기량에서도 연료의 공급량은 같으므로 효율이 향상된 분량 이상으로는 토크가 증가 되지 않는다.(1.33배의 토크는 기대할 수 없다)

압축 행정

하사점에 있는 피스톤이 상승을 시작하고 공기를 압축한다는 점은 오토 사이클과 같다. 그러나 밀러 사이클에서는 압축이 시작되더라도 잠시 동안은 흡기 밸브가 열린 상태로 있고 빨아들인 공기를 흡기 포트로 밀어낸다. 그 결과 실질적인 압축비가 13이 아니고 10으로 내려가므로 노킹을 피할 수 있다.

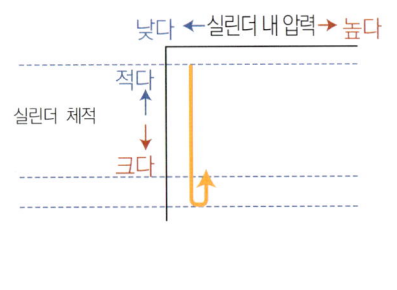

낮다 ← 실린더 내 압력 → 높다
적다
실린더 체적
크다

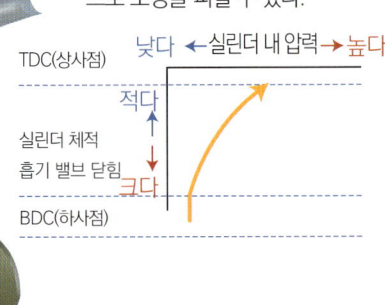

TDC(상사점)

낮다 ← 실린더 내 압력 → 높다
적다
실린더 체적
흡기 밸브 닫힘
크다
BDC(하사점)

흡입 **9**

밀러 사이클

압축 행정에서 흡기 밸브를 늦게 닫는다.

압축비보다도 팽창비를 크게 하는 아트킨슨 사이클(밀러 사이클과 거의 동의어)이 고안 되었을 때는 복잡한 크랭크 기구에 의하여 압축비<팽창비인 상태를 만들어 냈다. 현재는 밸브 개폐의 타이밍 제어에 의해 동일한 상태를 만들어 낼 수 있다. 보통의 오토 사이클 PV 선도(Pressure Volume diagram)는 우측 그림과 같은 것이다. 밀러 사이클에서는 그래프 우측 끝부분의 적색 라인 부분이 팽창비의 확대 분량의 유효일 량으로서 더해져 연비가 향상된다.

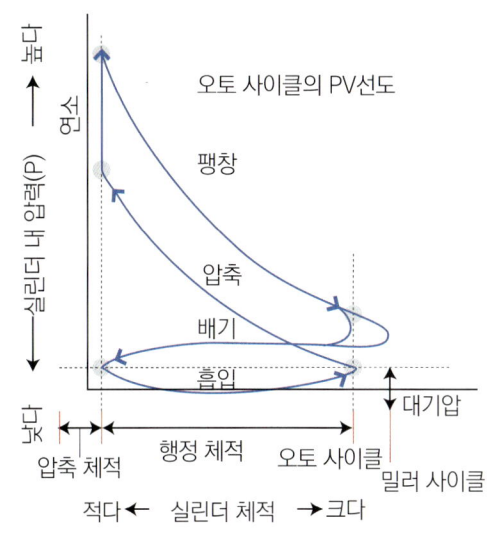

오토 사이클의 PV선도

팽창
압축
배기
흡입

대기압

압축 체적 | 행정 체적 | 오토 사이클
밀러 사이클

적다 ← 실린더 체적 → 크다

낮다 ← 실린더 내 압력 → 높다

적다 ↑ 실린더 체적 ↓ 크다

압축 1

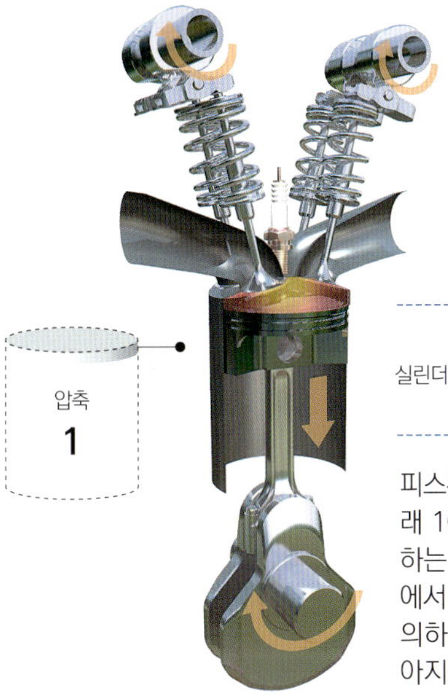

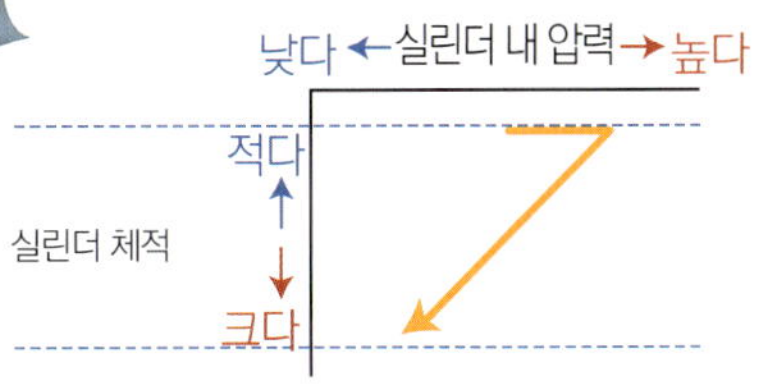

피스톤이 상사점까지 도달하였을 때 원래 10이었던 실린더 체적이 1로 된다고 하는 상정(압축비 10). 곧 점화 플러그에서 점화되어 연소가 시작된다. 연소에 의하여 실린더 내의 압력은 더욱더 높아지고 실린더 내의 체적은 원래의 10으로 돌아간다(팽창비 10). 그 과정에서 실린더 내의 압력도 낮아진다.

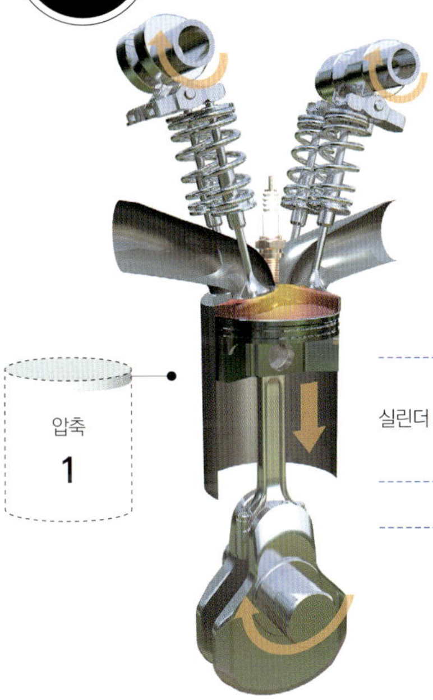

낮다 ← 실린더 내 압력 → 높다

적다 ↑ 실린더 체적 ↓ 크다

팽창 10

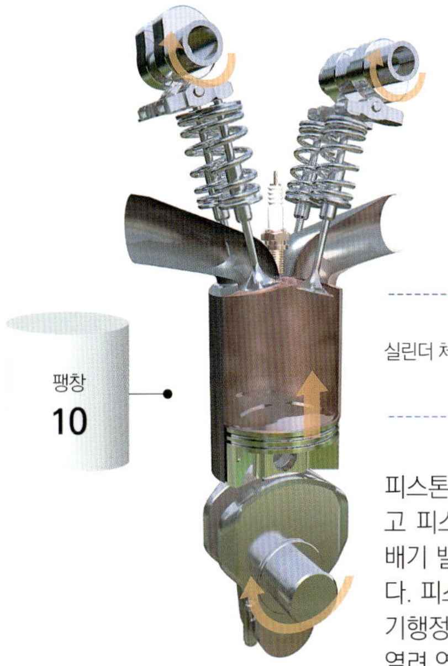

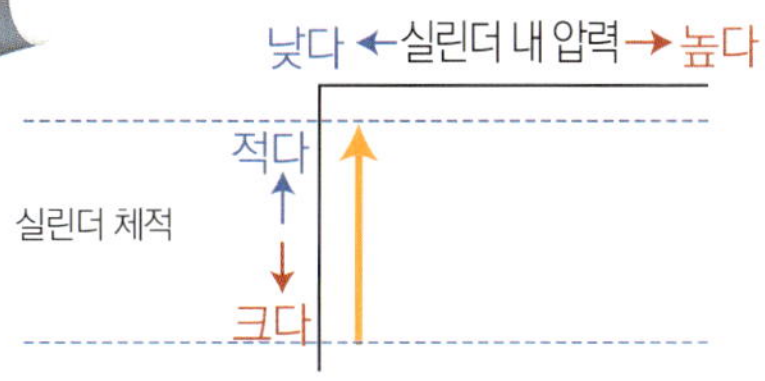

피스톤의 하강에 따라 혼합기가 팽창하고 피스톤이 하사점 가까이에 도달하면 배기 밸브가 열려 연소된 가스가 배출된다. 피스톤이 하사점 가까이 도달하면 배기행정이 시작되기 때문에 배기 밸브가 열려 연소된 가스가 배출된다.

팽창 행정 (폭발 행정)

배기량이 큰 밀러 사이클이지만 같은 9의 공기만을 빨아들인다. 이것을 압축시켜 연소시킨다. 실린더 체적이 증가되기 시작하면 실린더 내의 압력도 하강을 시작한다. 행정이 긴 만큼(팽창비 13) 밀러 사이클 쪽이 큰 힘을 낼 수 있으므로 효율이 높아진다.

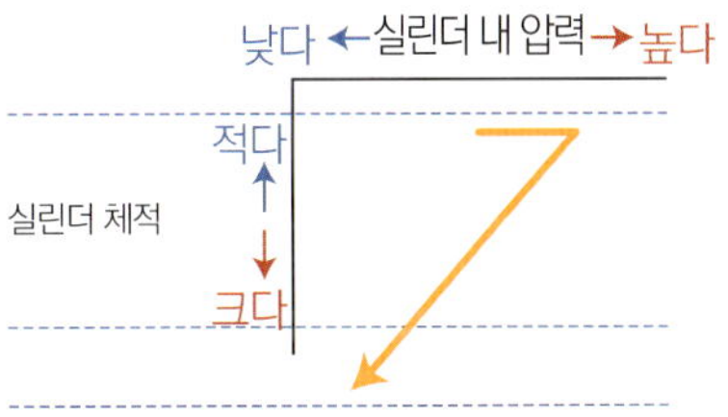

압축 1

낮다 ← 실린더 내 압력 → 높다

적다 ↑ 실린더 체적 ↓ 크다

배기 행정

배기 행정은 밀러 사이클이나 상단의 오토 사이클이나 배기 행정은 같다. 단 팽창 행정이 긴만큼 배기 행정도 그래프 상에서 길어진다. 배기량은 1.33배 이다.

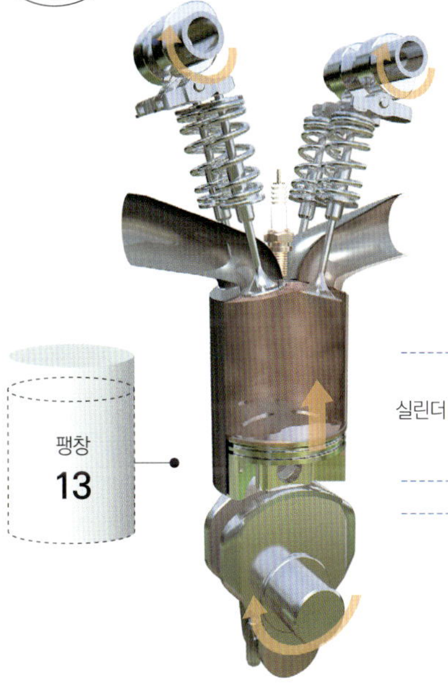

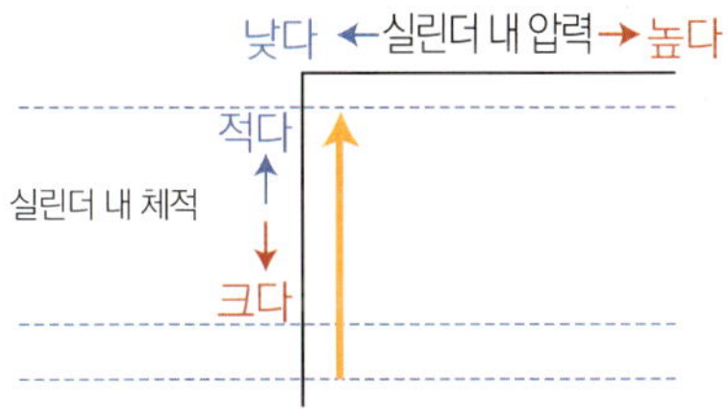

낮다 ← 실린더 내 압력 → 높다

적다 ↑ 실린더 내 체적 ↓ 크다

팽창 13

Chapter 05 가변 밸브 타이밍 기구

일반적으로 저속 운전 영역의 회전력 등 낮은 회전속도에서의 성능을 중요시 하는 엔진에서는 밸브의 양정과 열림 각도를 작게 하여 혼합기의 흐름 속도를 높여 연소효율을 향상시킨다.

높은 출력의 엔진에서는 흡입되는 혼합기의 양을 증가시키기 위하여 밸브의 양정과 열림의 각도를 크게 하며, 고속 운전 영역에서 배기가스의 관성효과를 이용하여 흡입 효율을 향상시키기 위하여 밸브 오버랩을 크게 한다.

그러나 밸브의 양정이나 열림 각도는 캠의 향상에 따라 고정되기 때문에 저속 운전과 중속 운전 영역을 중요시 하는 경우 고속 운전 영역에서 손실이 발생되며, 고속 운전 영역을 중요시 하는 경우 저속 운전 영역에서 회전력이나 안정성이 떨어진다. 따라서 넓은 범위의 회전속도에서 흡기 및 배기효율을 높여 출력을 향상시키고자 개발된 것이 가변 밸브 타이밍 시스템이다.

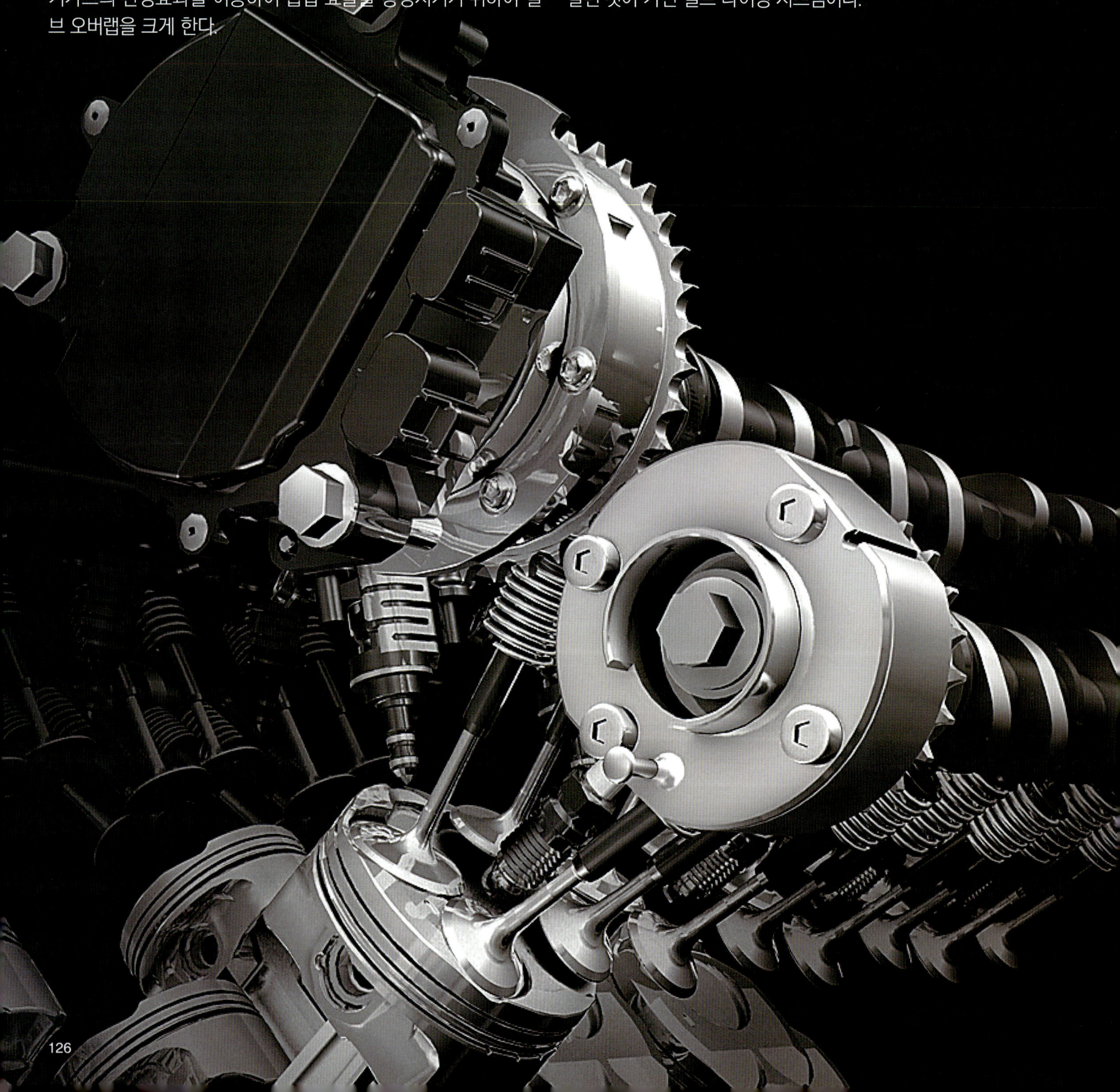

① 가변 밸브(VVT, 캠 위상 가변) 기구

가변 밸브(VVT ; Variable Valve Timing=Variable Cam Phase) 기구는 1983년에 알파 로메오(Alfa romeo)가 최초로 도입하였다. 그로부터 35년이 경과한 현재 이 기구는 자동차 엔진의 표준 장치가 되고 있다.

밸브의 개폐 시기는 엔진에 따라 회전하는 캠축의 외주에 조각한 로브(love)의 형상에 의해 결정되기 때문에 엔진의 등장으로부터 오랜 기간 동안 밸브의 개폐 시기는 고정이었다. 여기에 혁명을 가져온 것이 캠 위상 가변(Variable Cam Phase) 기구이다.

GM

GM 엔진에 사용되고 있는 가변 밸브 타이밍(VVT) 기구로 매우 일반적인 형상이다. 흡기 측에만 설치되지만 배기 측에도 설치할 것인지는 엔진의 특징이나 용도 그리고 차량의 가격과의 관계에서 결정된다.

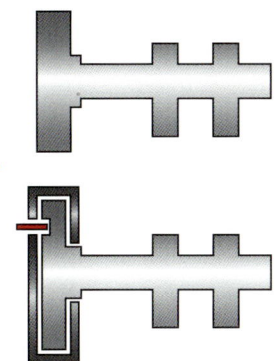

그림은 보통의 캠축이며, 아래쪽이 가변 밸브 타이밍 기구를 조립한 캠축이다. 2중의 구조이며, 필요할 때에 로크 핀(lock pin)을 빼서 유압 또는 전동으로 캠축과 하우징의 위치 관계를 변화시킨다.

타이밍 체인을 위한 스프로킷을 길이(축)방향으로 대형화하고 그 중앙에 가변 밸브 타이밍 기구를 내장하는 방법이 일반적이다. 이전에는 베어링을 별도로 하는 타입이 주류였지만 플로팅 방식이나 윤활 베어링을 채용하는 제품도 나왔다.

이 가변 밸브 타이밍 유닛에서는 블록의 이동이 가능한 범위를 화살표로 표시한 각도이다. 보다 큰 작동 각(캠 위상을 변화시키는 최대 각도)을 얻기 위해서는 블록을 얇게 할 필요가 있으며, 국내의 제품에서는 베인 타입(vane type)이 증가 하였다.

캠축의 표면에 조각된 캠 로브의 형상은 고정되기 때문에 양정(lift)은 로브의 높이로, 밸브 개폐 시기는 둘레 방향의 부푼 정도로 결정된다. 가변 밸브 타이밍(캠 위상 가변) 기구의 도입으로 변화된 것은 개폐 시기 뿐이며, 밸브가 열려 있는 시간 자체를 변화하는 시도는 아직 실현되지 않고 있다.

DAIMLER

캠 위상 가변형 VVT의 경향은 「커다란 가변각화(可變角化)」와 「응답성」의 추구이다 .

VVT(Variable Valve Timing)라는 호칭은 거의 일반 명칭화로 되고 있다. 유럽에서는 VCP(Variable Cam Phase)라고 불리기도 하는데 이 호칭이 캠의 위상을 변화시킨다는 기능 면에는 꼭 맞는 표현이다.

크랭크축과 함께 회전하고 있는 캠축의 구동을 위한 풀리(Pulley)와 캠축을 분리하고 진각 및 지각의 양방향으로 캠의 위상을 겹치지 않도록 함으로써 시동 시 HC(탄화수소)의 저감, 아이들링의 안정, 연비의 향상, 토크의 향상이라는 효과를 얻는다.

유압식 VVT는 오일이 가득 채워진 체임버 내를 블록(또는 베인)이 둘레 방향으로 이동하여 작동 각을 얻는다. 비작동 시에는 로크(Lock) 핀으로 고정시키지만 로크 핀의 위치는 제품에 따라서 다르다.

작동 오일은 상당량이 필요하기 때문에 일반 엔진에 내장된 오일펌프(trochoid pump)의 토출량이 1회전에 15~20cc, 그 중 약 20%에 해당하는 3~4cc를 VVT에 분배할 필요가 있다.

흡·배기 각각에 유압 VVT를 사용하면, 필요한 오일의 양은 약 2배가 된다고 한다. 이것은 차량의 연비를 0.3~0.7% 악화시키는 요인이 되기 때문에 VVT의 개발에서도 에너지의 절약화는 큰 과제인 것이다.

전동식 VVT의 경우는 모터의 힘으로 캠축의 위상을 변화시킨다. 전동식은 섬세한 제어가 가능하지만 상당히 큰 토크가 필요하기 때문에 VVT 유닛 자체가 대형화되고 더욱이 가격이 고가가 된다.

따라서 아직 전동식을 채용하는 경우는 적지만 마쯔다(Mazda)는 2000cc 스카이액티브(Skyactiv) 가솔린 엔진에서 흡기 측을 전동화 하였다. 연비와 퍼포먼스를 얻기 위하여 어느 정도의 비용을 할애할 것인가 하는 계산은 자동차 제조사에 따라서 각기 다르다.

현재, 많은 VVT가 작동을 시작할 때 로크 핀 해제에 캠축의 토크 변동을 이용하고 있다. 캠축은 항상 타이밍 체인(혹은 벨트)의 장력에 의하여 아래쪽으로 밀착되고 있다. 그러므로 캠 로브의 정상이 밸브(롤러 로커 암)와의 접점을 넘어서기 전과 후에 토크의 변동이 발생된다.

일반적으로 2000cc급 4기통 엔진에서 변동되는 토크는 1.5~2Nm 정도라고 알려져 있는데 이 토크의 변동을 이용하여 VVT를 작동시킨다. 그렇다고 해도 회전하고 있는 캠축을 진각 또는 지각시키기 위해서는 상당한 힘이 필요하다. 이것이 오일 소비량의 증가를 초래하기 때문에 조금이라도 부하를 감소시키기 위한 방법도 여러 가지가 있다.

흡기 측에서는 캠의 토크에 따라 진각 측의 위상 변화 속도가 늦어지고, 배기 측에서는 반대로 된다. 그러므로 AISIN정기에서는 VVT 유닛 안에 비틀림 코일 스프링을 배치하여 캠의 토크와 반대 방향으로 토크를 어시스트하고 있다. 스프링의 장력으로 진각 또는 지각을 같은 속도로 제어하는 방법이다. 이 구성에 관한 특허를 갖고 있다.

그리고 VVT는 캠축의 길이에 의해서도 특성이 변화된다. 직렬 6기통 엔진과 같이 캠축이 긴 경우는 필요한 유량이 증가되는데다 작동을 위한 토크의 변동이 적기 때문에 고속 측에서는 로크 핀을 떼어내기 위한 연구가 필요하다.

반대로 수평대향 4기통 엔진과 같이 짧은 캠축은 작동 유량의 측면에서는 편해지지만 저속 영역에서 캠축의 토크 변동이 크다. Subaru는 이 특성을 이용하여 중간 로크를 걸고 있는데 새로운 엔진에 채용된 Borg Warner 제품의 VVT는 변환 각 70° 근처에 중간 로크 위치를 두었다. 직렬 4기통 엔진에서 이것을 실현하는 것은 어렵기 때문에 VVT 제작사의 연구 과제로 되어있다.

일반화되기 시작한 유압 VVT에서도 이와 같이 몇 개의 큰 과제가 남아 있다. 연구 개발은 끊임없이 계속되고 있다.

Mazda의 Skyactiv 가솔린 엔진은 작동 각이 크고 높은 응답성의 전동식 VVT를 흡기 측에(앞에서 실린더 우측), 유압식 VVT를 배기 측에 각각 설치하고 있다. 현재 가장 고가의 사용법이다. 작동 각은 100°를 넘고 있으며, 늦게 닫히는 밀러 사이클의 효과를 적극적으로 이용하고 있다.

S.M

캠축의 위상을 진각 또는 지각의 방향으로 엇갈려 놓으면 아래의 표에 기록되어 있는 것 같은 효과를 얻을 수 있다. 현 시점에서는 저속 회전에서 아이들링을 안정시키기 위하여 지각 방향으로 로크시키는 경우가 많다.

유압 제어의 진보에 따라 중간 위치에서의 로크도 사용되기 시작했으며, 시동 시의 HC 저감이라는 효과를 얻고 있다. 작동 각은 서서히 커지기 시작하여 100° 이상의 제품도 출현하였다.

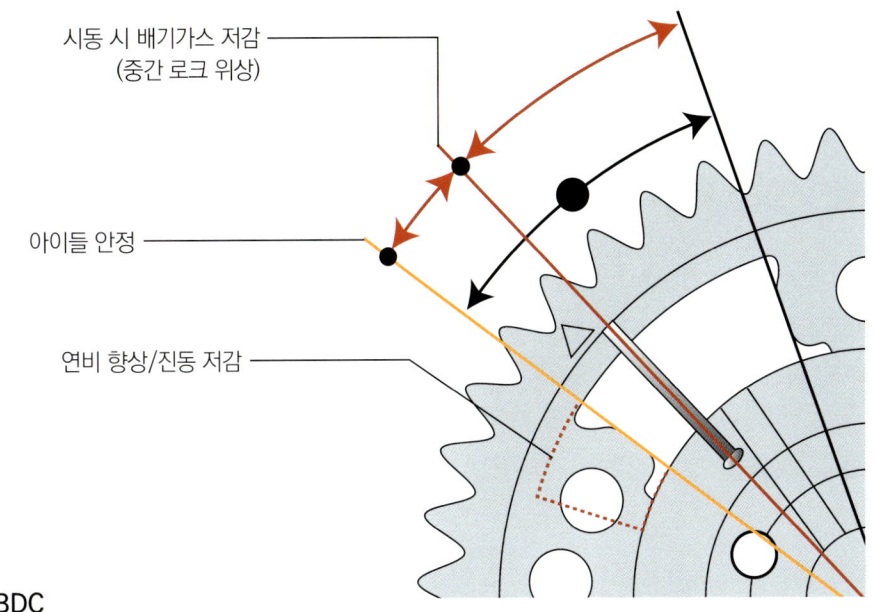

시동 시 배기가스 저감
(중간 로크 위상)

아이들 안정

연비 향상/진동 저감

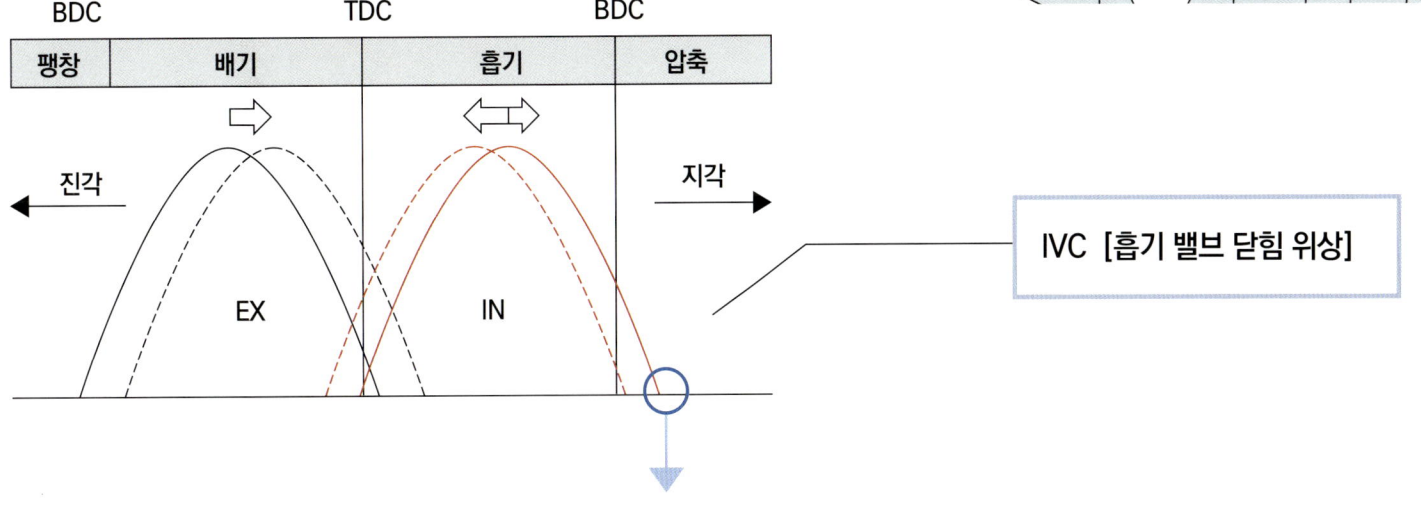

BDC   TDC   BDC

| 팽창 | 배기 | 흡기 | 압축 |

진각 ←   → 지각

EX   IN

IVC [흡기 밸브 닫힘 위상]

	연비 향상(펌핑 로스 저감) 토크 향상					시동 시 HC 저감				아이들 안정			연비 향상(Late miller) 진동저감(decompressor시동)			
IVC(흡기밸브 폐 위상) (ABDC CA)	20	25	30	35	40	45	50	55	60	65	70	75	80	85	90	95
normal VVT	← 진각										○		지각 →			
중간 로크 ① HC 저감							○						○로크 위상			
중간 로크 ② 연비 향상							○									

Aisin정기의 VVT에 대하여 특성을 나타낸 그래프이다. 빨간 원은 VVT의 로크 위상을 나타낸 것이다. IVC(흡기 밸브 닫힘 위상)는 40° 부근이며, 이것보다 진각 측(회색의 영역)에서는 시동시에 HC 저감 효과와 연비의 향상을 노릴 수 있다.

그리고 normal VVT에서는 로크 위상이 70° 부근에 있지만 중간 로크 타입에서는 이것을 50° 부근의 중간 위치까지 내보내는 것으로써 시동시의 HC 저감과 연비의 향상을 더욱 노릴 수 있다. 유압제어의 정밀화로 중간 로크가 가능하게 되었다.

Honda i-VTEC
(intelligent-Variable valve Timing and lift Electronic Control system ; 가변 밸브 타이밍 & 리프트 시스템)

엔진의 특성 폭을 넓혀 주는 유효한 방법이지만 크랭크 회전 각도에 대해 밸브를 언제 어느 정도로 열고, 언제 닫을 것인가. 이 부분을 가변화하면 가스의 흐름이나 흡·배엔진 안의 압력 변동에 유리한 범위를 넓힐 수 있다.

▶ 캠 프로파일(cam profile) 절환

배기측 VTEC

저속용과 고속용의 프로파일이 서로 다른 캠을 배치하고 로커 암(정확하게는 스윙 암)을 매개로 하여 밸브를 누른다. 일반적인 영역에서는 양쪽의 스윙 암이 각각 저속 캠에 의해서 움직인다.

그 중간에 고속 캠이 누르는 암이 있고, 3개의 로커 암을 관통하는 구멍에 암 폭에 맞추어 분할된 소형 피스톤이 배치되어 있다. 여기에 유압을 공급하면 피스톤이 밀려나가 고속 캠과 양쪽의 저속 캠이 핀으로 결합되어 하나가 됨으로써 고속 캠의 각도 및 양정으로 절환 된다.

핀이 밀려나가 옆의 로커 암 구멍으로 들어가는 것은 캠의 기초원과 접촉하고 있는 시기로 한정되는데 초기 VTEC(Variable valve Timing and lift Electronic Control system)에서는 몇 퍼센트 확률로 「튕겨져 나왔다」는 보고도 있다.

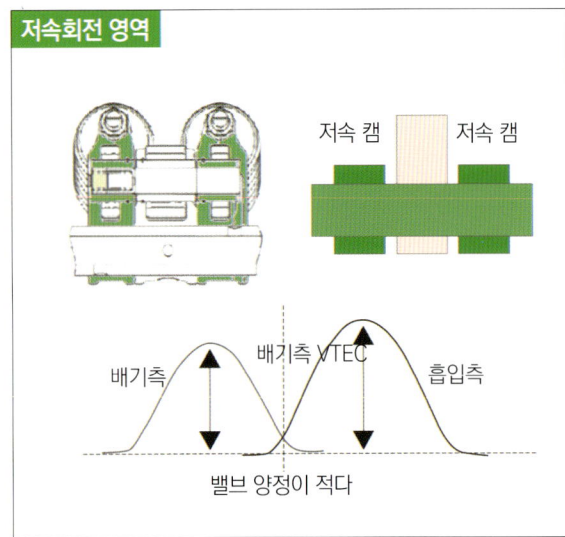

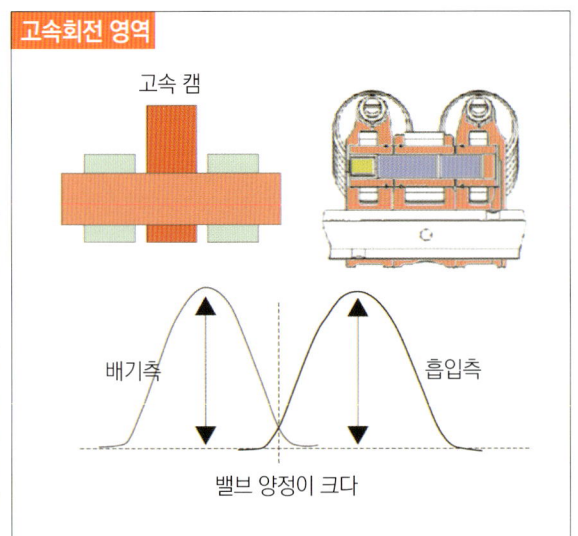

프로파일이 다른 캠을 복수로 배치하고 그것을 구분하여 사용하는 구조로 밸브의 열림 시기와 양정 양쪽을 절환하는 방법에 앞장섰던 것은 혼다이다. 그 이후 캠 절환형 가변 밸브 타이밍을 VTEC이라고 총칭하면서 오늘에 이르렀다.

나아가 2002년에 어코드(Accord)에 탑재한 K24형 직렬 4기통 엔진부터는 캠 절환에 의한 기존 VTEC(흡기·배기 모두) 외에도 흡기 측에 가변 위상 기구를 장착함으로써 적합 폭을 더욱 넓히는 장치를 도입하였다. 이 조합을 "i-VTEC"이라고 한다.

최근의 캠 구동은 체인이 주류인데, 체인의 늘어남이 줄어들어 밸브 타이밍 정확도가 상승하면서 내구성도 높아졌다. 약점이었던 소음이 개선된 체인이 다수 등장한 것이 이러한 흐름과 관련이 있다.

각 실린더 당 4밸브를 DOHC+스윙 암으로 작동시킨다. 캠축의 구동은 체인으로 양쪽 캠축을 1단계 구동하며, 흡기 캠축과 스프로킷(Sprocket) 사이에 가변 위상 액추에이터를 장착한다.

▶ 캠 위상 가변 (VTC 액추에이터)

흡기측은 피동 풀리와 캠축의 위상을 바꿔, 어느 폭 가운데에서 임의의 위치에 멈춘다. 이로 이해 배기 밸브 닫힘과 흡기 밸브 열림 시기, 말하자면 밸브 오버랩이 바뀌는 것이 중요하다. 배기가스 정화, 특히 NOx 생성을 억제하려는 영역에서는 오버랩을 크게 함으로써 배기가스가 재 흡입되어 EGR량이 증가한다(자기 EGR 효과). 흡기 밸브 닫힘도 빨라져 밀러 (Miller) 사이클 효과로 펌핑 손실이 감소되어 연비에도 좋은 영향을 미친다.

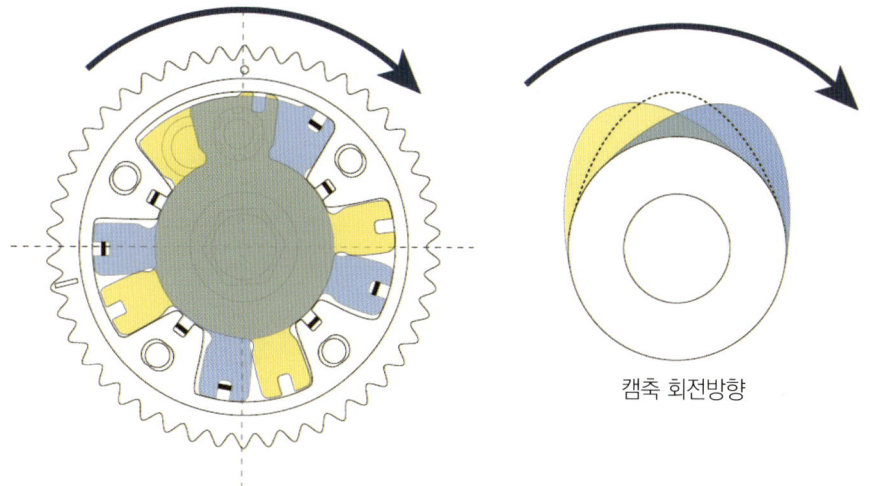

캠축 회전방향

출력/토크 중시 영역

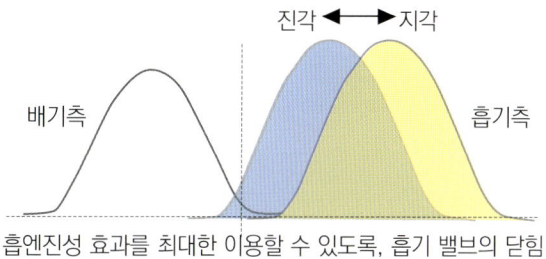

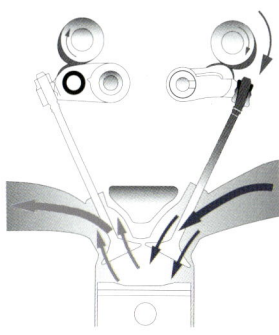

흡엔진성 효과를 최대한 이용할 수 있도록, 흡기 밸브의 닫힘 각을 제어해 토크를 향상.

연비/배출가스 중시 영역

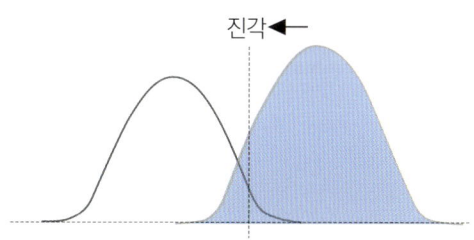

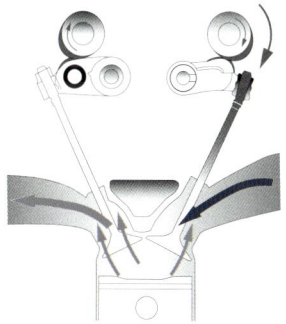

오버랩을 크게 해 EGR 효과로 배출가스를 감소시킴. 펌핑 손실을 줄여 연비를 향상.

공회전(아이들링)

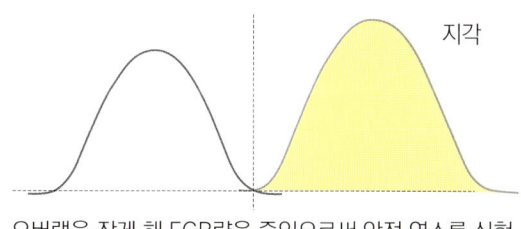

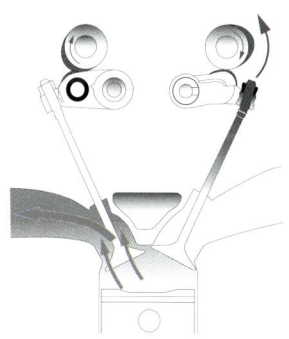

오버랩을 작게 해 EGR량을 줄임으로써 안정 연소를 실현.

캠 위상 가변 기구

가변 밸브 타이밍을 최초로 양산화한 알파 로메오(Alfa romeo)의 직렬 4기통 트윈 점화 플러그. 풀리와 캠축이 헬리컬 기어(Helical Gear)로 맞물려 있어서 이곳을 유압으로 밀고 당기면 위상이 변화된다.

ALFAROMEO

크랭크축에서 캠축으로 회전(1/2로 감속하면서)을 전달하여 구동한다. 여기서 캠축 구동(피동)측의 회전 전달부, 즉 스프로킷이나 풀리 또는 기어와 캠축과의 위치(각도) 관계를 변화시키면, 그 만큼 크랭크 회전각에 대한 밸브 개폐시기가 변한다.

기구적으로는 비교적 단순하고 신뢰성이나 내구성 불안도 적기 때문에, 이 방법을 적용한 엔진이 증가하고 있다. 그러나 캠 프로파일, 즉 크랭크 회전각 중에서 밸브의 양정은 바뀌지 않고 다만 밸브 개폐시기만 앞뒤로 움직이는데(그것도 기구상, 가능한 각도 범위에서) 지나지 않는다.

다시 말해 가변 효과가 큰 흡기 측에서 보자면, 배기가 끝나는 상사점 부근에서의 오버랩과 흡기 밸브 닫힘 시기가 평행 이동하는 것뿐이다.

GM

로터리 피스톤 기구를 유압이나 전자석 등으로 상대 회전(相對回轉)시키는 유닛을 사용하는 예가 늘었다. 어느 회전각 중 임의의 위치에서 멈출 수 있는 연속 가변형도 있다. 사진의 GM 노스스타(Northstar) V형 8기통 엔진은 흡·배기 양쪽에 장착되어 있다.

캠 프로파일 절환 + 위상 가변 시스템

▶ Porsche VarioCam Plus

포르쉐(Porsche)는 먼저 캠 위상 가변 기구를 흡기 측에 적용하면서 이것을 「VarioCam」이라고 이름 붙였다. 최근의 사용자들은 사용하기 쉬운 실용 영역을 필요로 하는 반면, 고속 회전 영역까지 완전하게 성능을 끌어낼 수 있는 포르쉐(Porsche) 엔진으로서는 역시 실용 영역만으로는 충분하지 않아 저속용과 고속용 두 가지 캠을 장착해 절환하는 메커니즘을 적용했다. 이것이 현재의 「VarioCam Plus」이다.

캠이 버킷 태핏(bucket tappet)을 직접 내리누르는 직접 구동식을 바꾸지 않고, 캠 절환기구를 사용하는 모습에서 포르쉐(Porsche)다운 노력이 엿보인다. 버킷 태핏이 이중의 원통 모양을 하고 있어서 밸브 스템(축)에 직결된 안쪽 피스톤이 자유롭게 중앙 캠과 접촉되어 있는 상태가 저속용이다.

이 피스톤이 내려간 위치에서 바깥쪽 버킷 태핏과 가느다란 핀으로 결합된 상태에서는 밸브는 버킷과 함께 바깥쪽의 열림 정도 및 양정이 큰 고속 캠에 의해 눌려 내려간다.

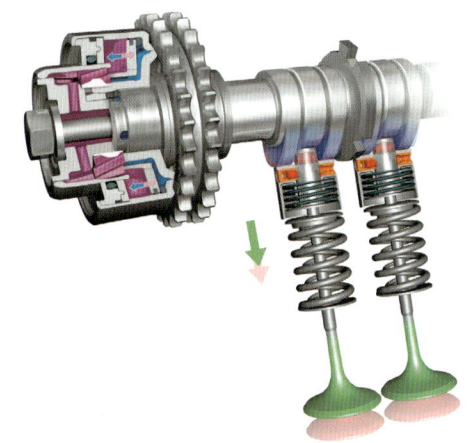

저속 캠으로 작동하고 있는 상태이다. 밸브 스템~중앙 피스톤에 대해 바깥쪽 태핏은 자유 상태이며, 밸브 양정은 작다.

캠의 기초원 = 밸브 양정이 제로(0)인 상태에서 중앙의 피스톤과 버킷의 구멍이 일치하는데 2분할 핀을 밀어내면 양쪽이 고정되어 고속 캠의 움직임이 밸브로 전달된다.

▶ AUDI 밸브 리프트 장치

2006년 가을, A6부터 탑재되기 시작한 새로운 V형 6기통 직접분사 엔진부터, 아우디도 캠 프로파일 절환 방식을 도입했는데 상당히 응축된 기구를 구축해 왔다. 1실린더 당 2개씩의 흡기 밸브 각각에 대해 2종류의 캠이 배열되어 더구나 캠축 상의 세레이션(Serration, 축 방향 홈)에 장착되기 때문에 축 방향으로 이동할 수 있다.

이 2캠×2밸브로 된 일체 원통에는 나선모양의 홈도 파져 있어서 측면의 작은 실린더에서 밀려나온 핀이 이 홈 안으로 들어가면 캠축의 회전과 함께 원통을 가로로 이동시켜 로커(스윙) 암이 롤러와 접촉되어 있는 캠을 기초원 상에서 들어 올리지 않는 상태 동안 옆 캠으로 이동시키는 것이다.

캠 원통은 이 각각의 상태에서 볼 + 홈에 잠긴다. 고속 캠은 양정 11mm, 저속 캠은 2개의 흡기 밸브에서 5.7mm와 2mm라는 다른 양정을 제공하고 있다.

한쪽 3실린더 6개의 흡기 밸브에 캠이 2개씩 배열된다. 그 중간에 나선모양의 홈이 있어서 바깥쪽에서 수평에 가까운 각도로 핀이 들어오면 캠이 얹힌 원통 부분이 축 방향으로 움직인다. 밸브는 암에서 롤러 접촉 로커 암으로 밀려서 움직인다. 캠축 구동용 체인은 엔진 뒤쪽에 배치된다.

② 가변 밸브 리프트(VVL) 기구

밸브의 리프트(양정)량 자체를 가변으로 하는 아이디어는 이전부터 존재 하였고 많은 엔지니어들이 씨름해 왔다. 그러나 실현하기가 어려워 21세기 첫 해에 가까스로 양산 엔진에 채용되었다.

캠 형상의 의존에서 탈피하여 밸브 리프트 가변으로 도전

가솔린 엔진에는 스로틀 밸브(공기 조절 밸브)가 설치되어 있으며, 출력을 발생할 때의 연료만으로 조절하려면 공기량이 너무 많아져 희박한 연소가 되기 때문이다. 하지만 스로틀 밸브는 펌핑 손실(Pumping loss)을 초래한다.

따라서 펌핑 손실의 폐해를 없애는 연구는 이전부터 진행되었지만 실용적인 해결책으로서 주목을 받은 것이 밸브 리프트 양을 연속 가변식으로 하여 공기를 조절하는 방식이었다. BMW는 요동 캠 방식의 가변 밸브 리프트에 대하여 1966년에 특허를 신청하였다. 위의 일러스트가 그것이다.

그런데 가변 밸브 리프트 기구를 최초로 시판하는 엔진에 도입한 것은 Honda이다. 1980년대 말에 실용화된 VTEC(Variable Valve Timing & Lift Electronic Control system)은 리프트 양의 2단 변환이었지만 처음으로 이 분야에서 시판 기술을 손에 넣었다.

조금 늦게 미쓰비시(Mitsubishi) 자동차가 2단 절환 & 가변 기통이라는 기구를 상품화하였다. 리프트와 작용각의 가변은 1990년대 중반에 Rover Group이 선수를 쳤지만 밸브 타이밍과 리프트의 연속 가변은 BMW의 밸브트로닉이 처음으로 실현하였다.

현재 요동 캠 방식의 가변 밸브 리프트 기구는 Toyota, Nissan, Honda, Mitsubishi 자동차 등이 각각 독자적인 방식으로 실용화하고 있는데 과거의 논문을 찾아보면 일본도 1990년대에 리프트 가변으로의 길을 모색하고 있었다는 것을 알 수 있다. 예를 들면 Mazda는 1990년대 초에 아츠기 유니시아(Atsugi Unisia) Nissan의 방식과 비슷한 요동 캠 방식을 특허 출원하였다. Mitsubishi의 MIVEC(Mitsubishi Innovative Valve timing Electronic Control system)은 SOHC 엔진과의 조합으로 1990년대 전반에 등장하였다. 결코 BMW 만이 돌출하고 있는 것은 아니다.

1966년 7월에 출원된 BMW의 특허

캠축에 편심 캠을 조립(적색 부분)하여 그 왕복 운동을 요동 캠(청색 부분)에 전달하여 밸브를 밀고 당긴다. 그 때의 작동량을 제어하기 위하여 녹색의 링크를 움직인다. 현재의 밸브트로닉에 통용되는 기구가 1960년대에 고안되었다는 것은 놀랄 일이다.

하긴, 독일은 1930년대 후반에 직접분사 4밸브의 항공기용 왕복 피스톤 엔진을 완성시켰으니 리프트의 가변화도 자연스런 흐름이라고 말할 수 있을 것이다.

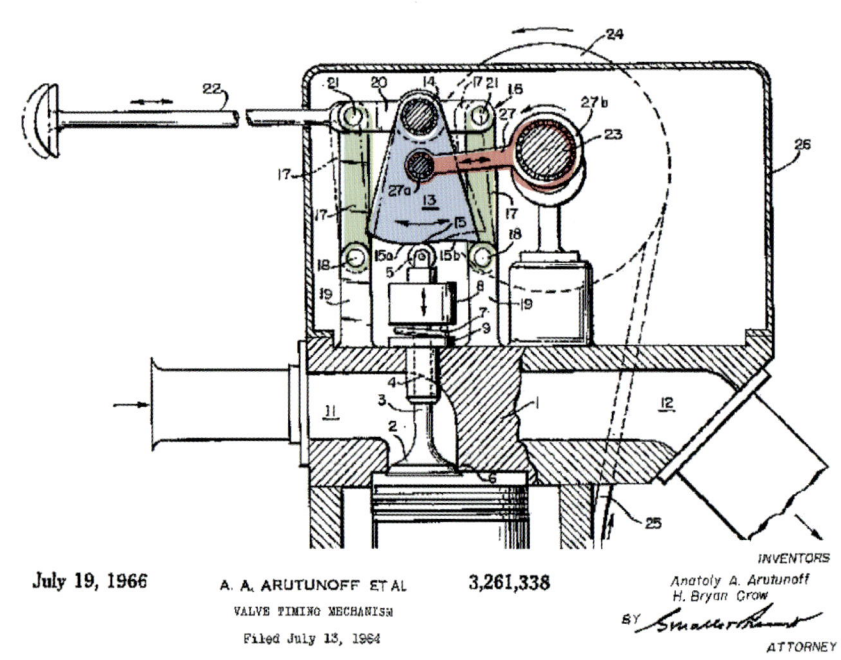

July 19, 1966   A. A. ARUTUNOFF ET AL   3,261,338
                       VALVE TIMING MECHANISM
                       Filed July 13, 1964

INVENTORS
Anatoly A. Arutunoff
H. Bryan Crow
BY
ATTORNEY

밸브 작동을 정지시키는 기구

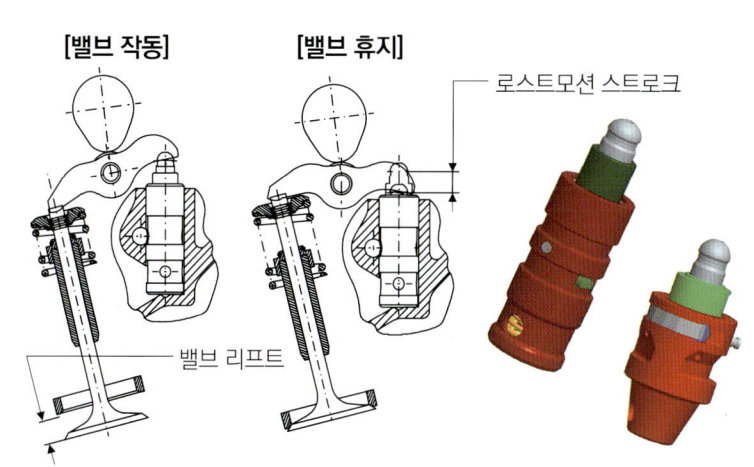

[밸브 작동]　[밸브 휴지]

로스트모션 스트로크

밸브 리프트

흡입한 공기량을 가변으로 하는 수단으로서 2개의 흡기 밸브 중 한쪽의 작동을 정지시키는 아이디어가 있다. Honda는 1991년에 이것을 실용화하였다. 위의 일러스트는 독일 Schaeffler group의 제품이며, 스위처블 피봇(Switchable pivot)이라고 불린다. 롤러 로커 암과 조합시킨 유압 피봇의 가장 높은 부분을 강하게 밀어서 로스트모션 스트로크(Lost motion stroke)를 만든다.

지나칠 수 없는 작은 부품의 진보

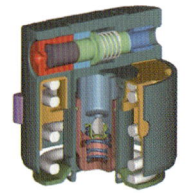

이것도 Schaeffler group의 Switchable 태핏이다. 중앙 부분만 튀어나와 캠 로브를 높게 한 것과 같은 효과를 얻는다.

롤러 로커 암도 점점 개량되고 있다. 가벼 우면서도 강성을 높여가는 경향이 있다. 그래도 가격은 점점 낮아지고 있다.

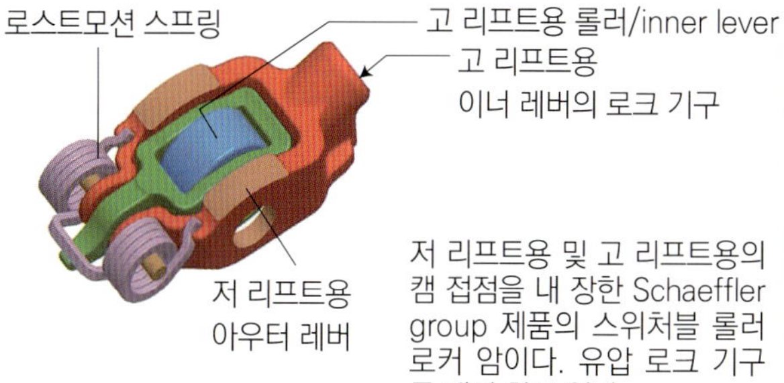

로스트모션 스프링

고 리프트용 롤러/inner lever

고 리프트용 이너 레버의 로크 기구

저 리프트용 아우터 레버

저 리프트용 및 고 리프트용의 캠 접점을 내 장한 Schaeffler group 제품의 스위처블 롤러 로커 암이다. 유압 로크 기구를 내장 하고 있다.

2001년에 등장한 1세대 밸브트로닉

1세대 밸브트로닉은 일러스트와 같은 요동 캠에 의하여 로스트 모션(Lost motion ; 무효 작동)을 만들어 내어 밸브 리프트 양의 가변화를 달성하였다. 밸브 타이밍의 가변에 대해서는 Aisin정기의 VVT 유닛을 채용했는데 보통은 캠축의 토크 변동을 이용하여 작동시키는 VVT이기 때문에 일부에 토크의 변동이 없는 영역이 출현하는 리프트 가변 기구와의 매칭에는 Aisin정기 측의 아이디어가 필수 불가결하였다.

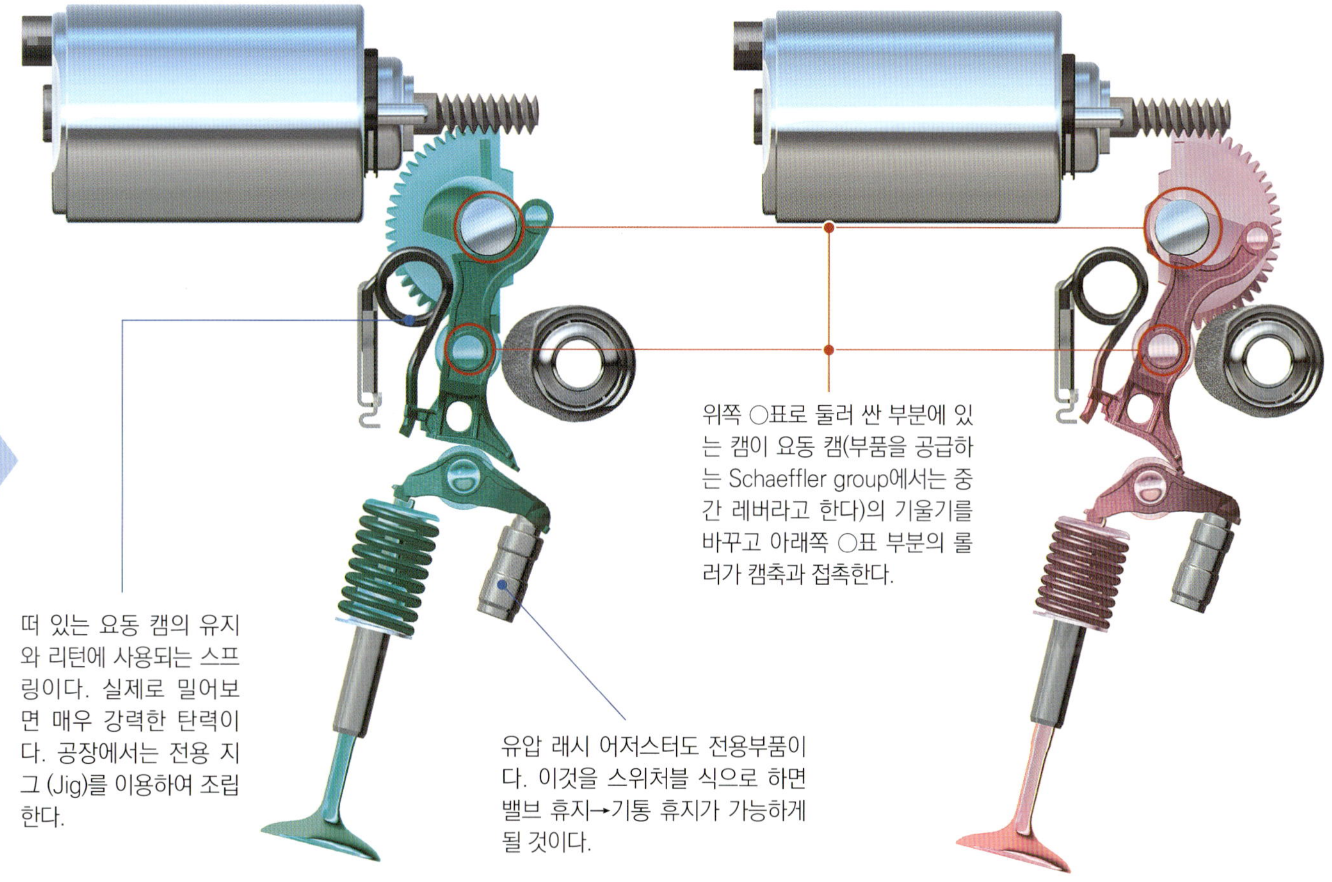

위쪽 ○표로 둘러 싼 부분에 있는 캠이 요동 캠(부품을 공급하는 Schaeffler group에서는 중간 레버라고 한다)의 기울기를 바꾸고 아래쪽 ○표 부분의 롤러가 캠축과 접촉한다.

떠 있는 요동 캠의 유지와 리턴에 사용되는 스프링이다. 실제로 밀어보면 매우 강력한 탄력이다. 공장에서는 전용 지그 (Jig)를 이용하여 조립한다.

유압 래시 어저스터도 전용부품이다. 이것을 스위처블 식으로 하면 밸브 휴지→기통 휴지가 가능하게 될 것이다.

③ 로스트 모션(Lost motion)

연속 가변 리프트는 매우 복잡하고 괴기한 시스템이다. 하고자 하는 것은 「밸브의 이동량을 작게 하는 것」이다. 그러기 위해서는 캠축의 회전력으로부터 밸브의 왕복 운동에 이르는 과정에서 어느 곳의 운동을 억제할 것인가? 가장 현실적인 해결 방법이 여기에서 소개하는 「로스트 모션 기구」인 것이다.

연속 가변 리프트를
실현하기 위한
4개의 수단

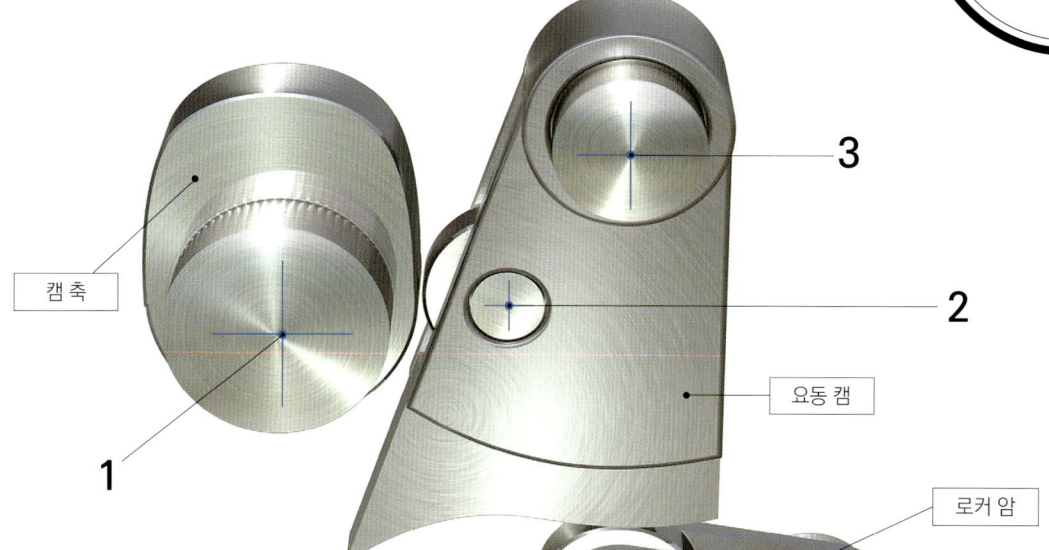

캠 축

1

3

2

요동 캠

가장 현실적인 해결책

연속 가변 리프트 기구에서는 어떻게 리프트를 낮은 상태로 만들까 하는 것이 과제가 된다. 상황마다 캠 로브의 높이가 변화하거나 밸브 스템의 길이가 변화된다면 리프트 양은 가변된다. 그러나 그와 같은 기술은 아직 나타나지 않고 있다. 그러한 이유에서 리프트 양을 변화시키기 위하여 캠축과 로커 암 사이에 「요동 캠」이라는 부품을 하나 더 설치하고 지렛대 원리로 트래블 양을 변화시킴으로써 결과적으로 리프트 양을 연속적으로 가변시키는 구조를 구축하고 있다.

그 방법은 4개로 입력원인 캠축의 중심, 요동 캠의 지지점 중심, 회전 캠의 팔로워(요동 캠의 롤러), 그리고 요동 캠의 팔로워(로커 암의 롤러)이다. 물론 리프트 양을 가변시키기 위해서는 그 밖에도 여러 가지 방책을 생각할 수 있지만 실제로 대량 생산하고 있는 기술에 한하면 2011년부터 이 요동 캠 방법이 가장 현실적인 해결책이 되고 있다.

로커 암

4

밸브 시트

밸브

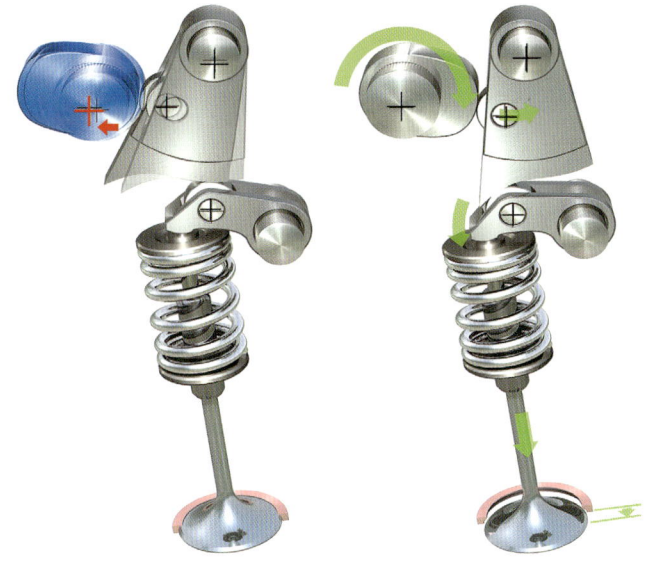

캠축 중심

최초의 입력원이다. 캠축의 중심을 멀리 떼어 놓으면, 캠 로브가 작아진 것과 같은 효과가 생기고 그 후 모든 출력은 작아지게 된다. Daimler가 특허를 취득하였는데 쉽게 상상할 수 있듯이 회전하는 캠축의 축 위치를 변화시키기 위해서는 수많은 난관에 봉착되기 때문에 실현되어 있는 시스템은 아직 눈에 띄지 않는다.

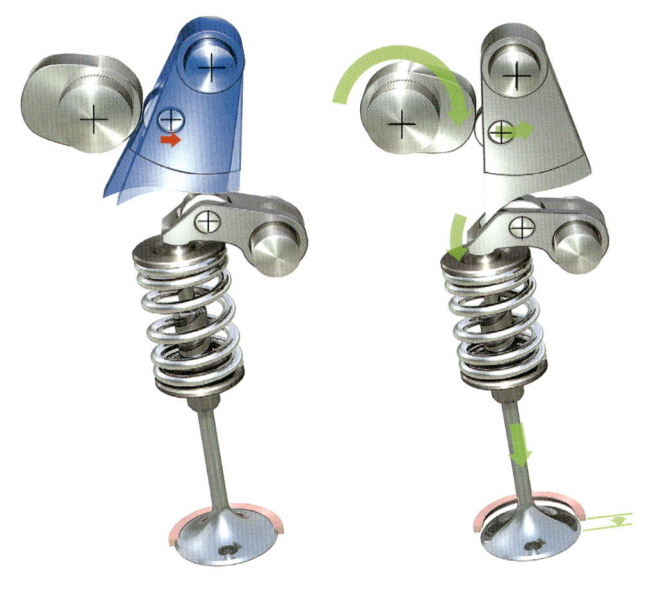

회전 캠 팔로워(롤러)

모처럼 요동 캠을 설치하였으니 그 작동을 가변화시킬 수 있다면 좋은 것은 분명하다. 그런 이유에서 로스트 모션 기구를 실현하는데 가장 현실적인 수단이 되고 있는 것이 이 회전 캠 팔로워(follower)인 롤러의 이동이다. 캠축이 구동되는 롤러의 위치를 멀리 밀려나게 함으로써 아래 면의 캠 페이스가 이동하고 로스트 모션 양이 변화한다.

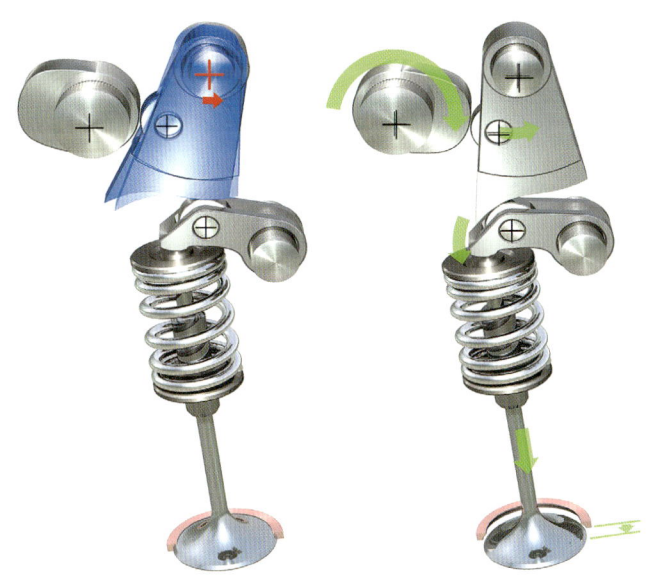

요동 캠의 지지점

또 다른 요동 캠에 의한 로스트 모션 기구가 요동 캠 지지점의 이동이다. 캠축으로부터 지지점을 멀리 밀어 놓음으로써 가압점도 이동하여 캠축으로부터의 입력이 감소하기 때문에 결과적으로 트래블 양이 감소하게 된다. 실제로는 편심 축이나 캠에 의해 미는 힘으로 이동시키는 방법 등이 채용된다. Solution 2번의 방법과 함께 로스트 모션에서는 실현성이 높은 방책이다.

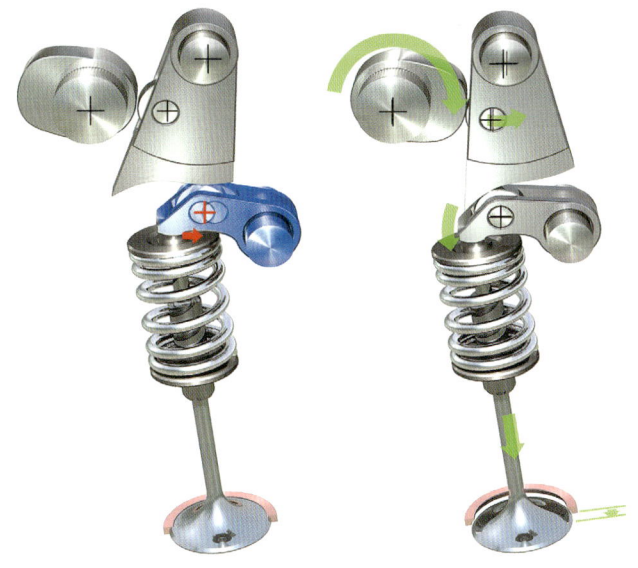

요동 캠 팔로워(롤러)

최종적으로는 밸브를 미는 로커 암으로의 입력을 약하게 하면 리프트 양의 감소가 가능하다. 그래서 요동 캠 페이스에 대기하는 로커 암의 롤러를 이동시켜서 스트로크의 범위 안에 서는 full로 일을 할 수 없도록 하는 것이 이 방법이다. 단순하게 슬라이드 하는 것이 아니라 회전 암 등을 이용하여 축을 움직이는 것이 현실적인 해결이다.

밸브 열림 시기 연동의 가변 리프트

미쓰비시(Mitsubishi)의 가변 밸브 시스템, MIVEC(Mitsubishi Innovative Valve timing Electronic Control system)의 라인업에 새롭게 추가된 연속 가변 리프트 기구이다. 4J10형 엔진에 채용되는 이 시스템은 캠축으로부터 흡기 로커 암까지의 사이를 중계하는 스윙 캠으로 로스트 모션(Lost motion)을 만들어 흡기 밸브의 리프트 양을 연속적으로 가변시킨다.

로스트 모션을 이용하는 많은 연속 가변 리프트 기구에서 볼 수 있는 리프트가 작은 상태일 때의 밸브 열림 시기의 지연이 거의 없고 리프트 양을 변화시키더라도 밸브 열림 시기는 거의 같은 상태가 되는 점이 커다란 특징 중의 하나이다.

이로 인하여 연속 가변 리프트 기구에서 거의 필수가 되어온 밸브 열림 시기의 보정을 목적으로 한 가변 위상(VVT)과의 협조 제어가 불필요하게 된 점에서 SOHC에 의한 단순한 장치로 자리를 잡고 있다(VVT를 사용한 협조 제어에는 DOHC가 필수).

이와 관련하여 캠축에는 유압식 VVT도 채용되는데 이것은 고부하 시에 흡기 밸브를 늦게 닫음으로써 효율을 향상시키기 위한 목적으로 설치하는 장치이다.

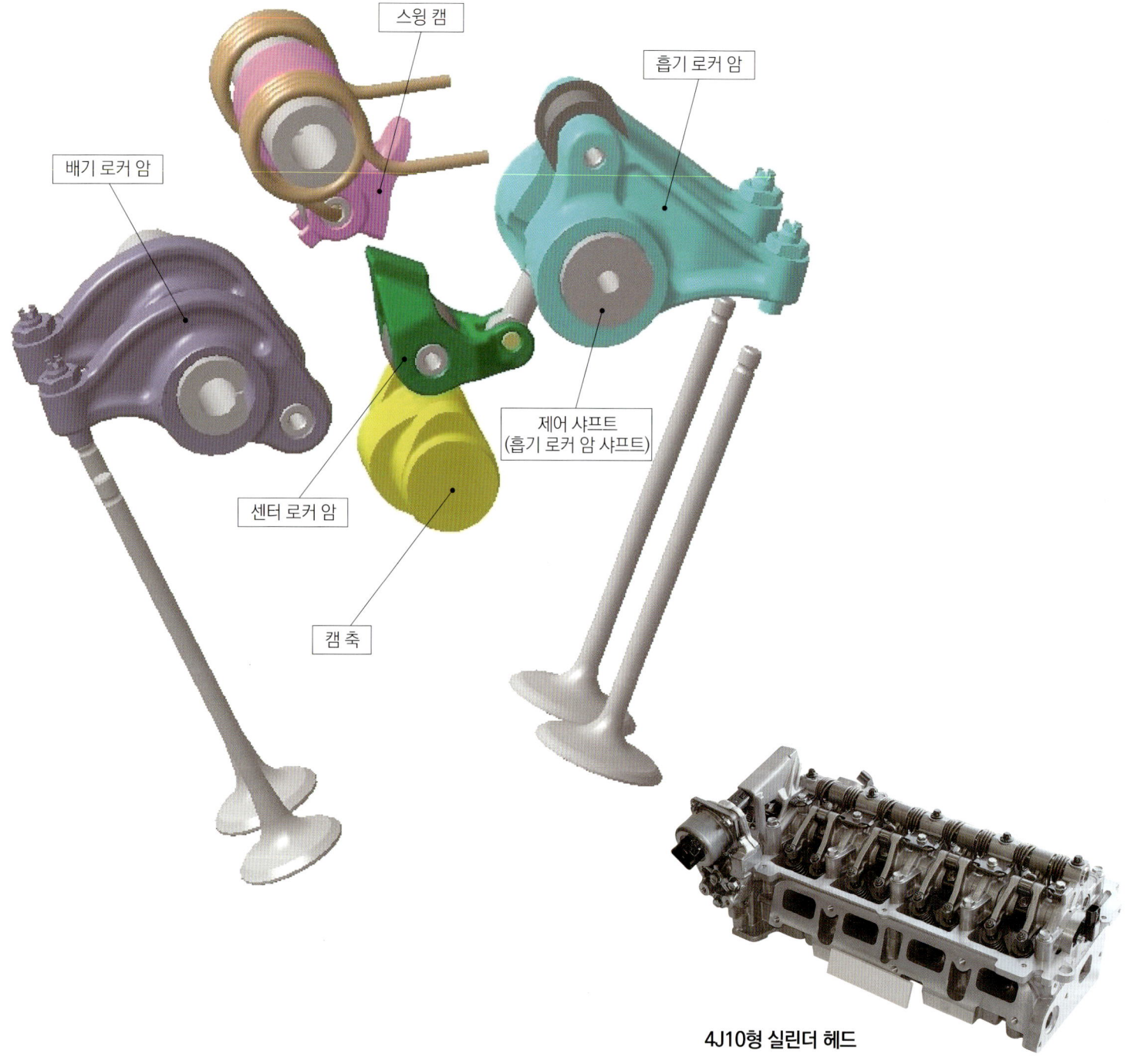

스윙 캠

흡기 로커 암

배기 로커 암

제어 샤프트
(흡기 로커 암 샤프트)

센터 로커 암

캠 축

4J10형 실린더 헤드

MIVEC의 구조와 동작

로스트 모션을 만들어내는 기구 등의 추가에 의하여 상당히 대형화되는 경향이 있는 연속 가변 리프트 기구이지만 MIVEC에서는 SOHC화 등을 비롯하여 콤팩트하면서도 단순하게 완성하는 것을 목표로 하고 있다. 특히 독특한 것은 흡기 측 로커 암 축을 리프트 제어용의 제어 축(control shaft)과 공용하는 구조이다. 제어 축의 회전에 의해 캠축과 접촉하는 센터 로커 암의 위치가 변화되고 스윙 캠과 흡기 로커 암 사이에서 발생하는 로스트 모션(무효 작동)의 크기를 조정하는 것이지만 리프트가 큰 측으로 센터 로커 암을 이동하면 동시에 센터 로커 암과 캠축이 접촉하는 점이 지각(遲角)의 형태로 되어 결과적으로 리프트 양을 변화시켜도 밸브 열림 시기가 변하지 않는다는 장점으로 연결되고 있다. 물론 축의 공용에 의한 부품 수가 적어져 콤팩트화에 기여하고 있는 것은 말할 것도 없다.

좌측이 리프트가 작은 상태, 우측이 리프트가 큰 상태이다. 제어 축을 겸하는 흡기 측 로커 암 축의 각도 변화에 따라 센터 로커 암의 위치가 변화된다.
사진 중의 캠축은 시계 반대 방향으로 회전하기 때문에(최소 및 최대 리프트 상태의 그림 중에 그려져 있는 캠 샤프트의 회전 방향은 시계방향) 리프트가 큰 상태에서는 센터 로커 암의 위치가 리프트가 작은 상태보다도 타이밍적으로 지각되고 있는 것을 알 수 있다.

최소 리프트 상태　　　　　　　　　　　　　　**최대 리프트 상태**

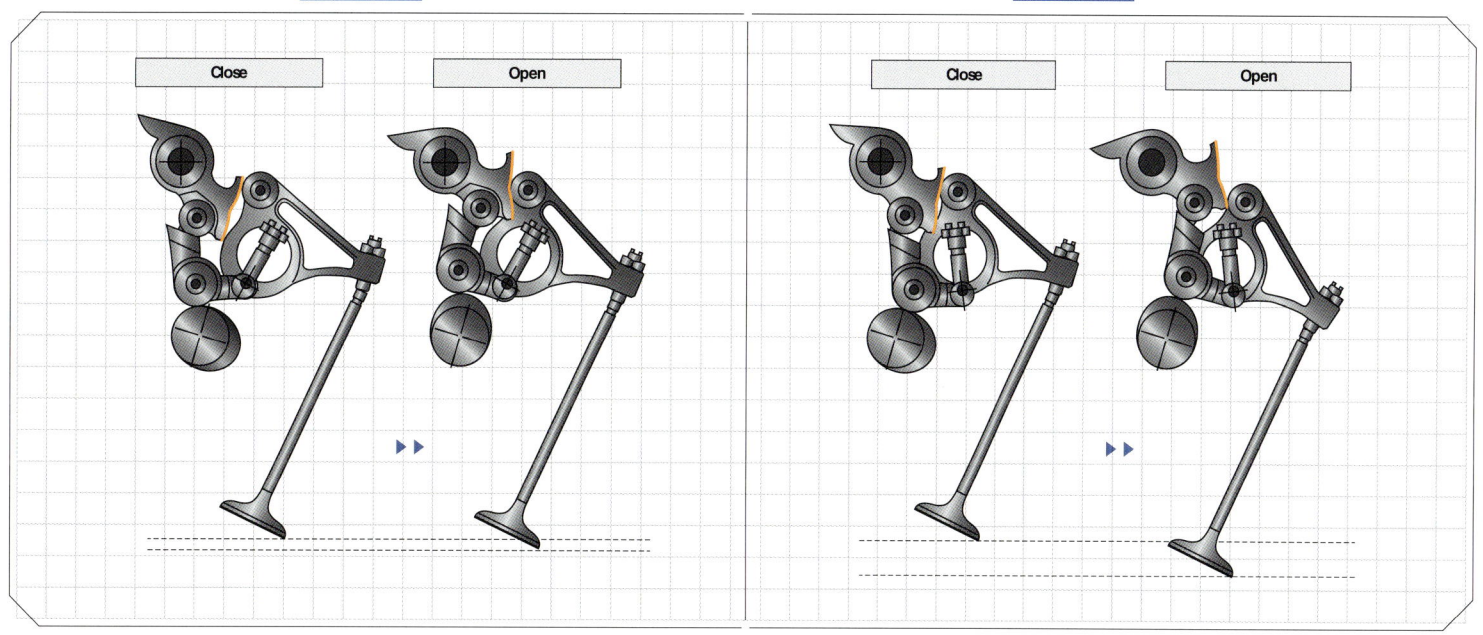

중앙 부분의 롤러가 캠축에 직접 접촉하고 우측에 보이는 슬리퍼 면을 통하여 그 움직임을 스윙 캠으로 전달하는 센터 로커 암이다. 좌측에 보이는 핀 부분은 제어 축(control shaft) 측면에 배치된 구멍에 끼워 넣어진 형태로 되어 있다. 핀의 밑에는 피봇이 설치되어 있으며, 이 부분을 지지점으로 캠축에 추종한다.

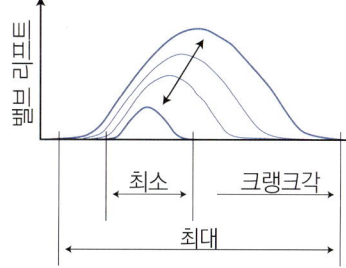

일반적으로 로스트 모션을 이용하는 연속 가변 리프트 기구에서는 리프트 양의 변화에도 불구하고 리프트 커브 정점의 위치는 변함이 없기 때문에 리프트가 낮을 때 밸브 열림 시기의 지연이 현저 해지므로 VVT와의 협조 제어에 의한 밸브 열림 시기의 보정이 필수적이지만 MIVEC에서는 위의 그래프에서 나타내고 있는 것처럼 리프트 양이 변화하여도 밸브 열림 시기는 거의 변화되지 않는다.

● **Professional´s eye**　　Drl HATAMURA

2005년 동경 모터쇼에서 소개된 이 기구는 연속 가변이었지만 3단 변환으로 가까운 미래에 양산화 된다는 정보가 있어 주목 하였다. 그 후 어떠한 이유에서인지 이야기는 두절되었다. 왜일까?
현재의 기구에서는 센터 로커 암을 구동하는 부분이 롤러로 되어 있지만 이전의 기구에서는 링크를 사용한 핀의 결합이었다. 다른 기구에서도 링크와 핀의 결합이 사용되고 있는 경우가 있지만 가속도가 심한 밸브 기구에 핀의 결합을 사용하고 있는 것은 강성의 확보와 마모의 문제로 매우 곤란하다.
이것을 개선하여 자신을 갖고 시장에 도입할 수 있는 기회가 오기까지 5년의 세월이 필요했을 지도 모르겠다. 이 기구에서 주목해야 하는 것은 리프트 & 열림 각도에 추가하여 위상이 동시에 변화하는 점이다. 그러므로 비용과 질량이 유리한 SOHC에 채용할 수 있었다. 그리고 DOHC에 사용하는 경우는 흡기의 VVT(위상 변화)가 불필요하게 된다. 보급되고 있는 가변 밸브 기구로서 주목하고 싶다.

제2세대를 맞이하여 완성도가 높아지며, 합리화가 진행 중이다.

스로틀 밸브의 기능을 밸브 리프트 양의 제어로 변환하는 것을 목적으로 하여 연속 가변 리프트 기구의 개척자적인 존재라고 말할 수 있는 BMW의 밸브트로닉(Valvetronic)이다.

제2세대를 맞이하여 완성도가 높아지면서 제1세대에서는 페일 세이프의 의미로 남아있던 스로틀 밸브도 그 모습이 완전히 사라지고 기구의 배치나 소재의 변경 등에 의하여 보다 합리화가 진행되고 있다.

스로틀 밸브에 해당하는 제어 축(control shaft)에 의하여 지지점의 위치가 이동하는 "요동 캠"을 통하여 캠축으로부터의 움직임을 로커 암으로 전달한다. 언뜻 난해한 것 같지만 어디에도 고정되지 않은 이른바 플로팅 상태의 요동 캠이 여러 개의 접점에서 미끄러짐을 동반하면서 움직인다는 점이 이해하기 위한 중요한 포인트이다. 기본적으로 지지점의 위치에 따라 변화하는 로스트 모션(무효 작동)의 크기가 밸브 리프트의 양을 결정하는 요소가 되고 있으며, 로스트 모션이 클수록 리프트 양은 작고 로스트 모션이 작을수록 또는 없다면 리프트 양은 커진다.

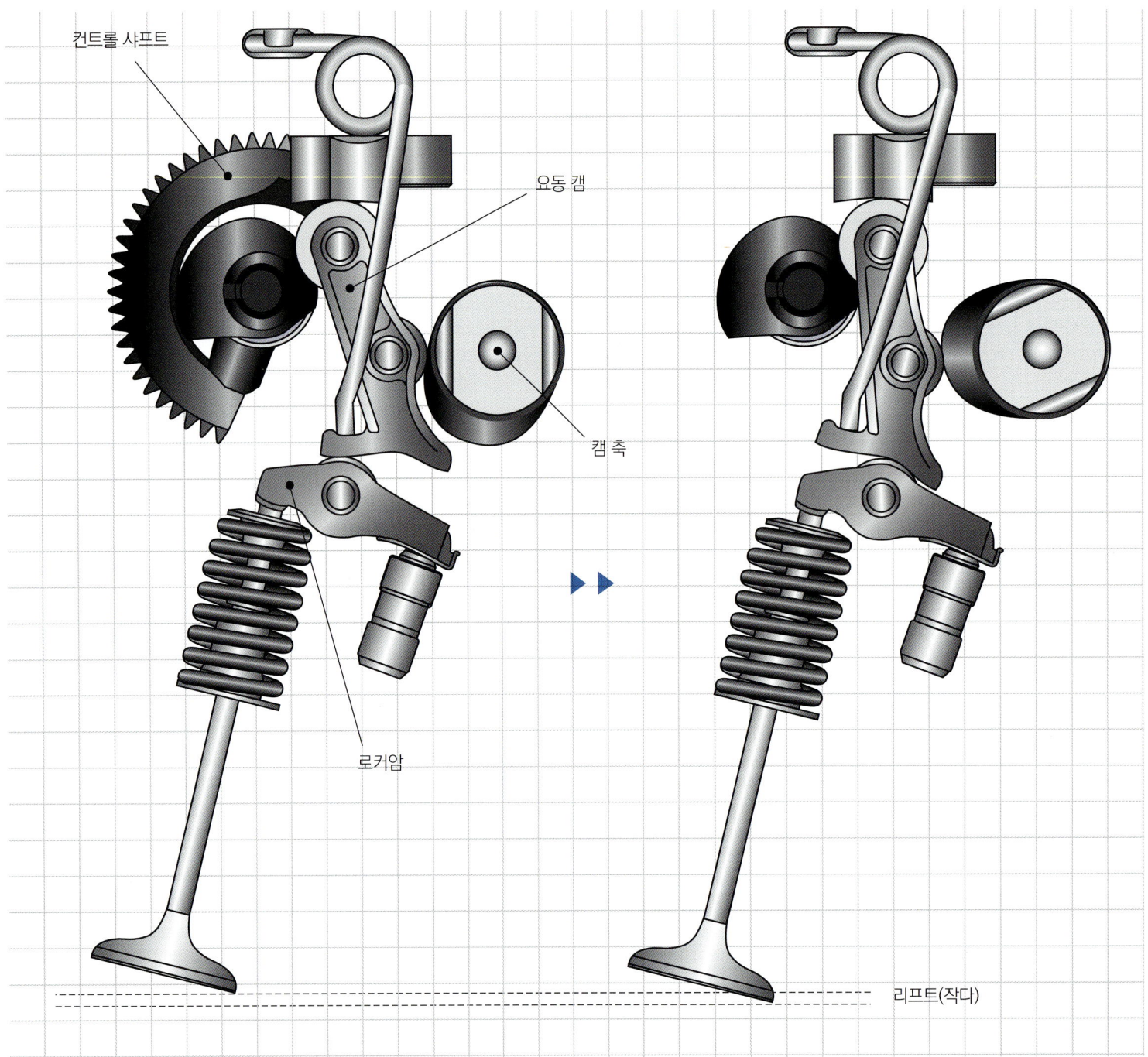

컨트롤 샤프트   요동 캠   캠 축   로커암   리프트(작다)

밸브트로닉 기계의 구성

그림에서 제일 위에 보이는 헤어핀(hairpin) 스프링(로스트 모션 스프링)에서 뻗은 팔로(밸브 구동용의) 캠축을 향하여 억누르고 있는 것이 요동 캠이다. 그 앞에 보이는 부채형상의 선형 캠을 갖는 축이 제어 축(control shaft)이다. 롤러 타입의 핑거 팔로워(Finger Follower)를 비롯하여, 거의 대부분의 가동부분에 롤러가 사용된다.

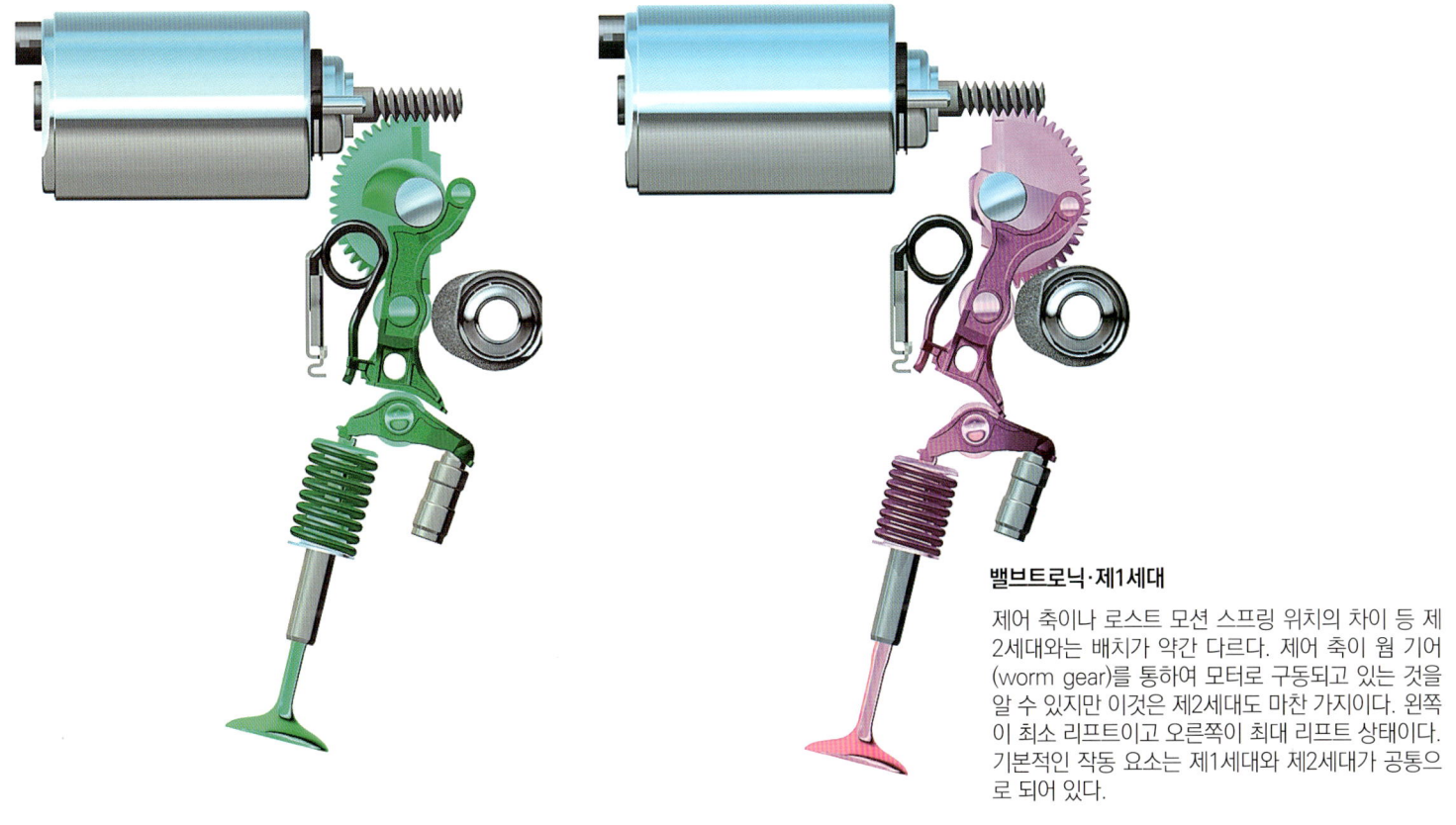

밸브트로닉·제1세대

제어 축이나 로스트 모션 스프링 위치의 차이 등 제2세대와는 배치가 약간 다르다. 제어 축이 웜 기어(worm gear)를 통하여 모터로 구동되고 있는 것을 알 수 있지만 이것은 제2세대도 마찬 가지이다. 왼쪽이 최소 리프트이고 오른쪽이 최대 리프트 상태이다. 기본적인 작동 요소는 제1세대와 제2세대가 공통으로 되어 있다.

실제의 밸브트로닉 기구 [임시로 가(假)조립된 상태]이다. 앞에 보이는 배기 측의 캠축과 비교하여 속으로 보이는 흡기 측 캠축의 위치가 높다는 것을 알 수 있다. 요동 캠은 흡기 측 캠의 반대쪽에 위치(제일 우측 기통의 좌측 밸브만으로 임시 조립)한다. 가조립으로 인해 로스트모션 스프링이 정위치에 놓이지 않고 앞으로 튀어나와 있다.

사진의 상태에서 배기 측 캠축을 떼어낸 모습이다. 로스트 모션 컨트롤 스프링의 아래에는 요동 캠 상부를 억누르는 부분이 있고 홈에 롤러가 설치되어 있는 모습을 알 수 있다. 요동 캠 하부의 롤러 팔로워(Roller Follower)와 접촉하는 부분도 롤러가 설치되는 오목한 형태의 레일 형상으로 되어 있고 이로 인하여 가로 방향으로의 움직임이 규제되고 있다.

최소 리프트 상태

요동 캠의 지지점이 되는 상부의 롤러 위치가 캠축에서 멀리 있고 요동 캠의 "움직임 값"이 큰 상태이다. 요동 캠과 롤러 팔로워(Roller Follower)의 접촉면도 요동 방향과 각도가 거의 일치하기 때문에 속에서 각도가 커지게 되는 부분까지 거의 작동하지 않는 "공주(空走) 구간"이 생기며, 캠축의 정점부근에서 간신히 밸브가 리프트 된다.

최대 리프트 상태

제어 축 캠에 눌리는 모양으로 요동 캠 상부가 캠축에 가장 가깝게 되어 있는 상태이다. 상부가 눌리기 때문에 요동 캠 하부는 중앙의 롤러를 지지점으로 캠축에서 멀어지는 형태로 이동하여 롤러 팔로워와 요동 캠은 큰 각도를 갖고 접촉하고 있기 때문에 캠축의 움직임은 손실되지 않고 직접 전달된다.

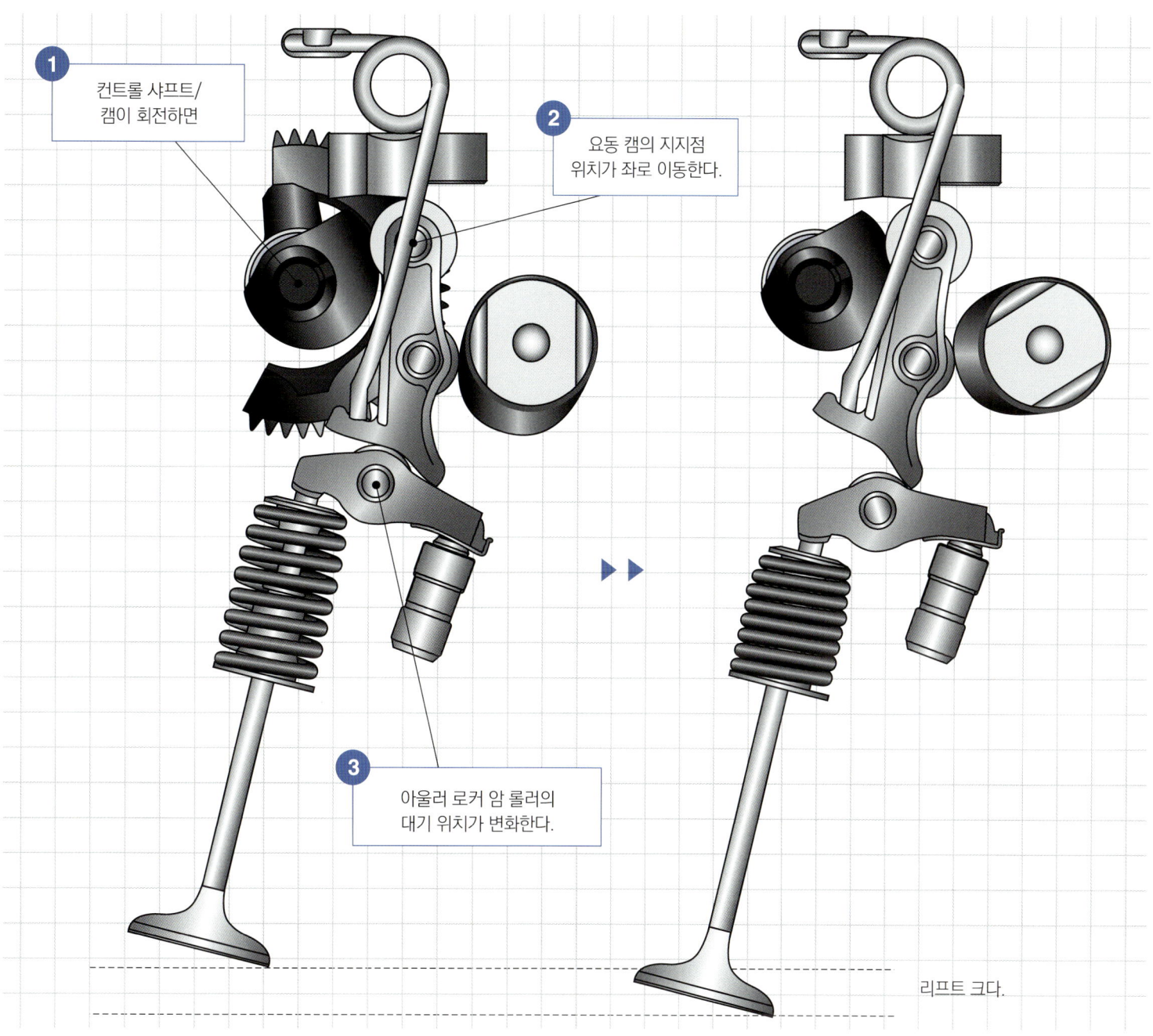

1 컨트롤 샤프트/ 캠이 회전하면

2 요동 캠의 지지점 위치가 좌로 이동한다.

3 아울러 로커 암 롤러의 대기 위치가 변화한다.

리프트 크다.

● Professional´s eye │ Dr. HATAMURA

21세기에 들어와 밸브트로닉이 나타날 때까지 고속 회전에서 격심한 왕복 운동을 반복하는 밸브 기구의 리프트(& 열림 각도)를 연속적으로 변화시키는 기구의 메커니즘 실현은 곤란하다고 고속 회전화에 애를 먹던 밸브 기구의 설계자일수록 굳게 믿고 있었다.

그런데 2001년 BMW는 로스트 모션(요동 캠) 방식의 메커니즘을 이용하여 그것을 멋지게 실용화하였다. 현재는 제2세대로 진화하여 전면 전개(展開)되는 데에 이르렀다. I4, I6, V8, V12까지 모듈 설계의 BMW 다음이 있었기에 가능한 전면 전개인

것이다.

논 스로틀에 추가되어 좌우 비대칭 리프트에 의한 스월의 생성, 흡기 밸브의 늦게 열림에 의한 난기성 대책, 터보 과급과의 조합 및 그 활용은 이전의 VTEC을 떠올리게 하는 추세를 보이고 있다.

메커니즘으로 가능한 것을 알았기 때문에 다른 회사에서도 금세기에 들어서 개발에 본격적으로 나서 수년 늦게 Toyota, Nissan이 실용화에 이르렀지만 메커니즘의 단순함, 멋짐, 활용 방법 면에서 밸브트로닉의 우위성은 흔들릴 기미가 없다.

복잡한 기구와 작동을 실현시키다.

2007년 6월 발표·발매한 R70계열 Noah/Voxy가 탑재한 3ZR-FAE형 엔진에서 처음 채용된 연속 가변 밸브 리프트 기구이다. 2011년 11월 초순에는 동계열의 또 다른 배기량인 1ZR-FAE형 및 2ZR-FAE형에도 탑재되면서 탑재되는 차종이 확대되었다. 로스트 모션의 발생은 회전 캠 팔로워(Follower)의 위치를 변화시키는 것으로 실현되는 타입이다.

구성 요소는 스텝핑 모터, 제어 축(요동 캠축), 슬라이더 기어, 롤러 암과 요동 캠으로 구성되는 요동 암이다. 회전 캠과 제어 축(control shaft)을 평행으로 배치하여 엔진 전체의 높이에 영향을 주지 않고 연속 가변 밸브 리프트를 실현시킨 것이 특징이다. 캠 캐리어로부터 아래는 기존의 엔진을 변경하지 않고 탑재할 수 있다는 것도 장점이다. 단, 기구와 작동은 약간 복잡하다. 그리고 실린더 별 리프트 양의 편차를 관리하는 제어 축 핀 위치의 정밀도가 매우 중요한 요소가 되고 있다.

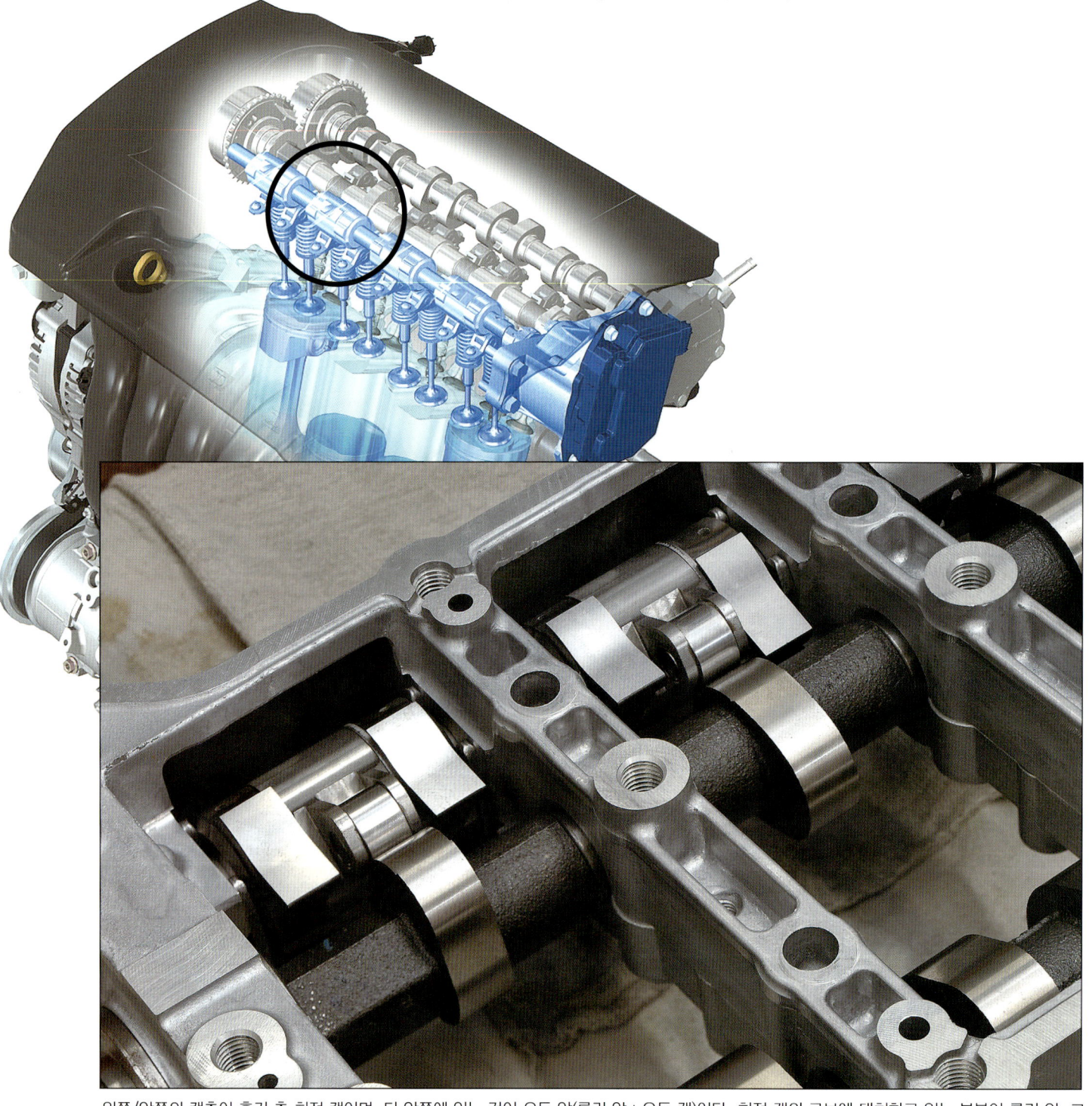

위쪽/안쪽의 캠축이 흡기 측 회전 캠이며, 더 안쪽에 있는 것이 요동 암(롤러 암＋요동 캠)이다. 회전 캠의 로브에 대치하고 있는 부분이 롤러 암, 그 좌우가 요동 캠 부분이다.

밸브매틱의 구조와 작동

98 스텝 및 회전의 분리 능력을 갖는 스텝핑 모터의 회전에 의하여 제어 축(요동 캠축)이 회전하면 같은 축 위에 배치되어 있는 슬라이더 기어도 회전한다. 슬라이더 기어에는 비스듬한 방향으로 스플라인이 배치되어 있어 회전 캠이 직접 작용하는 다시 말하면 회전 캠 팔로워(Follower)인 롤러 암 및 요동 캠 안 둘레에 설치되어 있는 스플라인과 맞물려 있다.

제어 축(control shaft)이 회전하여 요동 암의 전체가 가로 방향으로 움직이고 그 작동에 따라 롤러 암에 대한 요동 캠의 각도가 변화하여 밸브 리프트 양을 변화시킨다. 제어 축과 요동 암의 위치 결정에는 가이드용 핀을 사용하며, 이것이 리프트 양의 관리에 큰 영향을 준다. 밸브 타이밍을 변화시키는 기능은 없기 때문에 현재의 밸브매틱을 채용하는 엔진은 모두 연속 가변 밸브 타이밍 기구인 VVT-i와 조합시키고 있다.

아래쪽/앞에 있는 외주부의 스플라인을 잘라낸 부품이 슬라이더 기어로 중앙부의 스플라인이 좌측에 있는 롤러 암 안 둘레의 스플라인과 좌우의 스플라인은 요동 캠의 안 둘레와 맞물린다.

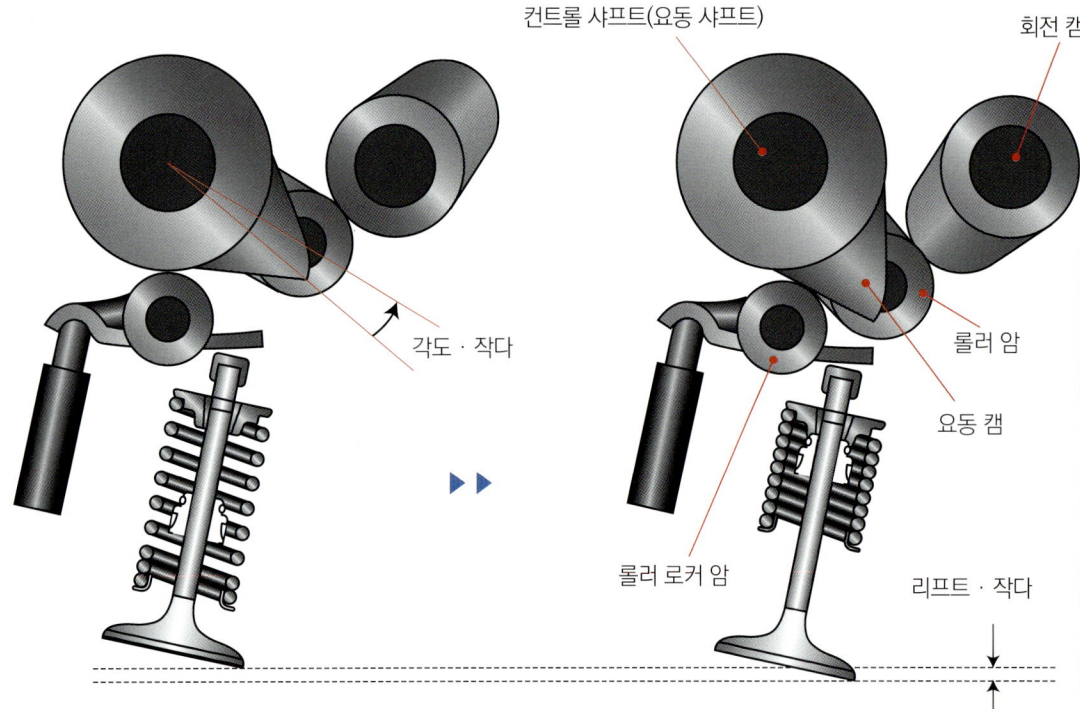

컨트롤 샤프트(요동 샤프트)

회전 캠축

각도 · 작다

롤러 암

요동 캠

롤러 로커 암

리프트 · 작다

리프트가 작은 상태

스텝핑 모터의 회전에 따라 제어 축(control shaft)이 일러스트의 안쪽 끝까지 회전하고 있는 상태에서는 슬라이더 기어도 안쪽에 위치하고 있다. 이 상태에서는 롤러 암과 요동 캠의 각도 차이가 최소가 되도록 스플라인의 각도가 설정되어 있으며, 회전 캠이 롤러 암을 눌러서 밑으로 내린 양과 비슷한 크기로 요동 캠이 롤러 로커 암을 눌러서 밑으로 내리기 때문에 밸브 리프트 양이 작아진다. 구조적으로는 제로 리프트도 가능하지만 현재는 최소 리프트를 1mm로 설정하고 있다.

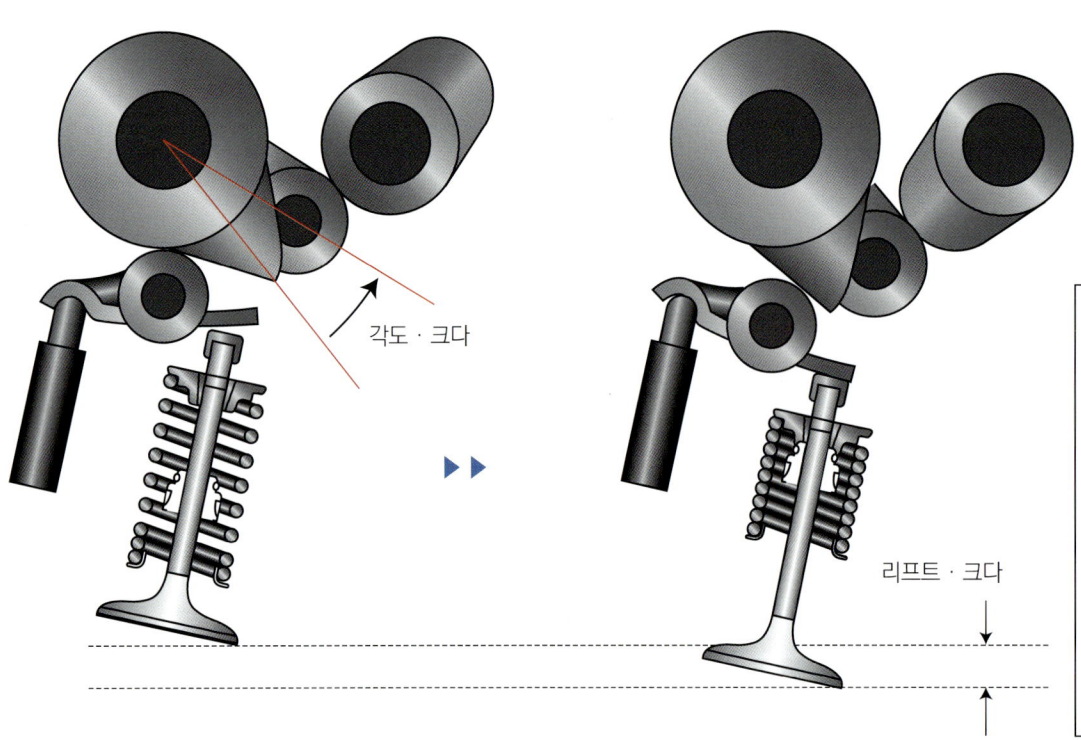

각도 · 크다

리프트 · 크다

리프트가 큰 상태

스텝핑 모터가 회전함에 따라 제어 축(control shaft)이 회전하면 슬라이더 기어는 일러스트의 앞쪽으로 이동해 온다. 슬라이더 기어와 롤러 암 안 둘레의 스플라인, 슬라이더 기어와 요동 캠 안 둘레의 스플 라인은 각각 각도가 다르며, 슬라이더 기어가 앞으로 이동할수록 요동 캠이 진각하는 방향으로 각도차가 커지게 되어 리프트 양이 증대된다. 좌우 밸브 사이의 리프트 양의 편차는 롤러 암과 요동 캠 사이에 넣는 심으로 조정하고 있다.

● Professional's eye | Dr. HATAMURA

2000년에 기본 구조에 대한 특허 출원이 되었기 때문에 밸브트로닉에 자극을 받아 개발이 본격화 되었을 것이다. 밸브트로닉과 같은 요동 캠 방식이지만 스플라인과 핀을 사용하는 복잡한 구조인데 캠축 방향의 푸시로드로 제어(control)하기 때문에 열팽창의 영향을 받는 등 기본적인 어려움을 안고 있다. 시장에 도입한 후 얼마간은 딜러에게 가봐도 영업 담당자가 다른 기종을 권하는 등 신기술 적응에 진통도 있었지만 지금은 적용 기종을 증가시키고 있으며,

생산성이나 비용 등의 과제도 해결한 것으로 보인다.
이 기구의 좋은 점은 가변 기구를 요동 캠 안에 넣기 때문에 축에 조합시키면 결속이 좋고 조립성도 좋은 것 같다. 그리고 캠 캐리어 방식으로 함으로써 실린더 헤드 하부를 고정 밸브 기구의 엔진과 공통화하고 있다. 생산 현장을 잘 고려한 토요타(Toyota)다운 작품이라고 말할 수 있다.

높은 탑재성을 위한 연구

닛산(Nissan) VVEL(Variable Valve Event & Lift)의 근본은 Atsuki-unisia가 1990년대 후반에 개발 착수한 시스템이다. 2001년도 SAE에서는 동사와 Nissan이 공동으로 논문을 발표하였다. 최대의 특징은 일반적인 밸브 직접 구동식 DOHC 헤드에 캠축과 밸브의 위치 관계를 변경 없이 탑재가 가능하다는 점이다. 공급자다운 발상이다. 우측의 일러스트가 VVEL 기구인데 제어 축

(control shaft)의 각도를 모터와 볼 스크루 너트(볼나사)에 의해 변화시키는 구조이다.

크랭크축과 함께 회전하는 보통의 캠축은 아래 사진의 구동축이고 제어 축은 회전하지 않는다. 모터 및 볼나사가 적색 선으로 둘러싼 로커 암의 중심(지지점)을 움직여서(축이 편심되어 있다) 링크 기구를 이용하여 밸브 리프터에 접촉하는 아웃풋 캠(우측 페이지 참조)과 밸브 리프터의 위치 관계를 변화시킨다.

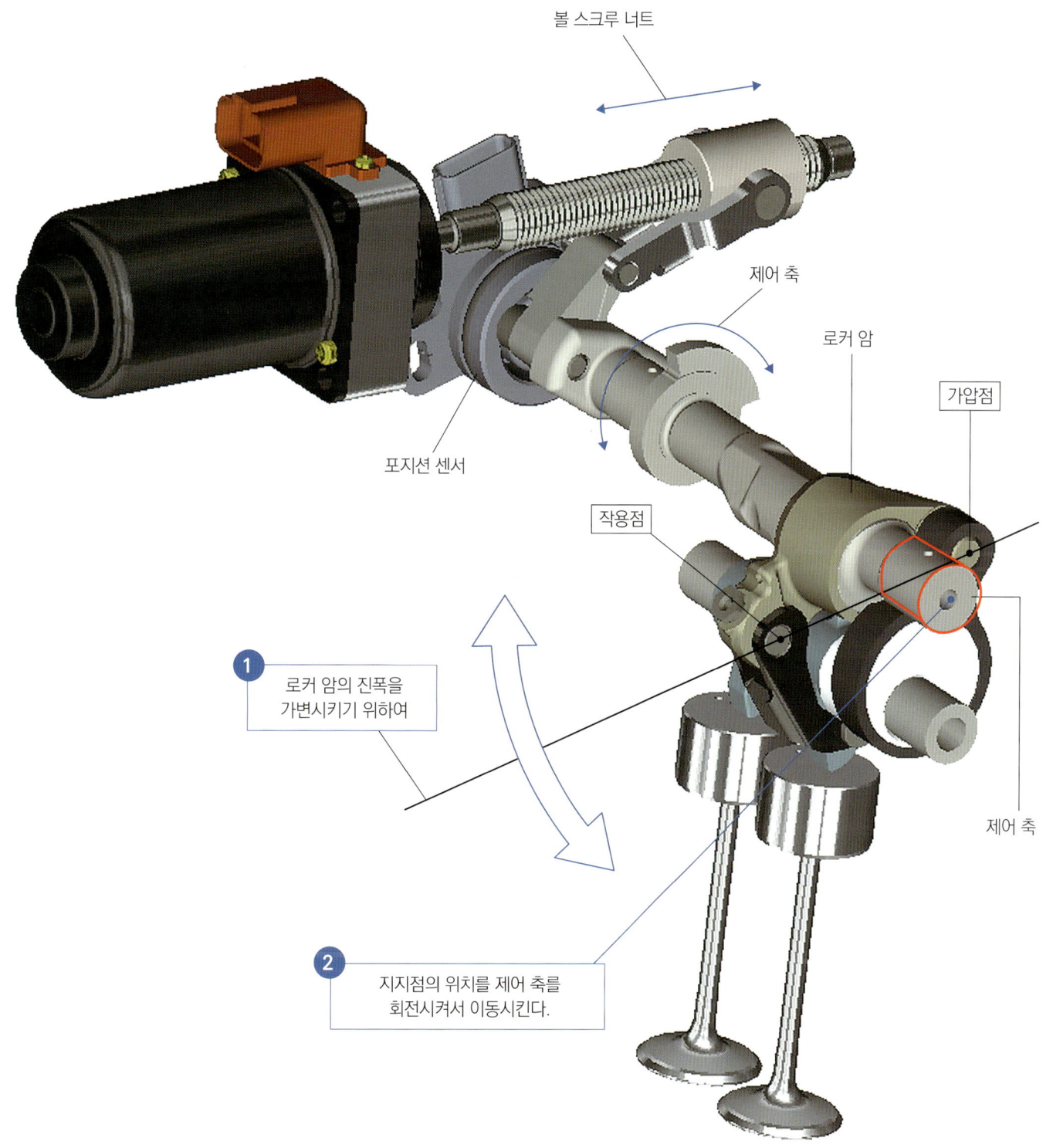

볼 스크루 너트

제어 축

로커 암

가압점

포지션 센서

작용점

제어 축

1 로커 암의 진폭을 가변시키기 위하여

2 지지점의 위치를 제어 축를 회전시켜서 이동시킨다.

VVEL의 배치

로커 암에 결합된 링크 A와 링크 B의 움직임을 조합시켜 아웃풋 캠과 밸브 리프터가 접촉되는 방법을 바꾸기 위하여 편심 캠을 사용한다. 좁은 공간 속에서 리프트 가변 기구를 성립시키고 있다.

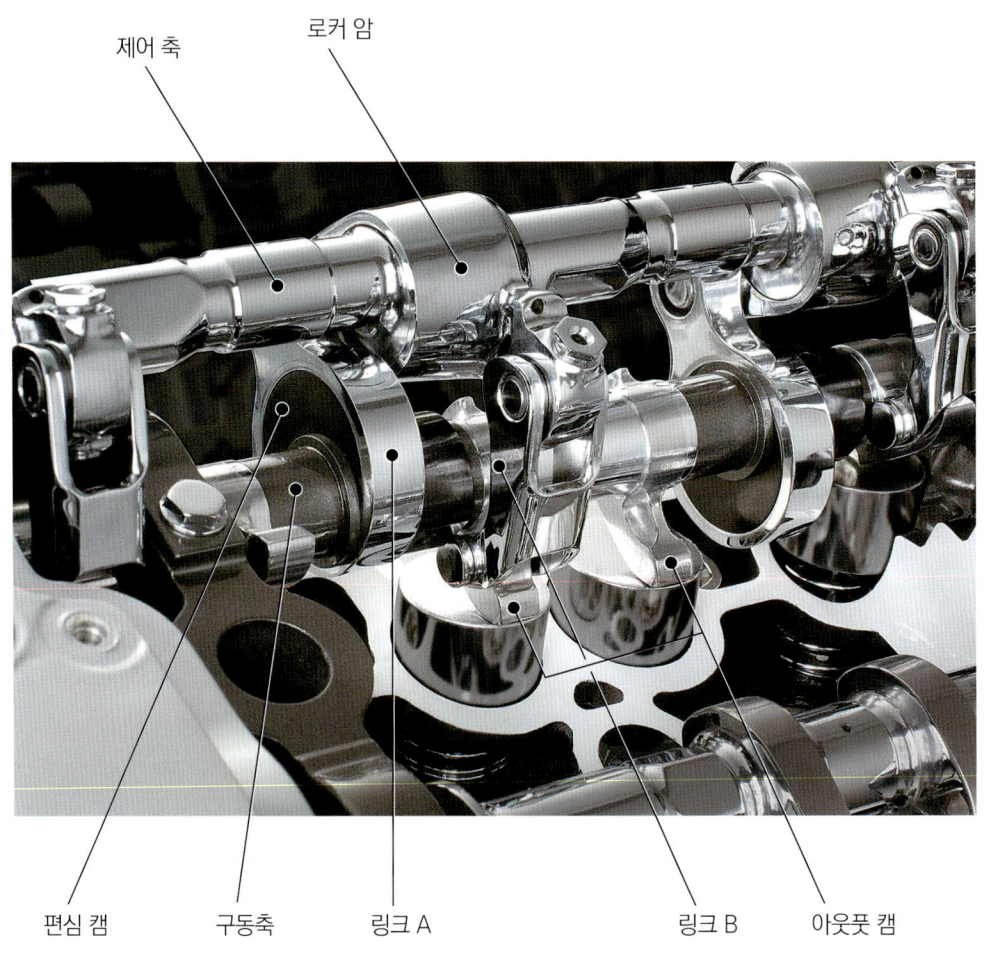

제어 축　　로커 암

편심 캠　　구동축　　링크 A　　　링크 B　아웃풋 캠

VVEL 가변 기구의 작동

사진은 VVEL을 분해한 것이다. 아래쪽이 구동축, 위가 제어 축이다. 앞 페이지의 일러스트와 비교해 보면 닮은꼴이 되는데, 이것은 V형 엔진의 양쪽 뱅크에 기구를 조립하기 위해서는 2세트가 필요하기 때문이다.

이 상태에서 좌우를 반전시키면 앞 페이지의 유닛과 V형 엔진의 뱅크 마다 짝이 된다. 구동축이 회전하면 편심된 링크 A가 상하 운동을 하여 밸브 리프터를 밀거나 당기게 된다. 리턴 스프링이 없는 데스모드로믹(Desmodromic) 밸브 기구인 것이다.

리턴 스프링 분량의 구동 마찰이 없고 그 만큼 구동축의 구동 토크를 낮게 할 수 있다. 아래의 일러스트는 리프트가 작은 상태와 리프트가 큰 상태를 비교한 것인데 리프트 차이를 만들기 위해서 이렇게 복잡한(그렇다고는 하지만 뛰어난) 링크 기구가 되었다.

모터의 응답성은 빠르고 극소 리프트에서 최대까지 230ms, 그 반대는 180ms이다. 보통 사용하는 최소 리프트는 1.4mm 부근, 최대는 11.1mm라고 한다.

로커 암

링크 B

링크 A

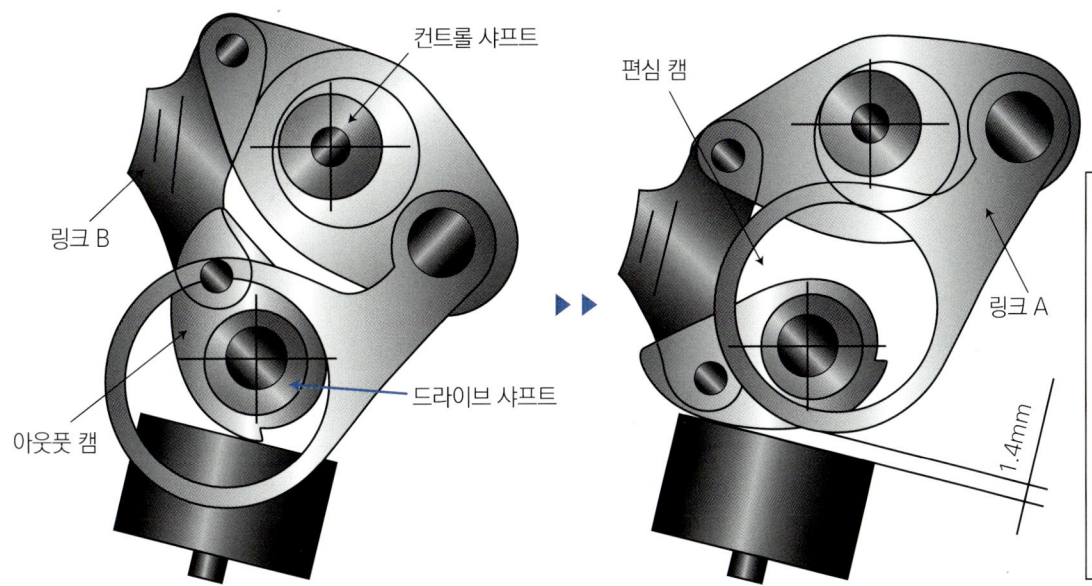

컨트롤 샤프트

편심 캠

링크 B

링크 A

아웃풋 캠

드라이브 샤프트

1.4mm

리프트가 작은 상태

리프트 및 이벤트가 작은 상태이다. 좌측은 아웃풋 캠 구동 핀이 높은 위치(밸브 닫힘), 우측은 낮은 위치(최소 리프트)이다. 로커 암에 링크 A와 링크 B를 설치한 축의 중심을 연결하는 선 위에 제어 축(control shaft)의 지지점이 위치하고 그 위치는 우측과 좌측이 다르다. 또한, 링크 A의 축과 아웃풋 캠의 중심과의 간격도 커지거나 적어지는 것을 확인할 수 있다.

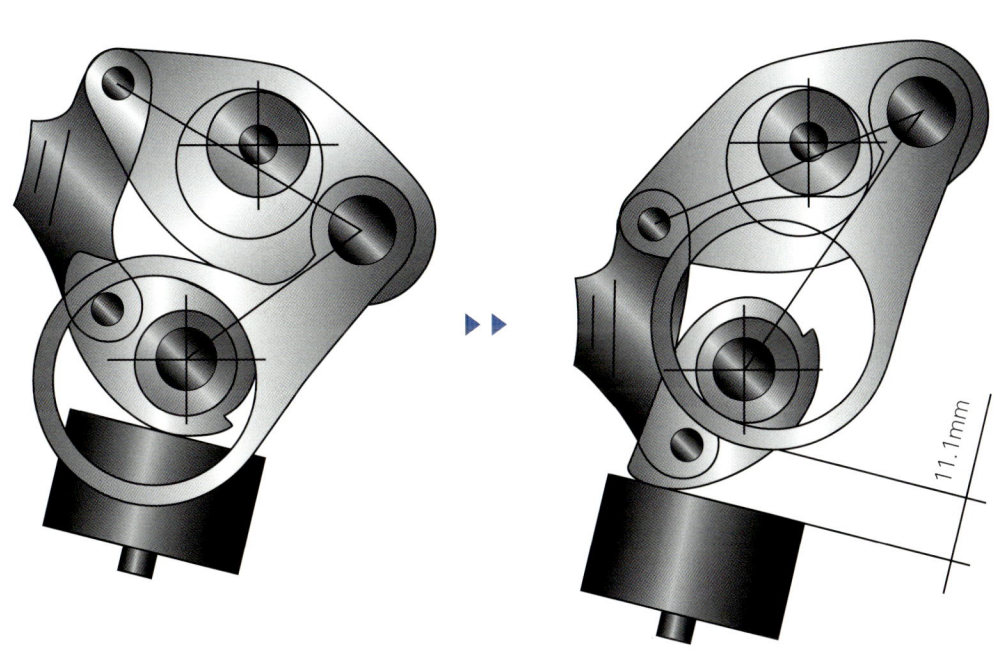

11.1mm

리프트가 큰 상태

리프트 및 이벤트가 큰 상태이다. 리프트가 작은 상태의 일러스트와 마찬가지로 링크 A와 B를 설치하는 축을 어느 정도로 기울이는가에 따라 아웃풋 캠이 밸브 리프터와 접촉하는 상태가 변한다. 아웃풋 캠 요동 축이 최저의 위치에 올 때가 최대 리프트가 된다. 회전의 한계는 8000rpm 이상이라고 한다. 덧붙여 말하면 VVEL 시판 전의 논문에서는 최소 리프트는 0.72mm이고 최대 리프트는 12.3mm 였다.

● Professional´s eye │ Dr. HATAMURA

1990년대에 부품 메이커가 개발하고 있던 기구를 Nissan이 받아들여 공동으로 개발 실용화한 것으로 직렬 4기통 양산 엔진의 캠축 위치를 변경 없이 실린더 헤드에 조립이 가능한 점이 좋았다.

그 때문에 복잡한 링크 기구로 구성되면서 조립성 등은 상당한 희생을 감수해야 했다. 유리한 점은 편심 회전 캠에 의한 데스모드로믹 밸브 기구의 채용으로 로스트 모션 스프링이 불필요한 점, 리프트가 작은 상태의 리프트 편차를 나사로 조정하는 기구를 갖추고 있는 점일 것이다.

기구의 특성상 열리는 측과 닫는 측의 가속도가 달라서 비대칭의 리프트 커브로 되기 때문에 좌우의 실린더 헤드를 공통화 하려는 V형 엔진 쪽으로는 생각하지 않았다.

그런데 최종적으로 양산된 것은 V형 엔진으로 좌우 헤드의 공통화는 단념하였다. 더욱이 캠축의 위치까지 전용으로 변경되어 있다. 자동차 메이커의 집안 사정이라고는 하여도 특징을 충분히 살리지 못하고 있는 것은 아쉽다.

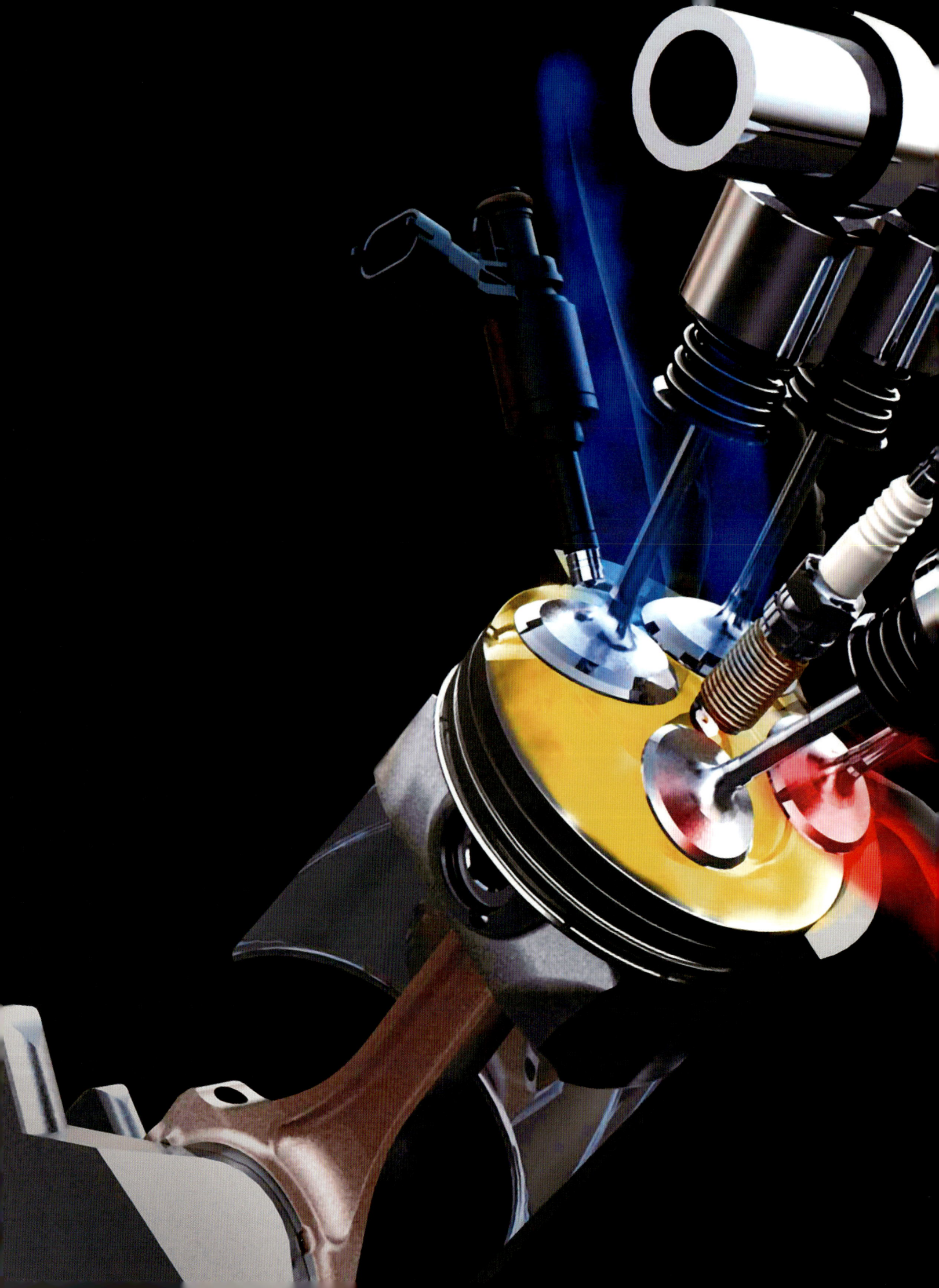

V

모터팬
기술 용어 해설

Motor Fan
열기관
Heat Engine

열기관의 분류

열에너지를 기계적 에너지로 바꾸어 동력을 얻는 엔진을 열기관이라 한다. 열기관은 직접적인 동력이 되는 작동유체에 열에너지를 공급하는 방법에 따라 외연 기관과 내연 기관으로 분류한다.

● 외연 기관 (External engine)

열에너지를 벽을 통해 작동유체에 공급하는 방식. 대표적인 것으로는 증기 기관이 있다. 압력을 가해도 증기의 온도가 몇 백도까지밖에 올라가지 않고 냉각 손실도 많기 때문에 열효율이 좋지 않지만 구조가 간단하고 대형화가 쉬워 한 번에 대량의 기계적 에너지를 얻는데 적합하다.

● 내연 기관 (External engine)

열의 발생원(發生源)인 연소가스가 작동유체가 되는 방식. 외연 기관보다 열효율이 높고 소형·고출력이기 때문에 자동차를 비롯한 교통에 관련되는 엔진에 적합하다. 연소 사이클에 따라 속도형과 체적형으로 나누어지며, 속도형은 연속하여 연소하는 가스 터빈, 체적형은 간헐적으로 연소하는 왕복 엔진(로터리 엔진도 포함)이다.

● 체적형 불꽃 점화 방식 엔진

오토 사이클이라고 불리는 ① 산소와 연료의 흡입, ② 단열 압축, ③ 정적 연소, ④ 단열 팽창, ⑤ 정적 방열, ⑥ 배기를 동반하는 열기관. 일반적으로는 밀폐된 실린더 안을 왕복하는 피스톤이 커넥팅 로드를 매개로 하여 크랭크축을 회전운동으로 변환시키는 기구를 통해 운전된다. 크랭크축 1회전에 1사이클이 완료되는 2행정 사이클 엔진과 크랭크축 2회전으로 1사이클이 완료되는 4행정 사이클 엔진으로 분류된다. 2행정 사이클 엔진은 단위 시간 내에 발생하는 에너지가 이론상 4행정 사이클 엔진의 2배이고 기구도 간단하지만 흡기와 배기(소기)가 동시에 이루어지는 관계로 배기가스의 정화가 사실상 불가능하기 때문에 현재의 자동차에서는 거의 100%가 4행정 사이클 엔진을 사용한다.

● 체적형 압축 점화 엔진

오토 사이클의 대표인 가솔린 엔진에서는 산소와 연료를 동시에 압축하기 때문에 열효율을 높이기 위해 압축비를 높이면 연소가 완료되기 전에 자기착화가 일어나면서 노킹을 발생하여 엔진이 파손된다. 압축 점화 엔진에서는 공기만을 압축한 후 연료를 분사하여 착화시키기 때문에 사실상 노킹과는 관계가 없어 압축비를 높일 수 있어 열효율이 높다(연료인 가솔린

과 경유의 열용량과는 관계가 없다). 불꽃 점화 엔진은 화염(불꽃) 전파거리의 한계 때문에 연소실 체적을 일정 이상 크게 하지 못하는데 비해 압축 점화 엔진은 대형화가 쉬워 선박용 등과 같은 대형 엔진에서는 주류를 이루고 있다. 이론 사이클을 제안한 인물의 이름을 따서 디젤 엔진으로 불린다(승용차용 등 고속 디젤 엔진의 이론 사이클은 사바테 사이클로 불린다). 가솔린 엔진과 마찬가지로 2행정 사이클 엔진과 4행정 사이클 엔진의 2종류가 있으며, 2행정 사이클 디젤 엔진은 열효율이 50%를 초과하는 것도 등장했지만 대형 저속인 관계 상 자동차에는 사용하지 않는다.

● 방켈 로터리 엔진

피스톤의 왕복운동을 회전운동으로 변환하는 왕복 엔진과 달리 회전운동만으로 사이클이 완료되는 엔진. 발명가의 이름을 따서 방켈 엔진이라 불린다. 국내에서는 로터리 엔진이라는 호칭이 일반적이지만 크랭크축이 아니라 실린더가 회전하는 성형(星型) 엔진도 로터리 엔진이라고 부르므로 주의가 필요하다. 소형·고출력이 특징이지만 연소가스의 기밀 유지에 어려움이 많다는 점, 연소실의 표면적이 이동하면서 행정이 이루어지기 때문에 냉각손실이 크고 열효율 및 연비가 나쁘다. 부품의 수가 적어서 60년대부터 70년대에 걸쳐 세계 각국의 자동차 메이커가 개발에 참여했지만 계속해서 4륜의 자동차용으로 실용화하여 판매한 메이커는 마쯔다(동양공업)가 유일하다.

Motor Fan
본체 기본 구조
Engine basic structure

실린더 배열

왕복 엔진에서 배기량을 증가시키기 위해 1개의 실린더 체적을 크게 하기에는 성능적인 한계가 있기 때문에 실린더 수를 증가시키는 방법을 채택한다. 실린더를 배열하는 방법에는 몇 가지 이론이 있다.

● 직렬

크랭크축을 길게 연장하여 실린더와 피스톤을 직선적으로 배치하는 실린더 배열. 구조가 간단하여 가장 많이 사용되는 형식. 실린더의 홀수 배열도 가능하다. 기통수가 많아지면 그에 비례하여 크랭크축도 길어져 비틀림 진동도 증가하기 때문에 강도적인 문제가 발생한다. 또한 엔진의 길이도 길어져 탑재하는데 어려움이 따르기 때문에 6기통 정도가 현실적인 상한선이다.

◆ 직렬 기통수와 진동 특성

▶ 2기통 : 크랭크축의 위상이 360°와 180° 2종류가 있다. 180°는 동일한 간격으로 점화가 이루어지지 않기 때문에 360°가 일반적이다.

▶ 3기통 : 크랭크축의 위상이 120°. 동일한 간격으로 점화가 이루어져 1차·2차 모두 진동은 발생하지 않지만 점화 간격이 240°이기 때문에 크랭크축의 움직임이 기통마다 대칭이 되지 않는 관계로 엔진을 좌우로 흔드는 우력(偶力;물체에 작용하는 크기가 같고 방향이 서로 반대인 평행한 두 힘)의 진동이 발생한다.

▶ 4기통 : 크랭크축의 위상은 180°. 피스톤의 움직임은 상하 대칭이지만 모든 피스톤의 속도가 제로가 되는 순간이 있고, 거기서부터 커넥팅 로드의 움직임이 기통별 대칭이 되지 않기 때문에 2차 진동이 발생한다.

▶ 5기통 : 크랭크축의 위상은 72°. 진동에 대해서는 정확하게 4기통과 6기통의 중간으로서 4기통처럼 피스톤의 속도가 제로가 되는 순간이 겹치는 경우가 없기 때문에 2차 진동은 적지만 6기통만큼의 균형적이지는 않다. 3기통과 마찬가지로 우력이 발생한다.

▶ 6기통 : 크랭크축의 위상은 120°. 크랭크 위상은 3기통과 똑같지만 점화 간격이 짧아져 우력이 발생하지 않는다. 진동도 가장 적다.

● V형

실린더를 가로방향·V자 형태로 벌려서 피스톤을 서로 엇갈리게 배치하는 실린더 배열. 동일 기통 수의 엔진인 경우 직렬보다 엔진의 길이를 줄일 수 있기 때문에 6기통 이상의 다기통 엔진에서 많이 사용된다. 기통 수는 짝수여야 하는 것이 원칙이지만 2행정 엔진에서는 3기통, 4행정 엔진에서는 5기통 등과 같은 예외도 존재한다. 기통 수 고유의 각도 배치가 있다. 실린더 헤드 수가 직렬 엔진의 2배가 되기 때문에 구조가 복잡하고 가격도 비싸지는 경향이 있다.

◆ V형 기통수와 뱅크각·진동 특성

V형 엔진의 뱅크 각은 같은 간격의 점화로서 이론상 2차 진동을 최저로 하기 위해 크랭크축 2회전=720˚÷기통수가 기본이다.

▶ 4기통 : 이론적인 뱅크 각은 180˚. 탑재성 때문에 90˚ 이하로 하는 경우가 많다. 맞은 편 피스톤이 완전히 정지하지 않기 때문에 직렬보다 2차 진동이 적다.

▶ 6기통 : 이론적인 뱅크 각은 120˚. 탑재성 문제 때문에 60˚나 90˚가 많이 사용된다. 같은 간격의 점화를 위해서는 핀 옵셋이 필요하다.

▶ 8기통 : 이론적인 뱅크 각은 90˚. 크랭크축 위상에 따라 진동의 특성이 다르다.

▶ 10기통 : 이론적인 뱅크 각은 72˚. 직렬 5기통과 똑같은 진동 특성을 갖지만 점화 간격이 짧기 때문에 실제의 진동은 적다.

▶ 12기통 : 이상적인 뱅크 각은 60˚. 직렬 6기통과 똑같아서 진동은 1차·2차 모두 발생하지 않는다.

▶ 16기통 : 이상적인 뱅크 각은 45˚지만 실제로는 V8×2인 90˚로 배열하는 경우가 많다.

● 수평 대향

실린더를 2개씩 크랭크축을 중심으로 수평으로 마주보게 배치하는 실린더 배열. 인접한 피스톤이 서로 반대방향으로 움직이기 때문에 주먹을 서로 교환하는 것처럼 보인다고 해서 「박서(boxer) 엔진」이라고도 한다. V형 180˚ 엔진과는 크랭크축의 구조가 다르다. 마주하는 피스톤끼리 서로 관성을 없애기 때문에 진동이 적다. 크랭크 핀끼리 가능한 접근시키지 않으면 엔진의 길이가 증가되지 않기 때문에 아주 얇은 크랭크 웹이 특징이다. 이론상으로는 우위성이 높지만 흡·배기의 배치에 자유도가 적고, 가로 배치가 어렵다는 점 등 제약이 많다.

◆ 수평 대향 기통수와 진동 특성

4기통 이상의 짝수 엔진의 경우는 1차·2차 모두 진동이 발생하지 않는다. 크랭크 핀이 앞뒤로 어긋나 있기 때문에 우력은 발생한다.

● W형

V형에서 파생된 형식으로, 다기통일수록 엔진의 길이가 짧기는 하지만 탑재성과 흡·배기의 배치가 복잡하기 때문에 시판의 차량에서는 거의 채택하지 않는다.

● 성형(星型)

하나의 크랭크 핀에서 뻗은 메인 커넥팅 로드에 복수의 서브 커넥팅 로드가 연결됨으로서 실린더가 방사선 형태로 배치되는 실린더 배열. 2차 대전 이전의 항공기용 엔진에서 주류를 이루었다. 승용차에는 탑재하기가 어려워 사용된 사례가 거의 없다.

● 대향 피스톤

크랭크축이 2개이고 실린더 쪽 면에서 흡·배기를 하기 때문에 피스톤을 서로 마주보도록 배치한다. 연소실을 피스톤 쪽에 배치하는 디젤 엔진 특유의 형식. 슬리브 밸브와의 병행이 필수이다.

● 로터리 엔진

회전운동만으로 성립되는 고유의 형식. 단실(單室)만으로도 출력·진동 모두 왕복 엔진보다 뛰어나기 때문에 2개 실(室)에서 충분한 성능을 얻을 수 있다.

실린더 블록

금속으로 주조한 틀에 피스톤을 넣기 위한 구멍을 뚫고 냉각수 통로를 만든 부품. 엔진의 기본 골격이다. V형·수평 대향 엔진에서는 좌우로 2개의 뱅크가 필요하다. 단일 부품으로는 자동차 부품 가운데 가장 중량이 무겁기 때문에 경량화가 요구되지만, 엔진의 진동을 억제시키는 기능도 있기 때문에 강도와의 균형이 요구된다. 레이싱 카에서는 차체와 변속기, 서스펜션을 연결하는 구조의 부재로서도 기능을 한다(스트레스 마운트).

● 재질·제조법

▶ 주철 : FC주철(회주철)이라고 하는 흑연이 조각 형태로 결정(結晶)되어 있는 일반적인 소재가 주로 사용된다. 강도를 향상시키기 위해 소량의 크롬과 주석, 안티몬 등을 추가하여 합금하는 경우가 많다. 흑연이 원형 형태로 결정되어 있는 마그네슘 함유의 CV주철(compacted graphite cast iron)은 강도가 높고 얇게 만들 수 있지만, 주조와 가공성이 떨어지기 때문에 현재의 상태에서는 사용하는 사례가 적다. 강도가 필요한 디젤 엔진에서는 주철 블록이 아직도 주류이다.

▶ 알루미늄 합금 주조 : AC4B(실리콘, 구리 함유), A390(실리콘 17% 함유) 등을 사용하여 모래 틀

(砂型) 주조나 중력 가압 주조로 만들어진다. 가솔린 엔진용으로는 일반적이다.

▶ 알루미늄 다이캐스트 : 녹여낸 알루미늄 합금을 금형에 고속으로 부어서 만든다. 주조로서는 치수의 정확도가 뛰어난 편이고 양산성도 좋다. 용탕이 잘 흐르도록 AC4B와 똑같은 조성(組成)에 실리콘 함유량을 증가시키고 금형에 눌러 붙지 않도록 미량의 철을 함유한 ADC라고 불리는 다이캐스트 전용의 합금을 사용한다. 다이캐스트용 금형을 사용한다는 전제이기 때문에 코어 사용에 제한이 있어서 필연적으로 오픈 덱(open deck) 구조를 한다.

▶ Al-Mg 합금 : 마그네슘을 넣은 알루미늄 합금을 사용. 강도와 인성(靭性), 내열성이 뛰어나지만 주조성에는 약간의 어려움이 있다. 피스톤용으로 일반적인 합금이다.

▶ 합성 소재 : MMC(Metal Matrix Composite)로 불린다. 자동차용으로는 주로 알루미늄 계열의 금속과 세라믹 계열의 소재로 된 복합재를 가리키는 경우가 많다. 강도와 내열, 내마모 모두 매우 뛰어나지만 가격을 포함하여 양산 타입은 아니다. 과거에는 F1 엔진용으로 사용된 경우도 있었지만 현재는 사용이 금지되어 있다.

● 냉각방식

현재의 자동차용 엔진은 안정적인 냉각이 요구되는 관계로 예외 없이 수랭식을 채택하기 때문에 실린더 내부에 냉각수 통로(워터재킷)를 만들지만, 소형 2륜 자동차용이나 거치용 엔진에서는 간편하고 부품수도 적은 공랭식도 사용한다. 공랭에서는 비열(比熱) 때문에 알루미늄 합금을 사용하며, 실린더 주변에 냉각용 핀이 만들어진다.

◆ 탑 덱

실린더의 상부 개구 부분에서 피스톤 주변으로 냉각수 통로의 구멍을 뚫느냐 아니냐에 따라 클로즈드 덱(closed deck)과 오픈드 덱(opened deck)으로 나누어진다. 클로즈드 덱은 실린더 내부에서 냉각수 통로를 완결시키고 실린더 헤드 쪽의 냉각수 통로는 다른 경로로 만든다. 열량이 많아 노킹의 발생 원인이 되기 쉬운 실린더 상부 주위를 적극적으로 냉각시키기 위해서 알루미늄 다이캐스트 제조법이 일반화되었기 때문에 최근의 엔진들은 오픈드 덱을 많이 사용한다. 오픈드 덱의 단위로 피스톤 주변의 실린더를 연속적으로 독립시켜 실린더 본체와 냉각수 통로를 사이에 두고 떨어지게 한 사이어미즈(siamese) 실린더가 있다. 오픈드 덱의 결점 가운데 하나인 보어 피치의 크기를 해소하여 실린더를 작게 만들 수 있지만, 실린더 본체로부터 독립되어 있기 때문에(하부에서만 결합) 열팽창이나 피스톤의 왕복운동에 따른 실린더의 변형, 보어 사이의 냉각이 어려운 등 단점도 있다. 피스톤의 움직임에 따라 실린더 벽면이 움직이는 것을 방지하기 위해 상부에 턱을 만들어 실린더 본체를 이어주는 세미 오픈 덱 구조로 대처하는 경우가 많다.

▲ 클로즈드 덱 실린더

● 실린더 내경 × 행정

실린더 내경과 상하 간 길이의 비교. 같은 크기를 기준으로 실린더 내경이 큰 것을 단행정 엔진, 행정이 큰 것을 장행정 엔진이라고 한다. 장행정 엔진이 중·저속의 회전력(torque)을 발휘하기 쉬운 토크 중시형 엔진이다. 반대로 고속회전으로 올라갈수록 피스톤의 속도가 빨라져 마찰 손실이 더 증가되기 때문에 단행정 엔진보다 불리하다. 요즈음의 엔진은 과급 등을 통해 토크를 발휘하고, 마찰 손실의 저감과 연소실을 작게 만들기(실린더 내경이 클수록 냉각 손실이 크다) 위해서 장행정 엔진을 채택하는 경향이 있다.

● 보어(내경) 피치

90년대 무렵까지는 하나의 실린더 블록에서 실린더 내경의 변경을 통해 엔진을 가지치기하는 방법이 일반적이었기 때문에 실린더 계열에 따라 실린더 내경 간 거리(보어 피치)를 고정으로 하는 경우가 많았다. 이런 경우 배기량이 작은 엔진에서는 필요 이상으로 보어 피치가 커지면서 엔진의 치수와 중량이 커진다. 다운사이징 과급이 등장하면서 장행정 엔진을 채택하여 보어 피치를 최대한 작게 함으로서 엔진을 소형화하게 되었다.

● 실린더 라이너

주철제의 실린더 블록은 실린더 라이너가 일체로 주조된다. 일반적인 주조 실린더는 알루미늄 피스톤과의 적합성 차원에서 실린더와 별도로 주철제의 금속 원통을 결합하거나 또는 압입해서 실린더 내벽으로 삼는 경우가 많다.

▶ 드라이 라이너 : 실린더에 직접 라이너를 삽입하는 방식의 건식 라이너. 실린더와 별도의 주철제 금속 원통을 결합하거나 압입해서 실린더 내벽으로 삼는다.

▶ 웨트 라이너 : 라이너를 실린더 블록의 실린더 냉각수 통로에 삽입해 직접 냉각시키는 방식의 습식 라이너. 라이너 상부에 테두리를 만들고 실린더와는 위·아래에서 고정시킨다. 현재는 거의 사용하는 사례가 없다.

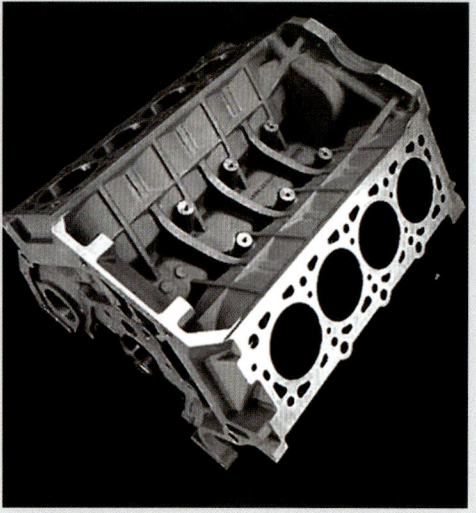

▲ 오픈드 덱 실린더

● 보어 표면 가공

보어(실린더 내경) 내벽의 표면은 평평하지 않기 때문에 오일을 유지시켜 피스톤 링과 눌어붙지 않도록 하기 위해 호닝 머신을 이용하여 뜨개질 코 같이 촘촘한 표면 가공을 한다. 실린더 라이너를 사용하면 실린더 블록의 강성이 저하되고 중량도 증가하기 때문에 라이너를 삽입하지 않는 일체형 실린더를 제작할 경우에는 실리콘이나 니켈을 함유한 알루미늄 합금을 보어 내벽에 도금한 후 호닝처리를 한다. 최근에는 철 계열의 소결(燒結) 소재를 보어 벽면에 뿌림으로서 표면의 미세한 구멍에 오일이 묻어 있도록 하는 피막 용사를 이용하는 경우도 증가 추세이다.

● 실린더 스커트

실린더 하부의 오일 팬과 결합하는 부분. 크랭크축의 중심 축 위치에서 분할되는 것을 하프 스커트, 그보다 아랫부분까지 늘린 것을 딥 스커트라고 부른다. 딥 스커트 쪽이 실린더의 강성이 높고 오일 팬의 크기를 작게 만들 수 있기 때문에 공명 진동도 적다.

● RE 로터 하우징

왕복 엔진의 실린더에 해당하는 것을 로터리 엔진에서는 로터 하우징이라고 부른다. 로터의 단순한 원운동으로는 압축행정을 얻을 수 없기 때문에 페리트로코이드(peritrochoid) 곡선이라 불리는 복잡한 누에고치 형태의 곡선 내면 형상을 갖는다. 좌우는 공동(空洞)이 되기 때문에 사이드 하우징으로 양면에서 끼워 넣는다.

실린더 헤드

실린더 블록 위에 위치하면서 연소실과 밸브기구의 설치라는 2가지의 역할을 한다. 4행정 엔진에서는 엔진의 성능과 특성을 결정짓는 가장 중요한 부위이다.

● 재질

실린더 블록과 똑같은 주철 또는 알루미늄 합금을 사용한다. 실린더 블록 정도의 강성이 요구되지는 않지만 연소실이라고 하는 가장 고온까지 올라가는 부위가 있기 때문에 실린더 블록은 주철로 만들더라도 실린더 헤드는 가볍고 방열성이 뛰어난 알루미늄 합금 제품을 많이 사용한다.

● 포트 배치

직렬 엔진을 예로 들어서, 흡기 통로(포트)와 배기 통로가 좌우에 독립되어 있는 것을 크로스 플로, 한 쪽에 집중되어 있는 것을 카운터 플로(턴 플로)라고 부른다. 각 포트의 단면적을 크게 할 수 있고 밸브의 배치에 대한 자유다고 높다는 이유로 오늘날에는 대부분이 크로스 플로이다. 카운터 플로의 장점은 생산 설비·공정을 간소화할 수 있다는 점이었는데 현시점에서는 연소실의 형상인 펜트루프 타입을 실현할 수 없는 관계로 2밸브 SOHC 및 OHV 엔진 일부에서만 사용된다.

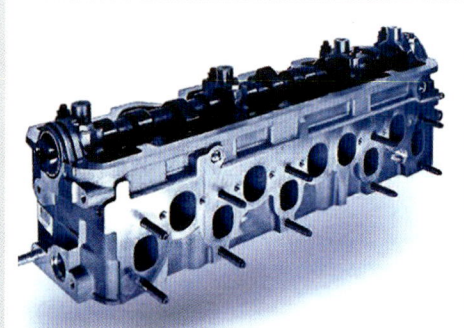

▲ 카운터 플로 실린더 헤드

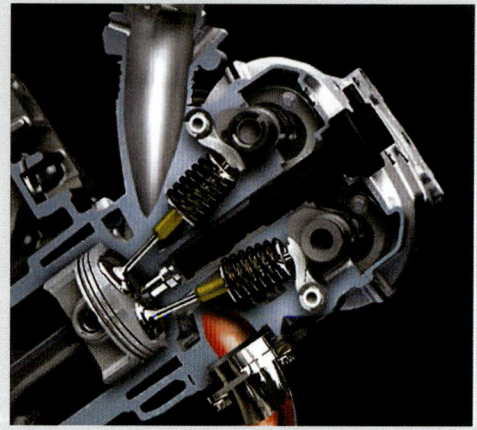

▲ 크로스 플로 실린더 헤드

● 연소실

압축행정에 있는 피스톤이 상사점 부근까지 상승하여 혼합기를 연소시키는 부위. 엔진의 기본적인 효율을 좌우하는 압축비를 결정하는 부분으로서 대부분의 열손실이 발생하는 부분이기도 하기 때문에 형태의 결정이 매우 중요하다. 가솔린 엔진의 경우 밸브나 포트의 배치에 따라 연소실의 형상이 좌우되기 때문에 엔진의 설계에서 가장 먼저 검토되는 부분이다.

▶ 배스터브(Bathtub) 타입 : 욕조를 뒤집어 놓은 것 같은 형상의 연소실. 밸브 축이 수직으로 설치되어 있고 다기통이 되어도 모든 밸브가 일직선상에 배치되기 때문에 생산성이 뛰어나다.

▶ 웨헤론(Heron) 타입 : 실린더 헤드가 아니라 피스톤 헤드를 파내서 그곳을 연소실로 사용하는 방식. 예전 가솔린 엔진이나 직접분사방식의 디젤 엔진에서 많이 볼 수 있는 형식이다. 밸브가 수직으로 작동하여 배스터브 타입과 똑같은 특징을 갖는다.

▶ 웨지 타입 : 배스터브 타입의 밸브 축이 기울어진 형상으로 옆에서 보면 부등변 삼각형의 쐐기 형상을 하고 있다고 해서 붙여진 명칭. 카운터 플로 엔진은 이 형식을 사용한다. 점화 플러그가 연소실의 구석에 배치되어 있기 때문에 화염전파거리가 길고 연소시간도 길어진다.

▲ 웨지 타입 연소실

▶ 반원 타입 : 이름그대로 반원 형상의 연소실. 흡·배기 밸브를 크게 할 수 있고, 점화 플러그를 비교적 연소실 중앙에 배치할 수 있기 때문에 연소시간이 짧아져 연비에 유리하다. 크로스 플로 형식이 아니면 실현할 수 없기 때문에 예전에는 고성능 엔진의 대명사였다. 파생형으로 기본적인 반원 연소실에 더해 흡기와 배기, 점화 플러그 주변을 개별 원형형태로 성형한 다구(多球) 타입이 있다.

▶ 펜트루프 타입 : 옆에서 보았을 때 이등변 삼각형의 모습을 띤 연소실 형상. 4밸브 DOHC와 세트로 구성되는 형상으로 센터에 점화 플러그를 배치할 수 있는 등 현시점에서는 이상적이라고 이야기된다.

▲ 펜트루프 타입 연소실

● 밸브 협각

크로스 플로에서 상대 흡·배기 밸브가 만드는 기하학적 각도. 각도가 크면 포트를 직선적으로 배치할 수 있어서 기체의 유입과 유출에는 유리하지만 밸브 오버랩을 크게 설정하면 상대하는 밸브가 접촉할 위험이 있다. 또한 압축비를 높게 유지하기 위해서는 피스톤의 크라운 면을 볼록한 형상으로 해 줄 필요가 있기 때문에 연소실 표면적이 커져 냉각손실이 증가한다. 따라서 오늘날의 장행정 엔진에서는 협각을 작게 하여 연소실을 작게 만들려고 한다. 그런 만큼 캠축이나 밸브의 배치, 포트의 형상에는 제약이 많다.

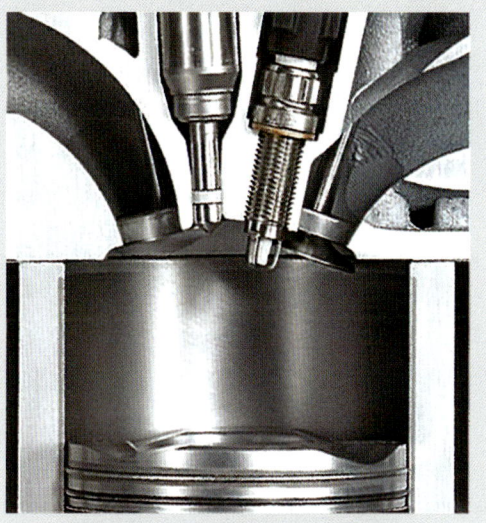

▲ 협각 밸브 각도의 펜트루프 타입 연소실

● 점화 플러그 배치

연소실 내에 불꽃을 균일하게 전파할 수 있는 정 중앙에 배치하는 것이 이상적이지만 4밸브가 아니면 실현이 어렵기 때문에 4밸브 이외에서는 밸브의 배치와 균형을 이루는 지점에서 타협점을 찾는다. 점화 플러그를 2개 장착하는 것은 점화 에너지 측면뿐만 아니라 점화 플러그 배치에 대한 고민을 해소하기 위해서이기도 하다.

● 헤드 개스킷

일부에서는 실린더 블록과 실린더 헤드가 일체형인 엔진도 있지만 일반적으로는 실린더 헤드와 실린더는 블록으로 분리되어 있기 때문에 볼트로 체결할 때는 가스와 냉각수의 누설을 방지하기 위해 중간에 개스킷을 설치한다.

▶ 합성 : 섬유 소재가 주체인 개스킷. 부드러운 소재를 볼트로 조이기 때문에 밀봉성은 뛰어나지만 내구성이 약하고(장시간 사용하면 개스킷이 압착으로 내려앉아 밀봉성이 떨어진다), 심지어 주요 소재로 석면이 사용되면서 요즘에는 거의 사용하지 않는다.

▶ 적층 금속 : 강도가 필요한 소재와 밀봉성이 뛰어난 소재를 2~3개 겹쳐서 사용하는 현재의 주류 개스킷. 냉각수 통로 주위는 코팅제를 도포하여 밀폐성을 확보한다.

▶ 구리 : 부드러움이 적절하고 방열성도 좋기 때문에 예전의 엔진에서는 주요 개스킷 소재로 사용하였다. 현재도 이륜자동차나 밀봉 소재로 무산소 구리 제품의 개스킷의 수요가 있다.

● 헤드 볼트

실린더 헤드와 실린더 블록을 체결하기 위한 볼트. 일반적으로 1기통 당 4~6개가 사용된다. 볼트의 개수가 많을수록 체결력이 좋아져 결과적으로는 실린더 블록의 강성이 높아지지만 흡·배기 포트의 처리가 어렵고 냉각수 통로를 위한 체적이 줄어든다. 체결할 때는 조임 토크의 관리가 중요하다. 조임 토크가 일정하지 않으면 최악의 경우 연소가스의 누출(blowby)이나 냉각수가 샐 수 있기 때문에 체결할 때는 조임 토크의 관리가 중요한 것이다. 조임 토크의 수치는 기준이 있지만 볼트와 볼트 구멍의 마찰이 일정하지 않기 때문에 현재는 대부분 토크를 관리할 수 있는 소성 각도 체결법을 이용한다. 볼트를 인장하거나 압축하는 시점(항복점)까지 조였다가 다시 일정 각도로 더 조임으로서 안정적인 토크의 관리를 할 수 있지만 볼트의 재사용은 제한된다. 오버홀을 전제로 하지 않는 현대의 엔진이기에 가능한 방법이다.

● RE : 흡·배기장치

로터리 엔진(RE)은 밸브 장치가 없기 때문에 실린더 헤드에 해당하는 부위가 흡·배기 포트 부분밖에 없다. 로터 하우징 쪽에 앞뒤로 포트의 구멍을 뚫은 것을 페리퍼럴(peripheral) 포트, 사이드 하우징 쪽에 좌우로 뚫은 것을 사이드 포트라고 부른다. 효율의 측면에서는 페리퍼럴 포트가 유리하지만 밸브 타이밍에 해당하는 현상을 로터의 이동으로 하는 RE의 경우 로터의 정점에서 포트의 개폐를 제어하는 페리퍼럴 포트에서 항상 오버랩이 발생하여 가스가 역류하기 때문에 현재의 최신 RE에서는 흡·배기 모두 사이드 포트를 사용한다.

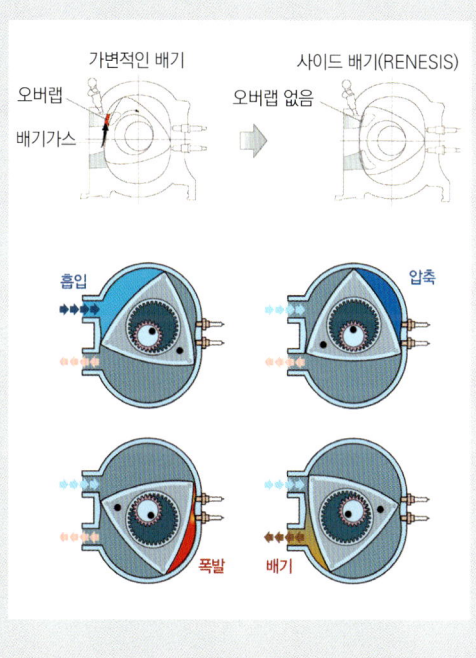

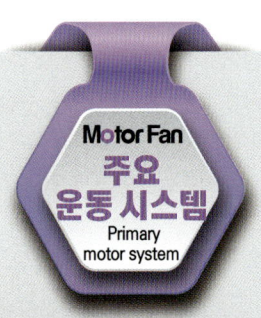
피스톤

공기나 혼합기를 압축하고 가스의 팽창을 직접 받는 부품. 열의 변동에 강하고 관성이 줄이기 위해 가벼움이 요구된다. 피스톤 핀이 있는 보스 면과 직각 위치의 스러스트 면에서는 열팽창률이 다르기 때문에 평면 형상이 완전한 진원을 이루지 않는다.

재질

시판 차량에는 AC8계열의 알루미늄(Al-Si-Cu-Ni-Mg)을 사용한 주조 제품을 많이 사용한다. 내열성을 시판 차량에는 AC8계열의 알루미늄(Al-Si-Cu-Ni-Mg)을 사용한 주조 제품을 많이 사용한다. 내열성을 높이기 위해 크라운 면이나 톱 링의 홈 부분에 알루마이트 처리(양극(陽極)으로 전해처리를 한 산화피막)를 한 것도 있다. 레이싱 카 등에서는 열과 강도의 차원에서 5000번대 알루미늄을 메인으로 한 단조 제품을 사용한다. 주철 피스톤은 중량이 무겁기 때문에 점차적으로 알루미늄 단조로 바뀌다가 최근에는 알루미늄보다 강도가 뛰어난 부분을 활용하여 얇게 만듦으로서 알루미늄 피스톤의 무게 보다 가벼운 주철 피스톤이 등장하면서 다시 사용하는 사례가 증가하고 있다. 아우디의 스포츠 카 레이스용 피스톤도 주철제품이다.

열 대책

연소를 직접 받기 때문에 고열에 노출되는 피스톤은 열 대책이 항상 문제가 된다. 방열성이 뛰어난 알루미늄을 사용해도 열팽창으로 인해 변형이 되면서 피스톤 슬랩(slap)을 일으킬 뿐만 아니라 피스톤 헤드의 크라운 면 부근에 있던 열은 노킹을 일으키는 원인으로 작용한다. 그 때문에 피스톤 핀 보스 주변에 열팽창률이 낮은 인바 강(invar steel)의 쇳물을 부어 만든 오토서믹(autothermic) 피스톤 등을 사용하였다. 알루미늄 실린더 블록이 주류가 되면서 피스톤 간극을 작게 할 수 있어 측면에 구멍을 뚫은 서멀 플로(thermal flow)라고 하는 피스톤 형식이 일반화 되었다. 나아가 열에 엄격한 과급 엔진에서는 오일을 적극적으로 피스톤 안쪽에 분사하는 오일 제트나 피스톤 링 홈 안쪽에 쿨링 채널을 만드는 등으로 대책을 수립한다.

크라운 면 형상

가솔린 엔진의 경우 피스톤 헤드는 평면이 바람직하다. 예전의 엔진들은 압축비를 높이기 위해 피스톤 헤드를 볼록하게 하는 경우도 있었지만 현재는 그렇게 하지 않는다. 밸브 헤드의 지름이 클 경우나 코그드(cogged) 벨트로 구동하는 경우에는 벨트가 끊어지

지 않도록 밸브 리세스라 불리는 밸브 자리를 위해 홈을 파는 경우가 있다. 디젤 엔진에서는 피스톤 헤드를 연소실로 이용하기 때문에 피스톤 헤드의 크라운 면에 캐비티(cavity)를 만든다. 가솔린 직접분사 엔진에서도 가솔린을 한 곳에 분사함으로서 점화 플러그 주위에 연료가 많이 분포되도록 하기 위해 역시나 가이드 형상의 캐비티를 만든다.

▲ 평평한 크라운 면 형상의 피스톤

▲ 캐비티를 만든 직접분사 가솔린 엔진용 피스톤

▲ 압축비를 확보하기 위해 크라운 면이 솟아오른 피스톤

피스톤 링

실린더 내의 기체를 밀폐함으로서 크랭크 케이스 쪽으로 누출되지 않도록 하기 위함 부품. 일반적으로는 기밀(氣密)유지를 위해 가장 위쪽에 톱 링, 세컨드 링인 압축 링이 두 번째, 과잉 오일을 긁어내리고 오일의 윤활을 위한 오일 링을 가장 아래쪽에 배치한다. 마찰손실이 적어야 하는 레이싱 엔진에서는 내구성을 무시하고 2개를, 압축·연소 압력이 높은 디젤 엔진은 4개를 사용하는 경우도 있다. 소재는 강철이 많고 탄력성을 부여해 실린더 벽면에 밀착시킨다. 압축 링은 가스의 압력으로도 밀착한다. 왕복 엔진에서는 필수적인 부품이지만 마찰손실을 일으키는 원인이기도 하기 때문에 장력을 낮추고 폭을 얇게 하는 동시에 크롬 도금이나 질화처리, PVD(Physical Vapor

Deposition)라 불리는 표면에 세라믹 피막을 형성하는 플라즈마 증착 등을 실시하여 마찰손실의 저감과 내마모성을 양립시키는 기술을 채택하고 있다.

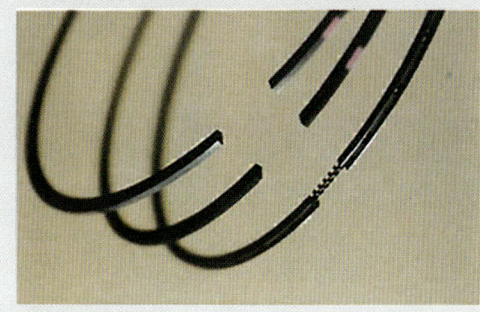

피스톤 핀

피스톤을 커넥팅 로드와 연결하기 위해 피스톤 중앙을 횡단하여 장착하는 봉 형태의 부품. 피스톤 슬랩을 방지하기 위해 커넥팅 로드가 미는 스러스트 방향으로 피스톤 중심에서 약간 벗어나(offset) 있다.

▶ 세미 플로팅 : 피스톤 쪽 구멍(핀 보스)에 핀을 압입함으로서 피스톤 핀 자체가 자유롭게 회전하지 않도록 만든 방식. 구조가 간단하고 생산가격도 싸다.

▶ 플로팅 : 커넥팅 로드의 소단부에 부시를 압입하여 피스톤 핀이 자유롭게 회전할 수 있도록 만든 방식. 피스톤을 지지하는 부분의 고정과 좌우방향의 위치를 결정하기 위해 서클립(circlip) 또는 스냅링(snap ring)이라고 하는 링 모양의 부품과 서클립 또는 스냅링이 설치될 구멍의 가공이 필요하다. 핀의 타음을 줄이기 위해 현재는 이 방식을 채택하는 경우가 많다.

피스톤 스커트

피스톤 스커트는 오일 링보다 아래쪽에 위치하는 부위. 가볍게 하는데 있어서는 짧은 것이 좋지만 커넥팅 로드의 움직임으로 인해 피스톤이 흔들렸을 때 너무 짧으면 스커트 하단이 보어의 벽면에 부딪쳐 손상을 입는다(피스톤 슬랩). 그 때문에 어느 정도의 길이는 확보한 상태에서 측면으로 면 접촉을 시킨다. 이때 스커트에 요철을 주거나 몰리브덴 코팅 등을 적용하여 접촉에 의한 마찰손실을 저감시킨다. 열의 방산을 위해서도 필요한 부위이다.

RE : 로터

로터리 엔진에서는 피스톤에 해당하는 것을 로터라고 부른다. 연소실에 해당하는 캐비티도 로터에 만

든다. 안쪽에는 기어의 이가 배치되어 있어서 사이드 하우징에 장착된 인터널(internal) 기어와 맞물려 익센트릭(eccentric) 샤프트에 연결된다. 피스톤 링에 해당하는 것은 삼변의 정점에 있는 에이펙스 실(apex seal)과 그것을 지지하는 코너 실, 측면에 있는 사이드 실이다. 에이펙스 실은 트로코이드(trochoid) 곡선 면을 이동함으로서 복잡한 응력을 단속적으로 받기 때문에 소재나 형상을 설정하기가 어려워 실용화한 곳은 당시에 마쯔다뿐이었다. 소재는 카본 계열부터 시작하여 현재는 칠(chill) 경화 처리한 주철 제품도 사용한다. 사이드 실은 고무계열 소재. 어느 것이든 내구성에 어려움이 있고 압축이 누출되기 때문에 오버홀이 필수이다.

피스톤과 크랭크축을 연결하는 부품. 피스톤의 상하운동을 회전운동으로 바꾸기 때문에 복잡한 응력을 받는다. 엔진의 부품 가운데서도 강도와 경량화가 특히 필요하다.

● 재질

주로 탄소강이나 크롬몰리브덴강. 고성능을 요구하지 않는 엔진에서는 주철이나 알루미늄도 사용하며, 그밖에 레이싱 엔진에서는 경량화를 위해 티타늄합금도 사용한다. 티타늄은 가공성이 나쁘고 접동 부분이 눌어붙기 쉽기 때문에 소단부·대단부의 간극 설정과 코팅을 할 때는 세심한 주의가 필요하다.

● 소단부

피스톤 핀이 삽입되는 부분. 피스톤 핀과 고정되는 프레스 피트(semi floating, 반부동식) 타입, 구리계열 소재의 부시를 압입해 피스톤 핀 사이에서 회전이 가능한 타입(full floating, 전부동식)이 있다.

● 대단부

크랭크 핀과 결합하는 부분. 일반적인 일체형 크랭크축은 커넥팅 로드 대단부를 분할하는 방식이다. 크랭크축 베어링으로 롤러 베어링을 사용하는 조립식 크랭크축에서는 대단부를 일체화하여 크랭크 핀에 삽입한다. 분할하는 방식에서는 하부를 따로 구분하여 커넥팅 로드 베어링 캡이라 부른다.

▶ H단면 커넥팅 로드(좌)와
　 I단면 커넥팅 로드(우)

● 단면 형상

▶ I단면 : 단면을 위에서 봤을 때 I형태를 하는 커넥팅 로드. 시판 차량에서는 일반적인 타입이다. 피스톤의 압축 응력을 체적이 많은 쪽의 대단부에서 받아 좌우로 분산할 수 있기 때문에 강도를 높일 수 있다. 최근에는 레이싱 엔진도 이 형상을 사용하는 경우가 많다.

▶ H단면 : 단면 형상이 H형태를 하는 커넥팅 로드. 단조를 위한 금형이 단순해서 소량 생산에서는 이점이 있다. I단면과 비교해 가볍다고 하지만 실제로는 거의 차이가 없다. 수직하중이 중심부분에 집중되기 때문에 대단부의 진원도를 유지하지 못하게 되는 클로즈인 현상도 쉽게 일어난다.

● 결합 방식

분할 방식에서는 커넥팅 로드 볼트를 사용하여 커넥팅 로드와 베어링 캡을 결합하는데 볼트를 너트로 체결하는 방식과 커넥팅 로드 본체를 볼트로 조이는 방식이 있다. 각도 체결법을 이용하여 볼트를 소성 변형 영역에서 체결하는 방법은 체결력이 높지만 커넥팅 로드 볼트를 재사용하는 것은 한정적이다.

● 제작 방식

커넥팅 로드 소단부 본체와 커넥팅 로드 베어링 캡 쪽을 별도로 제작하는 방법과 하나로 제작하고 나서 대단부의 구멍을 뚫어 상하를 강제적으로 분리시키는 방법이 있다. 후자는 감합하는 면이 부품고유의 면으로 만들어지기 때문에 조립할 때 정확도가 높고, 노크 핀(knock pin)이라 하는 위치를 결정하기 위한 돌기도 필요 없는 것이 특징.

● 경사 분할 커넥팅 로드

수평 대향 엔진에서는 구조상 한 쪽 뱅크의 실린더를 크랭크 케이스와 결합하면 반대쪽 뱅크의 커넥팅 로드가 크랭크 핀과 결합하지 못하게 된다. 그 때문에 크랭크 케이스 하부의 가로방향으로 커넥팅 로드 체결 작업용 구멍을 뚫게 되는데 그렇게 해도 커넥팅 로드의 장착위치가 수직이어서는 볼트를 조이지 못한다. 커넥팅 로드와 캡의 단면을 수평이 아니라 비스듬하게 해서 체결할 수 있도록 한 수평 대향 엔진 전용 커넥팅 로드이다.

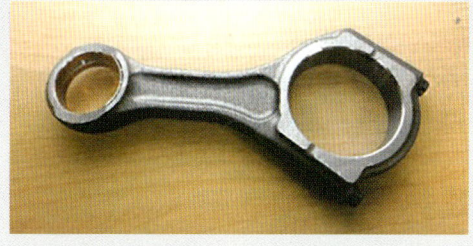

● 오프셋 커넥팅 로드

커넥팅 로드는 회전운동과 왕복운동을 변환하는 기능상 하중이 비스듬한 방향으로 작용한다. 궤적 자체가 에너지의 손실을 가져오고 피스톤 슬랩의 원인이 되기 때문에 커넥팅 로드를 피스톤 중심에서 오프셋 시킴으로서 에너지의 손실이 큰 압축행정(상승방향)에서는 커넥팅 로드를 수직방향으로 움직이도록 한 것. 반대로 하강행정에서는 비스듬한 하중이 더 커져서 회전의 균형도 나빠지기 때문에 성능과 용도를 한정하여 이점이 있을 때만 사용한다. 커넥팅 로드가 아니라 크랭크축을 실린더 중심에서 오프셋시키는 실린더 오프셋도 똑같은 효과를 얻기 위한 것이다.

● 경면 가공

커넥팅 로드의 표면을 연마하여 경면 가공함으로써 응력의 집중에 따른 크랙(균열)의 발생을 방지하는 효과를 얻을 수 있다. 항간에서 거론되는 공기 저항이나 오일 교반 저항의 저감에는 거의 효과가 없다.

피스톤의 상하 왕복운동은 커넥팅 로드를 매개로 하여 크랭크축으로 전달되어 회전운동으로 바뀐다. 크랭크축에서 발생하는 운동에너지는 변속기를 경유하여 구동력이 될 뿐만 아니라 보조 장치나 발전을 위한 동력원이 되는 피스톤 엔진 가운데 가장 중요한 부품이다. 실린더의 기통 배열에 따라 여러 가지 형태가 있다. 중심축으로서 실린더 블록에 고정되는 메인 저널, 커넥팅 로드의 대단부와 연결되어 원주운동을 하는 크랭크 핀, 핀과 저널을 이어주는 크랭크 암과 진동을 없애기 위한 카운터 웨이트(평형추)로 구성된다.

크랭크축

피스톤의 상하 왕복운동은 커넥팅 로드를 매개로 하여 크랭크축으로 전달되어 회전운동으로 바뀐다. 크랭크축에서 발생하는 운동에너지는 변속기를 경유하여 구동력이 될 뿐만 아니라 보조 장치나 발전을 위한 동력원이 되는 피스톤 엔진 가운데 가장 중요한 부품이다. 실린더의 기통 배열에 따라 여러 가지 형태가 있다. 중심축으로서 실린더 블록에 고정되는 메인 저널, 커넥팅 로드의 대단부와 연결되어 원주운동을 하는 크랭크 핀, 핀과 저널을 이어주는 크랭크 암과 진동을 없애기 위한 카운터 웨이트(평형추)로 구성된다.

소재

주조에서는 덕타일 주철, 단조에서는 탄소강이나 크롬몰리브덴강을 사용한다. 탄소강은 점차적으로 고장력(1000Mpa 이상) 저합금강으로 대체되고 있다. 어느 쪽이든 강도와 경도를 높이기 위해 열처리나 침탄가공, 질화처리 등을 거친다. 경우에 따라서는 숏 피닝(shot peening)을 실시하여 잔류응력을 줄이는 경우도 있다.

제조 방법

▶ 조립식 : 메인 저널과 하나로 된 크랭크 핀·크랭크 암을 접합하는 방식. 메인 저널 베어링에 롤러 베어링을 사용하는 경우 크랭크 케이스가 기통마나 분리되는 2행정 엔진 등 일체형에서는 크랭크축을 조립할 수 없는 경우에 채택한다.

▶ 일체식 : 일반적인 크랭크축의 제조 방법으로 조립식보다 강도가 뛰어나다. 단조품은 열간 단조를 이용하지만 직렬 4기통처럼 동일 평면에 크랭크 암과 크랭크 핀, 카운터 웨이트를 배치하는 경우를 제외하고 금형의 형틀을 제거하는 문제로 인해 일체형 단조가 안 된다. 때문에 일부 카운터 웨이트를 생략하고 나중에 볼트로 연결하는 등의 기법이 필요하다. 이러한 문제를 해결하기 위해 단조를 한 직후의 열간 상태에서 크랭크축을 비틀어 크랭크 핀의 위치를 움직이는 트위스트 단조법이 실용화되었다. 크랭크축에는 굽힘 변형 응력이 강하게 걸리기 때문에 크랭크 핀이나 메인 저널의 접합부 굴곡점이 강도의 측면에서 취약점으로 작용한다. 따라서 응력이 많이 걸릴 때는 끝 부분에 피렛 롤(fillet roll) 가공이라고 하는 R을 주는 작업을 냉간 롤 가공으로 실시하여 강도를 높인다.

카운터 웨이트

크랭크 핀에서 180° 반대쪽인 크랭크 암에 장착하는 추. 피스톤의 상하운동과는 반대방향으로 움직이면서 회전의 변동을 억제함으로써 1차 진동을 없애기 위한 부품.

▶ 풀 카운터 : 모든 크랭크 암에 웨이트를 배치하는 방식. 회전의 균형은 좋아지지만 중량이 증가

되고 크랭크축의 강성을 저하시킨다.

▶ 하프 카운터 : 하나의 크랭크 핀에 대응하는 두 개의 크랭크 암 가운데 한 쪽 카운트를 생략하는 방식. 직렬 6기통 등 원래부터 진동의 특성이 뛰어난 형식에서는 이 방식을 사용해도 문제가 없다. 길이가 긴 크랭크축으로 인한 비틀림 강성의 저하를 억제시키는데 적합하다.

크랭크 핀

두 개의 크랭크 암 사이에 위치하여 커넥팅 로드 대단부를 결합하는 부위. 기통별 크랭크 핀 위상에는 엔진의 형식에 따라 규칙이 있다.

▶ 직렬 엔진 : 같은 간격으로 점화를 하기 위해 720°(4행정에 1사이클 작동 각도)를 기통수로 나눈 각도로 6기통인 경우는 120° 위상차 순으로 배열한다.

▶ V형 엔진 : V형의 장점은 엔진의 길이를 단축할 수 있다는 점에 있기 때문에 기통마다 크랭크 핀을 배치하는 것이 아니라 인접한 기통의 핀을 같이 사용함으로서 크랭크축의 길이를 단축시킨다. 크랭크 핀의 위상은 뱅크각과 마찬가지로 720÷기통수가 기본이다. 다만 V형 6기통 엔진 같은 경우 뱅크각을 120°로 설정하면 엔진의 폭이 너무 넓어져 차체에 탑재하기가 어렵기 때문에 뱅크각을 60°나 90°(90° V형 8기통 엔진에서 2기통을 단축함으로서 생산 설비를 공용하기 위한 방법)로 설정하는 경우가 많다. 이런 경우 크랭크 핀을 그대로 공용하면 같은 간격으로 점화가 되지 않아 진동이나 배기를 간섭하는 문제가 발생하기 때문에 하나의 크랭크 핀을 2분할로 오프셋(60° 뱅크는 60°, 90° 뱅크는 30°)시킴으로써 같은 간격으로 점화를 실현한다. 이것을 크랭크 핀 오프셋이라고 한다.

▲ 180° 크랭크 핀 위상의 직렬 4기통 크랭크축

▲ 120° 위상·60° 크랭크 핀 오프셋의 V6 크랭크축

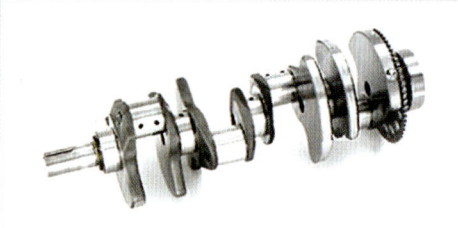

▲ 90° 핀 위상·크로스 플레인(cross plane)의 V8 크랭크축

▶ 수평 대향 엔진 : 크랭크 핀의 위상은 기통수에 상관없이 180°이다. 직렬과 마찬가지로 한 기통에 대해 크랭크 핀과 크랭크 암이 1개씩 배치된다. 크랭크 핀을 공유하는 경우는 피스톤의 움직임이 대향되지 않기 때문에 180° V형이 되면서 수평 대향과는 구별이 된다.

크랭크 스로

V형 8기통에서는 이론상 크랭크 핀의 위상이 90°가 된다. 이 경우 전체적으로는 같은 간격으로 점화가 되지만 한쪽 뱅크만보면 부등 간격이 되면서 배기의 간섭(복수의 실린더로부터 배기가스가 배기관의 집합부에서 서로 부딪쳐 원활하게 배출되지 않는 것. 직렬 엔진에서는 각 실린더의 배기관 길이를 똑같이 하여 해소하지만 V형 엔진에서 부등 간격의 점화를 하는 경우는 뱅크마다 점화 간격을 똑같이 하거나 양 뱅크 간의 배기관을 점화순서에 맞춰 집합시켜야 한다)이 일어난다. 일반적인 V형 엔진은 바깥쪽 배기를 하기 때문에 배기의 간섭을 피하는 배기관의 처리가 현실적으로 불가능하다(안쪽 배기라면 가능. BMW나 아우디의 V8 터보 엔진이 이 방법을 사용한다). 배기의 간섭이 일어나면 고속회전 영역에서 출력을 추구하기 어렵기 때문에 레이싱 엔진 같은 경우는 직렬 4기통을 두 개 조합시킨 형태의 180° 스로(throw)를 사용한다. 진동의 특성은 4기통과 마찬가지로 2차 진동이 발생하지만 배기의 간섭은 일어나지 않기 때문에 출력을 추구하기에는 적합하다. 시판 차량에서는 페라리만 채택하고 있다. 90° 스로는 앞에서 보았을 때 크랭크 암이 십자 형태로 배치되기 때문에 크로스 플레인, 180° 스로는 일직선이기 때문에 싱글 플레인(플랫 플레인)이라고 부른다. 점화 간격의 문제는 직렬 2기통에서도 존재한다. 이론상의 크랭크 핀 위상인 360°로 하면 2기통이 같은 움직임을 보이면서 진동이 없어지지 않기 때문에 180° 스로로 하는 것이다. 이러한 경우 4행정 엔진에서는 부등 간격의 점화가 된다. 피아트의 직렬 2기통은 360° 스로에서 밸런서를 장착하여 진동을 억제하는 방법으로 부등 간격 점화의 불균형에 대처하고 있다.

▲ 싱글 플레인 V8 크랭크축

● 크랭크축 메인 저널 베어링

크랭크축 저널의 지지부분에 사용하는 부품. 시판 차량의 대부분은 내구성이 뛰어난 알루미늄 합금제품을 사용하지만 경도가 있기 때문에 이물질이 들어가면 눌러붙기가 쉬워 부하가 높은 엔진에서는 구리와 납 합금으로 이루어져 친밀성이 좋은 켈밋을 사용한다. 베어링으로서 마찰손실의 성능을 따지자면 롤러 베어링이 상위이지만 조립식 크랭크축이 필수이고 중량과 허용 체적도 증가하기 때문에 자동차용으로는 일반적이지 않다. 알루미늄 제품 가운데는 표면에 수지 코팅을 하여 오일 홈이 없는 것을 사용하기도 한다.

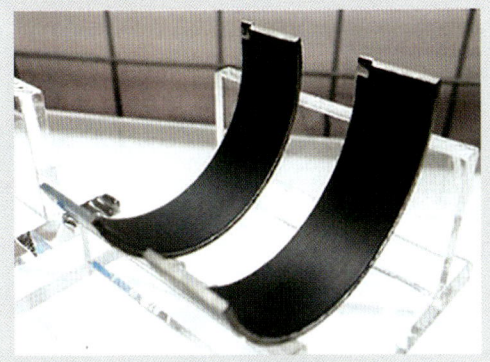

● 오일 구멍

메인 갤러리라고 하는 오일 압송 통로를 경유한 오일은 크랭크축의 메인 저널에 도달한다. 메인 저널에는 크랭크 핀을 향해 내부를 비스듬하게 가로지르는 구멍이 뚫려 있어서 그곳을 통과한 오일은 회전할 때 원심력에 의해 크랭크 핀으로부터 커넥팅 로드 대단부를 윤활한다.

● 크랭크축 메인저널 베어링 캡

크랭크축은 한 쪽을 실린더 블록에 지지하여 고정하고 반대쪽은 메인저널 베어링 캡을 이용하여 볼트로 체결한다. 운전할 때 크랭크축은 관성력이나 심한 연소 압력으로 인해 탄성 변형을 일으키기 때문에 메인저널 베어링 캡만으로는 변형을 모두 억제하지 못하는 경우도 있다. 이러한 경우는 각 메인저널 베어링 캡을 빔 형상의 금속 기둥으로 연결(베어링 빔 방식)하거나, 사다리 형상의 프레임으로 누르는(래더 빔 방식) 등의 방법을 이용한다. 메인저널 베어링 캡 방식은 실린더 하부에 오일 팬이 장착되지만 래더 빔 방식은 프레임이 실린더 하부에 체결된다. 이러한 실린더 이외에 크랭크축 체결부위를 크랭크 케이스라고 부르는 경우도 있다. 수평 대향 엔진은 어떤 방법이든 조립 상의 문제가 있어서 채택할 수 없기 때문에(예외도 있음) 크랭크 케이스만으로 양쪽에서 끼우는 방법을 사용한다.

● 크랭크축 댐퍼

크랭크축에서 발생하는 비틀림 진동은 끝부분에서 가장 크기 때문에 크랭크축의 앞쪽 끝(일반적으로 보조 장치 구동용 풀리 내)에 타이밍 댐퍼를 설치하여 진동을 흡수한다. 크랭크축을 중심으로 한 금속의 받침에 고무를 매개로 추를 배치한 구조이다.

● 플라이 휠

엔진의 간헐적 연소에 따른 진동을 평준화하기 위해 크랭크축의 뒤쪽 끝 변속기 쪽에 장착하는 원반 형태의 부품. 주위에는 링 기어가 설치되어 있어서 스타터 모터의 구동력을 받는다. 또한 수동변속기에서는 클러치의 체결(締結)을 위한 프릭션 플레이트(friction plate)로서도 기능을 한다. 일체 성형된 싱글 매스 방식과 진동을 저감시키기 위해 중간에 고무 등의 댐퍼를 배치한 더블 매스 방식이 있다. 토크 컨버터로 기능을 대체할 수 있기 때문에 일반적인 유성기어 방식 AT에서는 사용하지 못한다(디젤 엔진에서는 사용하는 경우가 있다).

● RE : 익센트릭 샤프트

출력축으로부터 편심(eccentric)되어 로터에 장착되는 것이 익센트릭 샤프트로서 왕복 엔진의 크랭크축에 해당한다. 로터가 1회전하는 동안 익센트릭 샤프트는 3회전하도록 로터 안쪽에 있는 인터널 기어와 사이드 하우징에 고정된 스테이셔너리(stationery) 기어에 의해 제어된다.

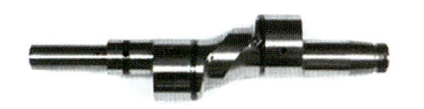

Motor Fan
밸브 트레인
Valve train

캠축

4행정의 흡기와 배기 행정에 맞춰 밸브를 확실하고 적절한 타이밍으로 작동시키기 위한 부품. 엔진의 토크 특성은 캠축의 설계로 결정된다. 중공(오일 통로도 된다)의 금속 봉에 캠 로브라고 하는 비진원 형상의 부분을 만들어 이 원호 형상으로 밸브의 개폐를 제어한다. 캠축의 구동력은 크랭크축의 회전을 체인 등을 통해 얻게 되는데 도중에서 회전수가 절반으로 줄어든다.(크랭크축 2회전=720°에서 1 사이클을 제어하기 때문) 하나의 캠축에 흡·배기 양쪽의 캠 로브를 배치한 것과 2개의 캠축을 흡기와 배기로 구분하여 캠 로브를 독립적으로 배치한 것이 있다.

● 재질·제조방법

일반적으로는 주철로 만들어진다. 경량화를 위해 중공의 파이프에 캠 로브와 저널(베어링)을 용접과 열박음 등의 방법으로 일체화하는 조립식도 사용된다. VW 일부의 엔진에서는 캠 홀더를 일체형으로 하고 축을 분할식으로 해서 압입하는 방법으로 캠축의 위치 결정에 정확도를 높이고 있다. 양산할 필요가 없는 레이싱 엔진이나 튜닝 엔진에서는 탄소강을 절삭하여 모두 만드는 경우도 있다.

● 캠 프로파일

직접적으로는 밸브 타이밍을 제어하기 위한 캠 로브의 곡선 형상을 가리킨다. 흡기 밸브의 작용 각도(밸브가 열리는 범위)로 간략하게 수치화하는 경우도 있다. 흡기 밸브 타이밍은 배기행정의 상사점 전(BTDC)에서 시작하여 흡기행정의 하사점 후(ABDC) 90° 근처까지, 배기 밸브의 타이밍은 팽창행정 하사점 전(BBDC)에서 시작하여 배기행정의 상사점 후(ATDC)까지이다.

🔴 밸브 오버랩

이론상 흡기 밸브와 배기 밸브가 동시에 열린 상태가 있다는 것은 배기가 흡기에 섞인다는 의미이기 때문에 바람직하지 않지만 유체는 관성이 작용하기 때문에 배기 밸브가 닫히기 이전에 흡기 밸브를 열면 실린더 체적에 알맞은 충분한 공기를 충전할 수 있다. 이 상태(흡기와 배기가 동시에 열려 있는 상태)를 오버랩이라고 하며, 흡기 쪽 위상각으로 만들어진다. 중·고속회전 영역에서는 흡기의 브랜치 길이를 튜닝하여 흡기의 맥동을 이용한 관성 흡기라고 하는 적극적인 출력 향상의 방법도 존재한다. 일부러 EGR을 이용하여 배기를 연소실로 순환시키는 경우도 있는데 이 경우는 일반적으로 오버랩이라고 하지는 않는다.

🔴 밸브 양정(lift)

밸브가 위아래로 움직이는 길이. 유입 공기량을 증가시키려면 양정이 클수록 좋지만 캠 작용 각도와의 관계상 한계가 있다. 또한 아이들링이나 중·저속회전 영역에서는 필요한 공기가 적기 때문에 작용 각도나 양정이 적은 쪽이 좋다. 따라서 회전의 영역을 절충한 균형적인 양정이 요구된다.

🔴 캠축 & 밸브 배치

▶ SV(Side Valve) : 실린더 헤드 바깥쪽으로 밸브 헤드를 위로 향하도록 흡·배기 밸브를 배치한 다음 크랭크축 옆에 배치한 캠축이 밸브 태핏을 통하여 직접 구동하는 방식. 밸브 트레인의 배치가 단순하기 때문에 극히 초기의 왕복 엔진에 사용했던 형식. 효율이 좋지 않았기 때문에 OHV가 등장하면서 급속하게 사라졌다.

▶ OHV(Over Head Valve) : 크랭크축에서 기어나 체인을 통해 크랭크축의 가로방향 또는 상부에 설치된 캠축에 회전을 전달하면 캠축이 태핏과 푸시로드라고 하는 막대를 밀어서 실린더 헤드에 설치된 밸브를 움직이는 방식. 문자 그대로 밸브를 실린더 헤드 위에 배치함으로써 포트·연소실과 일체화할 수 있기 때문에 SV형식보다 흡입효율과 연소효율 모두 좋아서 60~70년대까지 캠축 구동방식의 주류를 이루었다. 고속회전으로 상승하면 긴 푸시로드의 왕복운동이 밸브 운동을 추종하지 못하기 때문에 고속회전을 중시하는 엔진에는 적합하지 않다. 엔진의 높이를 억제할 수 있기 때문에 배기량이 큰 엔진이나 고속회전 영역을 사용하지 않는 디젤 엔진에는 지금도 사용되고 있다. 현재는 푸시로드 길이를 짧게 만들어 관성 중량을 줄이기 위해 캠축을 크랭크축보다 한층 높은 위치에 배치한 「하이 캠」이라 부르는 형식이 주류이다.

▲ OHC 방식

▲ OHV방식

▶ OHC(Over Head Camshaft) : 캠축을 실린더 헤드 위쪽에 배치하고 로커 암으로 밸브를 구동하는 방식. OHV의 결점인 푸시로드가 부정확하게 움직이는 것을 개선할 수 있다. 캠축을 구동하기 위해 크랭크축과 체인 등을 연결할 필요가 있기 때문에 구조적으로는 OHV보다 복잡하다.

▶ DOHC(Double Over Head Camshaft) : 캠축을 흡배기 별로 독립시켜 두 개를 배치하는 방식. 밸브 구동 시스템의 배치에 여유가 있어서 연소실 형상을 펜트루프 타입으로 하거나 점화 플러그를 연소실 중앙에 배치하는 등 OHC(1개의 캠축 방식을 SOHC라고 따로 부르는 경우도 있다)에 비해 성능향상의 측면에서 장점이 많아서 오늘날에는 거의 모든 자용차용 엔진이 이 방식을 사용한다.

▲ DOHC 방식

▲ 기어 구동 캠축

🔴 캠축 구동장치

▶ 기어 구동 : 가장 정확하게 캠축을 회전시키는 방식. 몇 개의 평 기어(spur gear)를 조합하여 크랭크축의 회전을 캠축으로 전달한다. 2륜 자동차에서는 베벨 기어를 조합하여 캠축에 전달하는 것도 있다. 레이스 전용 엔진에서는 이 방식을 채택하는 경우가 많지만 백래시(backlash)나 열에 의한 기어 간의 변동, 노이즈 등과 같은 문제가 있어서 시판 차량에서는 거의 사용하지 않는다.

▶ 체인 구동 : 크랭크축과 캠축을 체인으로 연결하는 현재 가장 일반적인 방식. 다음에 언급할 타이밍 벨트 방식과는 정반대의 특징을 갖는다. 기어 방식 정도는 아니지만 내구성이 있고 장치를 개선하면 정숙성도 확보할 수 있다. 또한 벨트에 비해 폭이 좁기 때문에 엔진의 전후 길이를 줄이는데도 유리하다. 메인터넌스 프리라는 점 때

문에 코그드(cogged) 벨트에서 전환되기 시작한 이후 저항을 저감시키기 위해 피치를 작고 가볍게 한 사일런트 체인을 사용한다. 장기간 사용으로 인해 늘어나는 것을 피할 수는 없지만 체인 텐셔너로 장력을 자동적으로 조정하는 방법으로 보완한다.

▶ 코그드 벨트 구동 : 고장력 섬유의 주위에 수소를 첨가한 니트릴고무 등으로 덮어서 톱니를 만든 벨트를 사용한다. 가볍고 윤활이 필요 없으며, 마찰 손실이 적다는 등의 특징이 있다. 체인과 달리 늘어나는 일도 거의 없지만 그 대신에 수명이 다하는 마지막에는 갑자기 끊어지게 되면서 밸브의 충돌 등과 같은 엔진의 파손을 초래할 위험성이 있다. 따라서 보편적인 엔진에서는 정기적으로 교환하도록 의무화되어 있다. 또한 벨트 폭이 체인보다 넓고 체인 같이 예각으로 구부릴 수 없기 때문에 캠축 풀리의 직경을 크게 할 필요가 있어서 엔진을 작게 만드는데 불리하다는 이유로 채택하는 사례가 줄고 있다. 최근에는 수명을 비약적으로 늘린 제품도 등장하면서 재평가 받고 있다.

🔴 캠축 스프로킷

크랭크축으로부터 동력을 전달받기 위해 캠축의 끝부분에 설치하는 기어. 여기서 크랭크축의 회전을 절반으로 줄인다. 벨트로 구동하는 경우에는 캠축 타이밍 풀리라고 부른다. 오버홀을 할 때 밸브 타이밍을 정확하게 조정하기 위해서 스프로킷 고정용 나사 구멍을 움직일 수 있도록 한 것도 있다. 이것을 적극적으로 이용한 것이 뒤에서 살펴볼 가변 밸브 타이밍 장치이다.

🔴 RE : 흡·배기 포트

로터리 엔진에서 캠 프로파일에 해당하는 것은 포트의 형상이다. 페리퍼럴 포트는 단순한 원통 형상의 구멍이기 때문에 미세한 설정은 할 수 없지만 사이드 포트 방식에서는 흡기 포트의 길이나 각도로 흡·배기의 타이밍과 오버랩의 양을 제어한다. 튜닝 엔진에서는 포트의 가공만으로 출력을 높이는 것이 상식으로 되어 있다.

🟥 흡·배기 밸브

오늘날의 왕복 엔진에서는 흡기와 배기를 제어하기 위해 상하로 운동하는 포핏(poppet) 밸브를 사용하지만, 실린더 주위에 흡·배기용 구멍을 배치하고 그곳에 개폐장치가 미끄러지도록 하는 슬리브(sleeve) 밸브 장치도 존재한다. 포핏 밸브는 정확하게 가스의 유동을 차단할 수 있는 장점이 있지만 점화 플러그의 배치에 제약이 있고, 밸브의 원형부분(valve face)이 접촉하는 밸브 시트의 강도와 내구성에 대한 약점 때문에 90년대 초반에 한 때 슬리브 밸브가 왕성하게 개발되었다. 하지만 접동(摺動) 저항이 크고 밀폐도가 유지되지 않으며, 장치가 복잡해지는 등의 약점을 해결하지 못하면서 소재나 연료의 개량을 통해 앞서의 문제점을 해결해 온 포핏 밸브가 주류를 이루게 되었다.

포핏 밸브는 직접 포트를 개폐하기 위한 밸브 헤드 부분과 캠축(로커 암)까지의 작동거리를 확보하기 위한 밸브 스템(stem) 부분으로 구성된다. 흡기 밸브의 스템은 헤드부분에 가까운 위치를 가늘게 함으로서 흡입 공기의 저항을 줄이는 밸브 웨이스트라고 하는 형상을 채택하는 경우도 있다. 밸브의 개수는 흡·배기 각각 1개씩 2밸브로 구성되지만 포트의 개구 면적을 크게 만들어줌으로서 흡입 공기량을 증가시키기 위해 3~5개 정도로 밸브의 개수가 늘어나 오늘날에는 4밸브가 주류이다. 배기는 고온으로 팽창한 가스 압력에 의해 강제적으로 배출되기 때문에 흡기 밸브의 지름을 크게 한다. 따라서 3밸브에서는 흡기 밸브 2개, 배기 밸브 1개인 구조가 된다. 5밸브는 흡기 밸브 3개를 배치했을 때 동일 라인 상에 배치되지 않기 때문에 실린더 헤드 전체의 설계에 무리가 많고 4밸브와 비교해 그다지 흡입 공기량이 증가되지 않기 때문에 일반화 되지는 않았다.

🔴 소재

▶ 내열강 : SUH라고 부르는 크롬, 니켈, 코발트, 텅스텐 등을 함유한 강철 소재가 일반적으로 사용된다. 조성은 스테인리스강(SUS)에 가깝지만 스테인리스는 열 방산성이 나쁘기 때문에 사용하지 않는다. 내마모성을 높이기 위해서 밸브 시트와 접촉되는 페이스 면에 코발트와 크롬, 텅스

텐 등의 합금인 스텔라이트(상표명)를 합금하는 경우도 있다. 내식성을 높이기 위해 다크로타이징 처리로 피막을 형성 해주는 경우도 있다. 레이싱 카에는 왕복운동에 따른 관성을 줄이기 위해 가벼운 티타늄 합금을 사용하는 경우도 있지만 티타늄은 방열성이 나쁘기 때문에 노킹의 특성이 악화된다.

▶ 나트륨 봉입 밸브 : 고온에 노출되는 배기 밸브에 이용하는 기법으로 밸브 스템 안에 열전도성이 뛰어난 금속 나트륨이 들어가 있어서 엔진이 작동 중 밸브 헤드의 열을 받아 금속 나트륨이 액체가 될 때 밸브 헤드의 열을 약 100℃ 정도 저하시킨다. 또한 밸브가 상하로 운동하면서 액상으로 된 나트륨을 스템 속에서 흔들리게 하여 밸브 헤드의 열을 스템 위쪽으로 전달한다. 예전에 항공기용 엔진에서 사용했던 기술이지만 현재도 터보 엔진에는 많이 사용한다.

🔴 밸브 시트

밸브 페이스와 포트 출구가 접촉되는 부분을 가리킨다. 내충격성과 내마모성, 내열성 등과 같은 이유 때문에 실린더 헤드의 소재 그대로는 대응하지 못하기 때문에 구리를 주체로 한 소결 합금으로 부품을 별도로 만든 다음 냉각하여 실린더 헤드에 끼운다. 가스를 밀폐할 뿐만 아니라 밸브의 열을 실린더 헤드로 유도하는 역할을 한다. 밸브 페이스가 접촉되어 마모되는 것을 방지하기 위해 납을 함유한 강재로 만드는 경우가 많지만 환경문제와 가스 엔진에 사용할 때의 부식 문제 때문에 납의 사용을 기피하게 되면서 몰리브덴이나 실리콘을 함유한 소결 소재로 전환되고 있다. 소재뿐만 아니라 출구의 R형상이 가스 유동의 차원에서도 중요하다.

🔴 밸브 가이드

실린더 헤드와 밸브 스템 사이에서 밸브의 위치를 결정하기 위한 부품. 배기 밸브 헤드부분의 열을 실린더 헤드의 워터 재킷으로 방산시키는 역할도 담당하기 때문에 예전에는 소재로 열전도성과 내마모성이 뛰어난 인청동이나 알루미늄 청동을 많이 사용했지만 현재는 철 계열의 소결재가 많이 사용된다. 밸브 움직임을 가이드 하는데 있어서는 길이가 긴 쪽이 좋지만 포트 내에 들어가는 길이가 많으면 유입·유출 저항으로 작용하기 때문에 균형을 잡아줄 필요가 있다.

밸브 스프링

밸브를 열 때는 캠 로브의 프로파일에 맞춰 강제적으로 움직이지만 닫을 때는 캠축은 관여하지 않고 스프링 장력으로 닫는다. 일반적으로는 코일 스프링을 사용하지만 토션 바나 압축 공기(뉴매틱 밸브)를 사용하는 경우도 있다. 고속회전으로 높아지면 스프링의 공진 주파수와 밸브의 왕복운동이 간섭하면서 발생되는 밸브 서징으로 인해 밸브의 개폐가 정확히 이루어지지 않기 때문에 고속 회전형 엔진에서는 스프링의 정수를 높일 필요가 있지만 당연히 저항으로 작용하기 때문에 설계할 때는 주의가 필요하다. 뉴매틱 밸브는 이것을 피하기 위해 사용된다. 밸브가 열리는 방향에서는 캠 로브로부터 강한 압축력이 작용하기 때문에 응력의 집중을 피하려는 목적으로 스프링의 정수가 다른 2중 스프링의 구조로 하거나, 부등(不等) 피치로 하는 경우도 많다.

디스모드로믹(Desmodromic)

밸브 서징을 방지하기 위해 밸브 스프링을 이용하지 않고 밸브의 개폐 모두를 캠 로브의 움직임을 링크로 전달하도록 한 장치. 중량의 증가 때문에 뉴매틱 밸브에 필요한 압축 공기의 공급원을 꺼려한 페라리 F1 등에 채택되었다. 구조가 복잡하고 조정이 필요하기 때문에 4륜의 시판 차량에는 거의 사용하지 않는다.

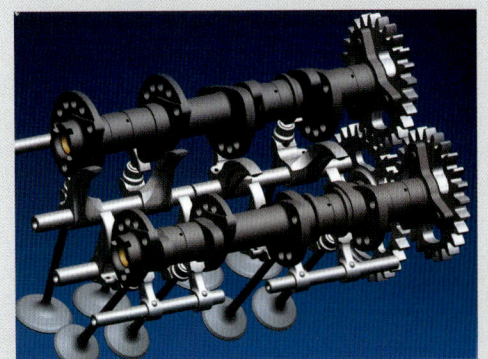

밸브 구동 장치

캠 로브가 밸브를 미는 장치에는 직접 구동 방식과 로커 암 구동 방식의 2종류가 있다. OHV나 크로스 플로 OHC에서는 구조상 캠 로브로 직접 밸브 스템을 구동할 수 없기 때문에 필연적으로 로커 암 구동 방식을 사용한다. 지렛대 원리를 이용한 로커 암의 지지점에서 보았을 때 힘을 가하는 지점과 작용점을 같은 방향으로 한 스윙 암 타입과 지지점을 중심으로 좌우로 나눈 로커 타입이 있다. 현재는 캠 로브와 접촉하는 면에 롤러를 설치하여 마찰손실을 저감시킨 롤러 로커 암이 주류이다. 로커 암 방식에서는 캠 로브의 접촉 위치와 밸브 구동 위치와의 거리에 의해 밸브의 양정을 캠 프로파일보다 크게 할 수 있도록 레버 비를 설정할 수 있다. 이로 인해 캠 로브와 높이를 높게 하는데서 발생하는 마찰손실을 저감시키는 것이 가능하다. 직접 구동 방식은 DOHC나 밸브가 직선상에 위치하는 카운터 플로의 OHC에서만 성립된다. 캠 로브가 직접 밸브 스템(실제로는 그 사이에 있는 밸브 리프터 또는 태핏)을 미는 방식으로 부품의 개수

가 적고 구동력의 손실도 적지만 밸브 스템의 연장선상에 캠축을 배치할 필요가 있기 때문에 구조를 설계하는데 있어서는 제약이 따른다. 마찰손실의 저감 대책으로 밸브 리프터에 다이어몬드 라이크 코팅(DLC)을 하는 경우가 증가하고 있다.

▲ 로커 암 구동 방식

▲ 롤러 로커 암

▲ 직접 구동 방식

밸브 클리어런스

캠 로브와 밸브 리프터 사이에는 클리어런스가 설정되는데 온도나 마모에 따라 변동하기 때문에 조정장치가 필요하다. 직접 구동 방식에서는 밸브 리프터에 심을 넣는 방식이, 로커 암 구동 방식에서는 스크루를 조정하는 방식이 주류이지만 최근에는 기술이나 소재가 진화하면서 조정장치가 없는 것도 있다. 또한 조정이 필요 없도록 하기 위해 리프터 내에 유압장치를 배치한 래시 어저스터(Hydraulic Lash Adjuster : HLA) 방식도 있지만, 관성 중량이 커지고 내구성도 안정적이라고는 할 수 없기 때문에 사용하는 사례가 줄어들고 있다.

▲ 래시 어저스터(HLA)

가변 밸브 장치

가솔린 엔진은 실린더 내의 가스 유출입 타이밍에 의해 강력히 지배를 받는 성질을 갖고 있다. 흡기 밸브의 경우는 피스톤의 하강에 따라 실린더 내에 부압이 될 때 어느 정도나 밸브를 열어 둘 것이냐 하는 문제이고, 고속회전 고부하 운전 상태에서는 가스를 최대한으로 흡입해야 하기 때문에 가능한 오랫동안 열어 두는 것이 좋다. 한편으로 저속회전 저부하 운전 상태에서는 많은 가스가 필요 없기 때문에 필요 최소한의 가스만 유입할 수 있다면, 심지어는 펌핑 손실을 최소한으로 줄이기 위해서라도 밸브를 빨리 받는 것이 좋다. 하지만 밸브 개폐시기를 결정하는 캠 프로파일은 당연히 기계적으로 고정되기 때문에 밸브 스템을 누르는 방법에 심혈을 기울여 양정을 가변시키는 방식과 캠 스프로킷 트레인 부분에 회전방향의 가동장치를 설치하여 개폐시기를 가변시키는 방식 두 가지를 통해 가변 밸브 장치를 구현하고 있다. 한편 디젤 엔진에서는 이론상 펌핑 손실이 발생하지 않고 실린더 내의 압력이 높아서 밸브 트레인의 강도 확보와 연소 타이밍이 기본적으로 인젝터의 분사시기에 의존하는 점 등으로 인해 가변 밸브 장치를 사용하는 경우가 드물다. 가변 밸브 장치의 사례로는 냉간 시 실린더 내의 온도를 상승시키기 위해 EGR을 도입하는 방법으로 배기 쪽 로커 암에 스위치 태핏을 이용하는 마쯔다의 스카이액티브-D 등이 있다.

양정 가변

주로 저속회전 고부하 운전 상태에서 효율을 높이기 위해 밸브의 양정을 가변시키는 구조. 흡·배기 포트의 개폐를 담당하는 밸브 스템 끝부분에 가하는 입력에 대해 링크나 핀 기구 등의 장치를 이용한다. 고속회전 영역과 저속회전 영역의 전환 방식과 고속회전 영역에서부터 저속회전 영역까지 연속 방식이 실용화되어 있다. 양정의 양을 억제하는 작동 상태에서는 캠 프로파일의 개폐시기 일부를 이용함으로서 풀 양정에 비해 「늦게 열고 빨리 닫는 상태」, 즉 밸브 개폐시기 가변까지 동시에 실현하는 것이 특징이다. 양정

을 작게 가동하는 상태에서는 「느리고 빠르게」하기 위해서 모든 양정의 상태에 대해 피스톤이 더 하강하고 나서, 즉 실린더 내의 부압이 높아진 시기에서 흡기 밸브를 열어 가스의 흡입 속도를 높일 수 있다는 장점이 있다. 또한 흡입행정 중에 「빨리 닫음」으로서 펌핑 손실의 해소, 나아가서는 조기에 밀폐하여 피스톤의 하강으로 인해 압력이 떨어지면서 실린더 내의 온도가 낮아지는 큰 효과도 얻을 수 있다. 반면에 실린더 헤드가 복잡해지고 가격의 상승, 가동부분이 증가함으로서 신뢰성과 내구성을 확보해야 하는 등의 과제가 있다.

밸브 개폐시기 가변

캠 프로파일의 회전시기를 어긋나게 함으로서 밸브의 개폐시기 전체를 가변시키는 구조. 밸브를 개폐하기 위한 입력 시간은 변함이 없다. 캠축을 구동하는 기어 트레인 부분에 비틀림 기구를 설치한 다음 유압 또는 전동으로 가동한다. 유압식은 오일펌프가 필요하다. 가변장치에 엔진 오일을 고압으로 송출 및 배출함으로서 밸브의 개폐시기를 가변시킨다. 구조상 오일펌프가 작동하는 상태에서 안정적으로 동작하기 때문에 아이들 스톱 상태를 포함하여 가변장치를 작동시킬 때는 임의의 장소에서 기계적으로 체결시키는 중간 록 장치를 이용하거나 전동식을 사용한다. 전동식은 응답성이 뛰어난 것도 장점으로서 급히 토크를 요구할 때도 순간적으로 밸브 개폐시기를 변경할 수 있는 특징이 있다. 한편으로 가격이 매우 비싼 것이 과제이다. 밸브를 빨리 닫고 늦게 닫는데 따른 효율의 향상, 시동을 할 때의 배기가스 대책을 위한 오버랩 창출, 아이들 스톱의 회복 때 감압장치의 시동 등을 비롯해 연비의 절약을 위한 미러 사이클의 실현 등 최근에는 빼놓을 수 없는 장치로 자리매김 하였다.

▲ 유압식 연속 가변 밸브 타이밍(VVT) 장치

▲ 전동식 연속 가변 밸브 타이밍(VVT) 장치

밸브 트로닉

BMW가 사용하는 연속 양정 가변장치. 캠 로브와 로커 암 사이에 지지점 위치가 이동하는 요동 캠을 설치함으로서 캠 로브의 입력을 일부 감쇄시키는 구조를 통해 양정을 작은 상태를 만들어 낸다. 요동 캠의 입력부분에는 롤러가 배치되어 있어서 손실의 발생을 최소한으로 억제한다. 간단한 기계의 구성이 특징이지만 한편으로 실린더 헤드의 높이가 높아지는 단점도 있다.

밸브 매틱

토요타 자동차가 사용하는 연속 양정 가변장치. BMW와 마찬가지로 캠축과 요동 캠, 로커 암을 갖춘 방식으로서 요동 캠의 위치는 삽입하는 구조의 컨트롤 샤프트에 배치된 나선 방식의 스플라인을 통해 제어한다. 요동 캠 장치는 공간의 효율이 뛰어나기 때문에 캠 캐리어 방식으로서 로커 암 이후는 고정식과 공통이라는 것이 특징이다. 한편으로 가변장치의 핵심 부품을 삽입하는 구조의 열팽창 차이에 따른 영향 등이 지적되고 있다.

VVEL

닛산자동차가 사용하는 연속 양정 가변장치. 베리어블 밸브 이벤트 앤드 리프트(Variable Valve Event and Lift)의 약칭. 캠축과 로커 암, 태핏으로 이루어진 구조로서 로커 암의 지지점을 편심 캠을 갖춘 링크 기구를 통해 볼 스크루 위치를 변경하지 않고 탑재할 수 있는 설계상의 장점이 있다. 편심 캠에 의한 링크 기구 때문에 리턴 스프링이 필요 없어서 마찰손실을 줄일 수 있다. 반면에 복잡한 링크기구로 인해 가격적인 면이 과제이자 장착할 때도 신중을 요한다.

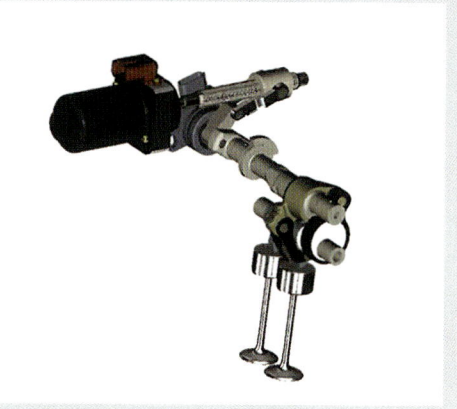

VTEC

혼다기연공업이 사용하는 양정 가변장치. 작은 양정용과 큰 양정용 두 가지의 로커 암과 거기에 호응하는 2중 캠 로브를 갖추고 운전 상태에 맞춰 전환하는 구조. 유압으로 제어되는 두 종류의 로커 암 내의 핀을 빼고 끼우는 방법으로 캠 로브로부터 입력되는 높낮이를 전환한다. 현재는 밸브 개폐시기 가변 시스템과 조합하여 i-VTEC 사용으로 넘어가고 있다.

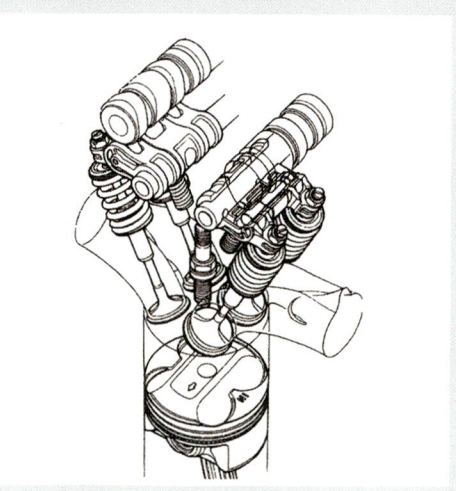

MIVEC

미쓰비시자동차공업이 사용하는 가변 밸브 장치. 여러 가지 방식이 있어서 모델에 따라 밸브 개폐시기만 변경하거나 양정과 밸브 개폐시기 양쪽을 변경하는 것도 있다. 최신의 사례로는 SOHC를 통한 연속 가변 장치이다. 구조상 밸브 열림 시기에 대한 지연이 없는 상태로 양정을 가변시킬 수 있기 때문에 보정을 위한 밸브 개폐시기 가변장치를 필요로 하지 않는 것이 특징이다. 비용적인 면에서는 단점이 있는 시스템이다.

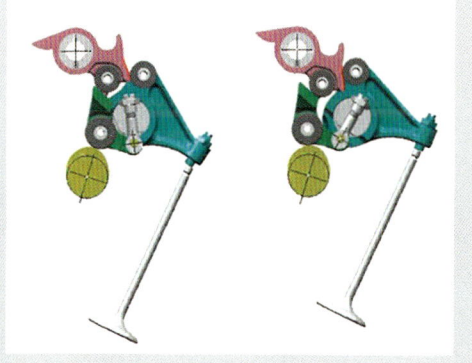

● 멀티 에어

피아트 그룹이 사용하는 연속 양정 가변장치. 유압을 이용하기 때문에 기계적인 구조에 의존하지 않고 2중의 열림과 같은 작동을 포함하여 밸브 개폐시기를 자유롭게 제어할 수 있는 것이 가장 큰 특징이다. 오일을 이용하기 때문에 유온이나 점도 등의 보정이 필요하며, 이 때문에 시스템은 약간 복잡하다.

● AVS / ACT

기통 휴지를 위해 이용하는 전환식 양정 가변장치. 높고 낮은 두 종류의 로브를 가진 캠 부분을 삽입하는 구조의 형태로 캠축에 세팅한 다음 솔레노이드 밸브 핀의 가이드를 통해 스러스트 방향으로 이동시키는 구조. 슬라이드 캠과 솔레노이드 밸브를 밸브마다 갖추어 제어성이 뛰어나고 구조가 간단한 것이 장점이다. 다임러의 캠 트로닉도 기본적으로는 똑같은 구조이다.

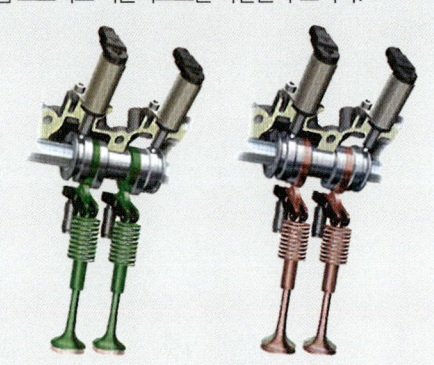

● 바리오캠 플러스(VarioCam Plus)

포르쉐가 사용하는 양정 및 밸브 개폐시기 가변장치. 정확하게 말하자면 밸브 개폐시기 가변기구로만 이루어진 시스템이 바리오캠이고, 바리오캠에 양정 가변기구를 추가한 것이 바리오캠 플러스이다. 직접 구동식 태핏 안으로 핀을 넣고 빼면서 양정을 가변시키는 기구를 내포하고 있다. 크고 작은 양정을 전환하는 방식. 부품의 개수가 적고 아주 간단한 구조가 특징이다. 예전에 스바루가 6기통 엔진에 똑같은 시스템을 사용한 적이 있었다.

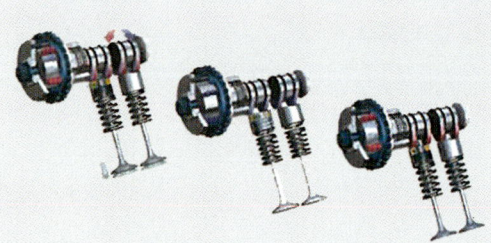

자동차 잡지의 名家　삼영서방(三栄書房)

일본 자동차 관련 잡지사 중 다양한 장르에 걸쳐 최대 규모의 출판물을 간행하고 있는 삼영서방.
창업으로부터 60여 년을 맞고 있으며, 자동차 분야 40여종, 오토바이 분야 10여종, 스포츠 분야 7여종의 잡지를 정기적으로 간행하고 있다.
주로 다루고 있는 자동차 분야를 열거하자면, 자동차의 신기술, 스킬, 구조, 스포츠 차종별 분석서, 레이싱 카, F1 등 실용서와 사진, 철도에 관한 가이드 등을 출판하고 있다.
다양한 분야에서 전문적인 눈으로 일궈낸 수많은 작품들을 한 해에도 수없이 출간하고 있는 출판사이다.

대표적인 Motor Fan illustrated는 1950년대부터 시작하여, 한때 휴간을 하였으나 다시 개간하여 91번째인 X-by-Wire 테크놀로지를 출간한 역사적인 서적이라 할 수 있다.
그 외의 유명한 잡지로는 Auto Sport, OPTION 등이 있으며, 모터스포츠에도 깊숙히 관여하고 있어 1968년에 처음으로 열린 레이싱 카 쇼를 개최한 바 있다.
한국과의 인연은 2003년 오토살롱쇼를 개최하였다.

Motor Fan illustrated 한국어 번역판

Motor Fan illustrated edited by San'ei Shobo Publishing Co., Ltd.
Copyright © San'ei Shobo Publishing Co., Ltd.

Korea translation copyright © 2018 by GoldenBell Corp.